山地植烟土壤评价和
烤烟高效施肥研究与实践

◎ 邓小华 张明发 田 峰 等 著

中国农业科学技术出版社

图书在版编目（CIP）数据

山地植烟土壤评价和烤烟高效施肥研究与实践／邓小华等著．—北京：中国农业科学技术出版社，2019.11

ISBN 978-7-5116-4427-5

Ⅰ．①山… Ⅱ．①邓… Ⅲ．①烟草-山地栽培-土壤评价-湖南②烟草-施肥-研究-湖南 Ⅳ．①S572.06

中国版本图书馆 CIP 数据核字（2019）第 212271 号

责任编辑	金　迪　崔改泵
责任校对	马广洋

出 版 者	中国农业科学技术出版社
	北京市中关村南大街 12 号　邮编：100081
电　　话	（010）82109194（编辑室）　（010）82109702（发行部）
	（010）82109709（读者服务部）
传　　真	（010）82106650
网　　址	http://www.CASTP.cn
经 销 者	各地新华书店
印 刷 者	北京建宏印刷有限公司
开　　本	880mm×1 230mm　1/16
印　　张	19
字　　数	450 千字
版　　次	2019 年 11 月第 1 版　2019 年 11 月第 1 次印刷
定　　价	118.00 元

《山地植烟土壤评价和烤烟高效施肥研究与实践》
编著委员会

《山地植烟土壤评价和烤烟高效施肥研究与实践》
著者名单

主　著：邓小华　　张明发　　田　峰

副主著：彭曙光　　田茂成　　向德明　　黄远斌　　陈　金

著　者：刘　逊　　杨丽丽　　邸慧慧　　邓永晟　　粟戈璇

　　　　黄　杰　　李海林　　尹光庭　　谭石勇　　李玉辉

　　　　田明慧　　陈前锋　　陈明刚　　滕　凯　　张　胜

　　　　段晓峰　　李跃平　　朱三荣　　巢　进　　张黎明

　　　　陈治锋　　裴晓东　　蒋利生　　江智敏　　菅攀锋

　　　　席奇亮　　吴晶晶　　严倩萍

前　言

烟叶是种出来的。烟叶优良品质及产量的形成是土壤营养、空间营养和烟株营养三者综合作用的结果。土壤既是优质烟叶种植载体，又是烟叶养分的重要来源，其肥力状况可为土壤改良和烤烟施肥提供依据。针对植烟土壤存在的障碍因素，科学、合理、高效施肥，才能使土地越种越肥，实现植烟土壤可持续利用和烤烟优质稳产。

湘西烟区位于武陵秦巴醇甜香型生态区，是中国重要的优质烟叶主产区之一。为彰显湘西山地烟叶风格特色，充分发挥湘西自然生态资源优势，提升湘西优质烟叶原料保障能力，促进山地烤烟产业的可持续发展，针对山地烟区生产地块小、坡地多的现状，围绕满足需求、控本降耗、提质增效的目标，湖南省烟草公司湘西自治州公司联合湖南农业大学，开展了"湘西烟区生态评价与品牌导向型基地布局研究"和"湘西山地特色烤烟高效施肥技术研究与示范"项目。查清了湘西烤烟生态资源状况，明确了山地烟叶质量特色和风格特色定位，布局了基于卷烟品牌导向的特色优质烟叶生产基地单元，系统集成构建了湘西山地特色烤烟轻简高效施肥技术体系，制定了湘西烟区高效施肥系列技术规范，提升了山地优质烟叶生产水平，促进了山地烤烟产业的可持续发展。

本书的撰写得到了中国烟草总公司湖南省公司、湖南省烟草公司湘西自治州公司的领导与专家的支持和帮助。在撰写过程中引用了大量资料，除书中注明引文出处外，还引用了其他文献资料，未能一一列出，谨此表示衷心感谢！

由于编写时间仓促，加之编者水平有限，书中疏漏和差错在所难免，希望同行专家和广大读者不吝赐教。

邓小华

2019 年 7 月于长沙

目　　录

第一章 绪 论

第一节 湘西烟区概况

湘西土家族苗族自治州（全书简称湘西州、湘西自治州）位于湖南省西北部，地处武陵山区，地理坐标 27°44.5′N～29°38′N，109°10′E～110°22.5′E，东北与张家界市相邻，东南与怀化市毗连，西南与贵州省交接，西与重庆市接壤，西北紧靠湖北省，系湘鄂渝黔四省市交界之地，属中国由西向东逐渐降低第二阶梯之缘，地势西北高东南低，由西北向东南倾斜，武陵山脉由北东北向南西南入贵州境。州境群山起伏，褶皱断裂多，高差悬殊，最高海拔 1 737m（龙山县石牌乡大灵山主峰），最低海拔 97.1m（泸溪县武溪镇人头溪出口）。湘西州现辖 7 县 1 市（吉首市），土地面积 1 546 万 hm²*，其中耕地 14 万 hm²。人口 272.13 万人，其中土家族 113.26 万人，苗族 90.13 万人，两者占总人口的 74.74%。

湘西是湖南省乃至中国重要的优质烟主产区之一，烤烟主要分布在龙山县、永顺县、凤凰县、保靖县、古丈县、泸溪县、花垣县 7 个县。湘西属亚热带山地季风湿润气候，具有冬暖夏凉、秋寒偏早的特点。植烟土壤主要为黄壤、红壤和紫色土，土壤有机质含量较高，pH 值适宜。湘西烟叶属于武陵秦巴生态区—醇甜香型，湘西烟区具有种植烟草得天独厚的条件，常年种烟面积 20 万亩左右，年产烟叶 50 万担左右，生产出的烤烟颜色金黄—深黄，外观质量和物理特性较好，化学成分较为协调，烟叶香气质较好，烟气较细，吃味醇和，配伍性和耐加工性好，适于做高档卷烟的主料烟叶使用，是中式卷烟的重要原料基地之一。

第二节 湘西烟区耕地资源状况

耕地资源调查是对耕地资源的类型、面积、分布情况、质量特性、空间变异及在社会经济活动中利用和管理状况进行综合调查和评价，为合理开发利用耕地资源提供参考。根据湘西烟区土壤的成土母质、土壤类型、地形地貌、生产水平和耕作制度状况，兼顾不同生态条件及不同肥力水平地块，于 2011 年选取湘西州的龙山、永顺、凤凰、保靖、花垣、古丈、泸溪 7 个主产烟县的绝大部分烟叶专业村和具有烟叶种植发展潜力的 81 个乡镇 375 个村进行了耕地资源调查，占全州 1 969 个行政村（不包括居委会）

＊ 1 公顷=15 亩，1 亩≈667m²，全书同

的 19.05%。其中龙山调查 21 个乡镇 101 个村，永顺 13 个乡镇 85 个村，保靖 11 个乡镇 30 个村，花垣 8 个乡镇 38 个村，凤凰 13 个乡镇 42 个村，古丈 8 个乡镇 61 个村，泸溪 7 个乡镇 18 个村。通过翻阅、查找资料，与烟站、乡镇村基层干部走访，群众座谈，实地勘探、查验，并结合多年来测土配方施肥成果，逐乡逐村获取第一手资料，并派出专家组巡回开展技术指导，基本摸清了湘西州烟区耕地资源状况。

一、人口资源状况

由表 1-1 可知，此次调查的 375 个行政村总人口 418 851 人，其中 4 000 人以上的村 1 个，占所有调查村数的 0.27%，为龙山县召市镇可立村 4 136 人；3 000~4 000 人的共 2 个村，占 0.53%；2 000~3 000 人的共 26 个村，占 6.93%；1 000~2 000 人的共有 160 个村，占 42.67%；500~1 000 人的共有 155 个村，占 41.33%；300~500 人的共有 29 个村，占 7.73%；300 人以下的有 2 个村，占 0.53%，分别为古丈县高峰林场 200 人，龙山县大安乡木鱼坪村 248 人。

表 1-1　湘西烟区耕地资源调查区域人口统计

调查县	调查乡镇数	调查村数	调查村总人口（人）
龙山	21	101	106 339
永顺	13	85	124 733
保靖	11	30	41 967
花垣	8	38	33 076
凤凰	13	42	42 644
古丈	8	61	38 682
泸溪	7	18	31 410
合计	81	375	418 851

二、地形地貌及土壤类型

根据统计结果，被调查的 375 个行政村仅有山地和丘陵两种地形，其中属于山地的有 297 个村，占 79.2%，属于丘陵的有 78 个村，占 20.8%。被调查的行政村基本都有 2~3 种及以上主要土壤类型，包括水稻土、石灰土、红壤、黄壤、紫色土和黄棕壤。

三、耕地数量状况

由表 1-2 可知，所有调查村共有耕地面积 31 632.95hm²，其中水田面积 17 973.97hm²，旱地面积 13 658.98hm²。耕地面积在 267hm² 以上的共 6 个村，面积最大的为永顺县泽家镇泥堤村 330hm²；200~267hm² 的有 14 个村；133~200hm² 的有 38 个村；67~133hm² 的有 145 个村；33~67hm² 的有 113 个村；33hm² 以下的有 59 个村。面积最小为古丈县河蓬乡丫角村，面积仅为 6.5hm²。

表 1-2 湘西烟区耕地数量基本情况

县	乡镇数	村数	总人口	总耕地面积（hm²）	水田面积（hm²）	旱地面积（hm²）
龙山	21	101	106 339	7 387.41	3 141.42	4 245.99
永顺	13	85	124 733	1 182 974	6 813.47	5 016.27
保靖	11	30	41 967	2 948.24	1 360.17	1 588.07
花垣	8	38	33 076	3 170.25	1 876.50	1 293.75
凤凰	13	42	42 644	3 067.04	2 269.13	797.91
古丈	8	61	38 682	1 545.60	1 078.87	466.73
泸溪	7	18	31 410	1 688.67	1 434.41	250.26
合计	81	375	418 851	31 632.95	17 973.97	13 658.98

水田面积在 133hm² 以上的共有 11 个村，面积最大的为泸溪县浦市镇青草村 194.7hm²；67~133hm² 的共有 76 个村；33~67hm² 的有 148 个村；33hm² 以下的有 140 个村；共有 12 个村没有水田面积，主要分布在龙山县大安乡和召市镇。

旱地面积在 133hm² 以上的有 9 个村，最大为龙山县大安乡大红村 259.4hm²；67~133hm² 的有 48 个村；33~67hm² 的有 92 个村；33hm² 以下的有 226 个村，面积最小的为古丈县河蓬乡丫角村，面积仅为 1.9hm²。

四、耕地质量状况

调查的全部行政村耕地质量分三个等级进行初步摸底，即好地、中等地和差地。其中，好地占该调查村耕地面积 30%~40% 的有 116 个村，占 20%~30% 的有 109 个村，分别占被调查村总数的 30.93% 和 29.07%。中等地占该调查村耕地面积 50% 以上的有 176 个村，占被调查村总数的 46.93%。中等以上的耕地占该调查村耕地面积 80% 以上的有 20 个村，其中最高的为泸溪县浦市镇马王溪村为 90%；199 个村为 70%~80%；135 个村为 60%~70%；13 个村为 50%~60%；仅有 8 个村的耕地质量等级等于或低于 50% 以下，分别为古丈县坪坝乡亚家村（差地占 60%）、保靖县野竹坪镇小溪村（差地占 60%）、碗米坡镇美竹村（差地占 58%）、碗米坡镇沙湾村（差地占 58%）、碗米坡镇马蹄村（差地占 57%）、迁陵镇通坝村（差地占 51%）、野竹坪镇杰坳村（差地占 50%）、野竹坪镇腊洞村（差地占 50%）。

五、耕地主要障碍因子及灌溉条件

调查结果表明，共有 110 个行政村无明显障碍因子，占被调查村总数的 29.33%；其他被调查村主要存在的土壤障碍因子分别为瘠薄培肥型、坡地梯改型、灌溉改良型、障碍层次型、渍潜稻田型、渍涝排水型六种类型。

灌溉条件分好、一般、没有三个等级进行初步摸底，其中灌溉条件好的有 21 个村，占被调查村总数的 5.6%；一般的 168 个村，占被调查总数的 44.8%；基本没有灌溉条件的 186 个村，占被调查总数的 49.6%。

六、主要种植农作物及耕作制度

种植作物基本涵盖了当前湘西州主要农作物，包括水稻、烤烟、玉米、蔬菜、油菜、马铃薯、红薯、百合及柑橘、猕猴桃等。耕作制度主要有稻—闲、烟—闲、稻—油、稻—蔬、玉—蔬、玉—油、烟—稻、稻—绿等。绝大部分行政村的耕作制度为稻—闲、烟—闲、稻—油、稻—蔬，在泸溪县低海拔地方有烟—稻连作制度，极少数行政村有种植绿肥习惯，部分种植面积不大。

在调查的 375 个村中共有 338 个村种植烤烟，种植面积为 7 929.5hm²，其中种植面积 100hm² 以上的有 3 个村，分别为永顺县芙蓉镇雨龙村、保坪村、松柏镇湖坪村；67~100hm² 的 11 个村，分别为：龙山县大安乡大红村、永顺县芙蓉镇兴元村、永顺县松柏镇龙头村、永顺县列夕乡比条村、保靖县水银乡官庄村、永顺县高坪乡马鞍村、保靖县水银乡车湖村、永顺县高坪乡那丘村、永顺县石堤镇青龙村、永顺县高坪乡那咱村、永顺县毛坝乡观音村；33~67hm² 的有 61 个村；20~33hm² 的有 83 个村，6.7~20hm² 的有 162 个村，6.7hm² 以下的有 18 个村。

具备烤烟发展潜力的空白村共有 37 个，加上已经种植烤烟的行政村，总计适宜烤烟种植的面积 6 639.8hm²，占已有烤烟种植面积的 83.74%，占调查村所有耕地面积的 21.00%。其中还可发展烤烟种植 67hm² 以上的有 16 个村，发展 33~67hm² 的有 56 个村，20~33hm² 的有 67 个村，6.7~20hm² 的有 168 个村。

七、烤烟根茎病发生情况

对调查的 338 个行政村的烤烟根茎部病害发生情况统计，结果表明有 37 个村无根茎部病害发生；147 个村发生面积低于 3.3hm²；48 个村发生面积为 3.3~6.7hm²；71 个村发生面积为 6.7~13.3hm²；22 个村发生面积为 13.3~20hm²；5 个村发生面积为 20~27hm²；8 个村发生面积达 27~33hm²。

以烤烟根茎部病害发生面积除以该村烤烟种植面积统计该村根茎部病害发生率，发生率低于 10% 的有 45 个村，发生率在 10%~20% 的有 123 个村，发生率在 20%~30% 的有 57 个村，发生率在 30%~40% 的有 36 个村，发生率在 40%~50% 的有 21 个村，发生率在 50%~60% 的有 13 个村，达到或超过 60% 的有 6 个村（表 1-3）。其中，花垣县排料乡排料村为 67.07%，永顺县泽家镇砂土村为 66.67%，龙山县召市镇可立村为 64.73%，花垣县补抽乡排当村为 64.44%，永顺县高坪乡三角岩村为 62.50%，永顺县石堤镇新寨村为 60%。

表1-3 湘西州烤烟根茎病调查结果统计

根茎病发生面积（hm²）	未发生	<3.3	3.3~6.7	6.7~13	13~20	20~27	27~33	>33
村数（个）	37	147	48	71	22	5	8	0
发生根茎病的村占种植烤烟村的比例（%）	10.95	43.49	14.20	21.01	6.51	1.48	2.37	0
根茎病发生率（%）	<10	10~20	20~30	30~40	40~50	50~60	60~70	>70
村数（个）	45	123	57	36	21	13	6	0
某阶段占根茎病发生村总数的比值（%）	14.95	40.86	18.94	11.96	6.98	4.32	1.99	0

八、耕地资源存在的问题

（一）耕地资源丰富，耕地质量有待进一步提升

从耕地资源看，地层发育较齐全，资源丰富。此次调查的土壤共有地带性的红壤、山地黄壤、黄棕壤和非地带性的水稻土、石灰土、紫色土六个土类。成土母质主要有石灰岩、板岩、页岩、砂岩、紫色砂岩、紫色页岩，土壤垂直分布明显。在土壤区域性分布上，南部属紫色土—水稻土区，西南部属石灰土—黄壤—水稻土区，东部属黄壤—石灰土区，东北部属黄壤—红黄壤—水稻土区，中部属黄壤—黄红壤—石灰土—水稻土区，西北部属山地黄棕壤—黄壤—石灰土—水稻土区，北部属山地黄棕壤—黄壤区。从地形地貌看，全境山高坡陡、河流交错、地貌复杂，地势呈梯级自西北向东南倾斜，岩溶发育强烈，山地、丘陵交错分布。地形地貌的复杂性和土地类型的多样性，形成了光、热、水、土和生物等资源的再分配，产生了地域垂直变化的"立体性"资源。从耕地数量来看，所有调查村共有耕地面积31 632.95hm²，其中水田面积17 973.97hm²，旱土面积13 658.97hm²，而现有烤烟种植面积为7 929.5hm²，占调查总耕地面积的25.08%，完全能够满足烤烟轮作、烤烟轮休及扩大种植面积的需要；而且耕地面积在67hm²以上的有203个村，占调查村总数的54.13%，有利于集中连片大面积种植烤烟，形成烤烟规模化种植模式。

从调查结果分析，被调查村耕地质量整体水平并不是很高，综合评价为中等水平。而且还有265个行政村的土壤存在不同类型的障碍，主要包括瘠薄培肥型、坡地梯改型、灌溉改良型、障碍层次型、渍潜稻田型、渍涝排水型。而且在调查过程中发现，农户尚未形成良好的"养地"习惯，不注重绿肥种植、秸秆还田、施用有机肥等养地措施，对耕地实行掠夺式的生产方式，造成耕地质量呈逐年下降趋势。

（二）人力资源充足，烟农科技文化素质有待进一步提高

此次调查的375个行政村总人口41.8851万人，其中1 000人以上的有189个村，占所有调查村总数的50.4%。从事烤烟生产的烟农有9.63万人，其中种烟时间在3年以上的占80%。在烟农劳动力资源中，外出务工的占32%，在家务农的占68%，年龄在40岁以下的占57%，在40~50岁的占24%，50岁以上的占19%，因此，从事烤烟

生产具有足够的人力资源。

对烟农文化程度进行统计可知，具有高中以上文化程度仅占烟农队伍的6%，具有初中以上文化程度的占57%，具有小学及文盲的占37%。大部分烟农在烤烟栽培技术上存在盲目跟随性，对于烟草栽培过程中的新科技，如测土配方施肥技术、耕地地力提升技术、农业节水技术、保护性耕作技术、病虫害防治技术等，了解不多，掌握不够，有的甚至闻所未闻。

（三）灌溉水资源充沛，灌溉条件有待进一步加强

湘西州境内降雨充沛，水系发达，山塘、水库较多，境内溪河纵横，灌溉水资源丰富，基本上能满足烟叶生产要求。湘西州属沅水水系，有大小溪流1 000余条，其中5km以上的河流368条，径流总长度6 308km，多由西北向东南汇入澧、酉、沅、武四水。溪河径流总量133.3亿m³，水能资源蕴藏量168万kW。年平均降水量1 398mm左右，折合水量约216亿m³，加上外来客水有350亿m³。从有效灌溉能力来看，湘西州现已建大小水利设施3.26万处，每年平均蓄引提水总量约12.66亿m³。总有效灌溉面积12万多hm²，占耕地面积的69%。近年来，在干旱缺水地区建成集雨水窖3.8万个，总容量205万m³，年蓄水总量350万m³，可补灌面积8 000hm²。由此可见，湘西州水利设施覆盖面广，分布均匀，水资源充沛，具备发展优质烤烟生产的先天条件和优势。

湘西州季节性干旱常有发生，对烤烟生产造成较大威胁。从调查结果看，基本没有灌溉条件的有186个村，约占被调查总数的50%，灌溉条件一般的有168个村，占被调查总数的44.8%，而且尚未发现滴灌、喷灌等现代化技术设备，灌溉条件远远不能满足烟草生产的基本要求，这是湘西州烤烟产量和品质再上一个台阶和档次的主要瓶颈之一。

（四）烤烟种植历史悠久，耕作制度有待进一步优化

湘西州烟叶生产历史悠久。早在明朝万历五年（1577年），泸溪县、凤凰县、吉首市就开始种植晒红烟。清乾隆元年（1736年）凤凰晒烟被列为朝廷贡品。清光绪二年（1876年），湘西烟叶（晒红烟）由常德经汉口出口至美国。1983年9月，凤凰晒红烟被列为全国十大名晾（晒）烟之首，"凤凰晒烟"驰名全国。1962年，湘西州开始种植烤烟。1984年，湘西州烟草专卖局（公司）成立，烤烟生产步入良性发展轨道。至今，湘西州年收购量一直稳定在50万担左右，成为该地区农村经济支柱产业之一。根据此次调查结果，种烟年限在3年以上的农户约占80%，但烟区耕作制度比较单一，大部分为烟—闲、烟—稻、烟—绿、烟后种植其他作物较少，烟区复种指数低，而且部分农户连续多年在同丘块土地种烟，没有进行轮作，导致了烤烟病虫害的逐步加剧。

（五）烤烟种植基本实现标准化，根茎病有进一步扩散趋势

湘西州农业产业结构逐步趋向合理，基本形成了以优质烤烟为主的特色经济作物产业，以椪柑为主的水果业，以湘西牛羊为主的畜牧业，以百合、黄柏、杜仲等为主的中药材产业。经过烟草部门多年的努力，烟叶生产的育苗、大田管理、成熟采收、烘烤调制、分级收购等环节已基本实现标准化，其生产出的烟叶成熟度好、香型风格突出、吸味醇和、配伍性强，烟叶品质较佳。湘西烤烟产业在农业中的比重越来越大，已成为地方政府财政"消赤产业"、扶贫攻坚的"富民工程"、密切干群关系的"民心工程"，农村经济的标志性产业。但根据此次调查结果，烤烟根茎病的发生有进一步扩散的趋势。根据调查 338 个村的统计结果，90%的行政村烤烟均有不同程度的根茎病发生；5.62%行政村发生率超过 50%；仅 10.95%的行政村尚无根茎病发生。目前，烤烟根茎部病害仍有进一步蔓延的趋势，须引起烟草公司及政府相关部门的高度重视。

九、合理利用湘西烟区耕地资源的对策与建议

（一）建立基本烟田保护制度，提升烟区耕地质量等级

目前，湘西州已经在 85 个乡镇中，建立起 6 万 hm² 能满足优质烤烟生产要求的基本烟田并确定了保护区域。但烟区耕地质量保护制度还不健全、不完善、不系统，须制定全面系统的制度体系以加强耕地质量管理。通过出台《烟区耕地质量管理办法》，加强法规化管理，建立烟区耕地质量定期监测网络体系，对烟区耕地质量进行分等定级，录制相关的 GPS 信息，分县建立到农户、到地块的基本烟田耕地质量文书和电子档案，逐级明确基本烟田耕地质量保护责任人，层层落实基本烟田耕地质量保护责任。建立健全烟区耕地质量提升或下降的一系列奖惩措施，鼓励有利于烟区耕地质量提升的烟叶生产技术、土壤改良工程、土地整理工程等项目的实施，整体提高基本烟田的持续效应、使用效率和产出效益。

（二）实施保护性耕作和改良土壤，促进烟叶生产可持续发展

基本烟田保护区应逐步推广以烟为主的耕作制度，突出烟草在整个轮作制度的主体地位，科学安排不同作物组合和耕种方式，促进作物间营养元素的互补。建立用地与养地相结合的种植制度，规划绿肥、豆科作物覆盖种植比例，加快稻草秸秆还田、压绿压青、稻草覆盖等技术推广力度，改善土壤通透性和理化性状以减少病虫害发生。对于土壤 pH 值偏酸的烟田，可选择施用生石灰、熟石灰、石灰石粉、白云石粉和草木灰等加以改善，并同步补充镁、钙和其他微量元素。积极发展烟稻轮作模式，逐步推广包括烤烟—红薯、烤烟—玉米、烤烟—大蒜、烤烟—小麦、烤烟—豆类、烤烟—蔬菜和烤烟—荞麦等在内的科学轮作、套作、连作生产模式。针对烟区耕地土层较浅，大力推行深耕土壤措施，打破犁底层，增加耕作层厚度。在缓坡地，大力推行坡改梯和等高种植技术，减少水土流失，增加土壤含水量。

（三）强化烟区基础设施建设，提高烟区抵御灾害能力

湘西州烟区基础设施建设还不完善：一是抵御极端天气的基础设施不健全，倒春寒、季节性干旱和局部区域内的冰雹，在一定程度上影响着烟株的生长发育；二是烟田排灌系统尚不完善，部分烟田靠天雨养；三是部分烟区交通不便。因此需继续加大灾害天气预测预报设施建设、水利设施建设和交通建设，其重中之重应该是水利设施建设：一是解决种烟区的灌溉水源，以现有水利设施为基础重点对烟区病险塘库进行维修，提高塘库蓄水能力，干旱缺水的旱地烟区以兴建灌溉水源改善灌溉条件为主，在烟区集中的地方修建小塘坝和蓄水（池）窖，充分发挥雨水集蓄工程。二是大力开展现有灌溉沟渠的清淤和防渗，提高沟渠输送水能力和水利用系数。三是加大烟区田间排灌沟渠的

配套力度，确保烟区旱能灌、涝能排，提高田间的水资源利用率。四是大力发展节水型烟区，积极推广管灌、滴灌、喷灌等节水灌溉新技术，走节水型烟叶生产发展之路。

（四）加强部门合作与配合，提高烟区综合生产水平

烤烟已经是湘西州一大支柱产业，烟草部门应加强与农业、气象、水利等部门以及大专院校的合作，提高烟区综合生产水平。就农业部门而言，烟草部门可以与土壤肥料机构合作搞好烟区耕地质量管理和提升、耕地质量定期监测、测土配方施肥、节水技术、改革耕作制度等；与农业环保机构合作搞好烟区耕地重金属普查及污染治理、无公害烟叶产地认定、无公害烟草生产技术推广与认证等；与植保植检机构合作搞好烟草检疫、病虫害统防统治等。

（五）加大烟区农民技术培训力度，提高烟农科技文化素质

现代烟草农业对烟农的素质提出了更高要求，要加强对烟农队伍的教育培训，每年对烟农的专业技术（技能）集中培训至少两次以上，不断提高烟农队伍的整体素质，努力建设一支有文化、懂技术、会经营的新型烟农队伍。要针对不同层次、不同类型的烟农，制定分类指导及服务方案。要通过印发资料、上门指导、专题讲座、现场交流等多种形式，广泛开展以培育壮苗、科学施肥、田间管理、采收烘烤和烟叶分级为主的技术培训，使烟农完全掌握烟叶生产的基础知识和生产技术标准，不断提高烟农的生产技术和生产应变能力。

第三节　湘西烟区气候资源简况

一、湘西气候基本特征

湘西州位于湖南省西北部，为云贵高原东侧的武陵山区，所处纬度较低，属亚热带季风湿润气候，由于武陵山脉的地形地貌影响，使之又凸显山地气候特色。冬季受欧亚大陆干冷气团控制，寒流频频南下，天气比较寒冷。夏季受低纬度海洋暖湿气团影响，温高湿重。盛夏受副热带高压控制，晴热少雨。春夏之交，处冷暖气团交替过渡地带，锋面、低压槽、切变线、气旋活动频繁，造成阴湿多雨，天气多变。入秋后天气逐渐转凉，深秋开始大陆气团势力增强，冷空气不断南下，气温逐渐下降，天气变冷。

全年1月最冷，7月最热，气温年较差在21.9~22.8℃，光、热、水基本同季，气候资源丰富。然而由于大气环流的不稳定性，每年都有不同程度的极端天气出现，气象灾害种类繁多，出现频繁。具有"气候温和，四季分明；降水丰沛，雨量集中；天气多变，灾害频繁；山地气候，类型多样"的特点。境内光、热、水基本同季，气候资源丰富，可利用率较高。由于亚热带季风湿润气候的属性，以及山地气候的层次性、立体性、多样性，构成了盆谷地、中低山、中山原等多种气候类型，有着适宜发展多种农、林、牧业的气候生态环境，又有利于工业、交通、水利水电、旅游等行业发展的气候优势。

（一）气候温和，四季分明

1. 冬少严寒，夏少酷热，气候温和

湘西州由于地属山区，地势较高，气温在湖南省内属于偏低水平，海拔500m以下地区（以下同）年平均气温在16.0~17.0℃，与同纬度省内其他县市比较，年均温偏低0.4~1.4℃，年极端最低气温偏高3.8~11.2℃，大多数年份没有出现候平均气温≤0℃的严寒期，多年平均仅为1~4d。

夏季以最热月的7月为代表，月平均气温与省内同纬度县市比较，偏低1.6~2.3℃，6—9月候均温≥28℃日数的暑热期偏少，多年平均除泸溪（35d）、吉首（24d）外，其余六县为10~16d。日平均气温≥30℃的酷热天气日数除泸溪（12d）外，其余七县市仅2~5d，不到湘北、湘中的三分之一。7、8月日最高气温≥35℃高温日数，省内大部分地区均在20d以上，而湘西州各县市都少于20d，龙山、保靖、花垣、凤凰仅7~10d。全州各县市年较差比同纬度县市偏小0.9~2.7℃，是省内年较差低值区。

2. 四季分明，冬季最长，秋季最短

按气候学四季划分的规定，通常以候（5d为1候，一个月为6候，全年共72候）平均气温<10℃为冬季，10~22℃为春、秋季，>22℃为夏季。根据此标准，湘西州各地春季平均开始日期在3月19—23日，终止日期在5月30日至6月9日，春长73~80d。夏季开始日期为5月31日至6月10日，终止日期在9月8—17日，夏长91~110d。9月9—18日开始进入秋季，至11月20—24日结束，秋长为67~73d。冬季11月21—25日开始，到翌年3月18—22日结束，冬长为115~123d。全年四季分明，以冬季最长，秋季最短。夏季排在第二，春季排第三，春季比秋季只多6~7d。春、秋两季相差无几。

湘西州在3月中下旬之交开始入春，比天文学上的"立春"迟了45d左右，入春后气温回升，阴雨增多。4月中旬进入雨季，雨势逐渐加大。春季维持75d左右于6月上旬进入夏季，比天文学上"立夏"迟了30d左右。夏季前期高湿多雨，后期多晴热天气。中山（海拔800m以上）天气凉爽无高温炎热，为避暑纳凉之宝地。在维持100d左右的夏季后于9月中旬入秋，比天文学上的"立秋"迟了近35d左右。秋季前期多秋高气爽天气，后期多秋风秋雨，气温逐渐下降，可谓"一阵秋风一阵寒"。在经历70d左右后，于11月下旬初转入冬季，比天文学上的"立冬"推迟了15d左右，冬季长达120d左右，是全年最寒冷季节，以1月最冷，月平均气温在4.5~5.2℃，常有雨雪天气，中山地区多0℃以下低温严寒、降雪、冰冻天气。

（二）降水丰沛，雨量集中

湘西州地势总体是西北高、东南低，主体山脉呈西南东北走向，有利于西南暖湿气流的输送。大量水汽在迎风面上容易成云致雨，加之境内群山起伏，有利于对流云系发展，盛夏又多地方性阵雨，因此降水丰沛。与省内同纬度县市比较，年降水量除龙山比洞庭湖区的临湘偏少100mm左右外，其他县市之间比较，相差均在±50mm以内。但年降水日数（≥0.1mm日数）偏多11.5~25.1d，在省内属于多雨地区之一。

4月上旬末到中旬初，州内自南向北先后进入雨季，雨量逐渐增多。4—9月为汛期，降水强度大，大雨以上过程增多，并有数次暴雨以上过程出现，雨量急剧增加。尤以5—7月最为集中。州内各地4—9月降水量占全年降水量的75%，充沛的降水，为国民经济特别是农业、水利、水电等行业和人民生活提供了充足的水源，成为湘西州社会经济发展的一大优势资源。

（三）天气多变，灾害频繁

湘西自治州属于季风气候，其特点是季节性变化明显，大气环流的正常和异常交替出现。某些年份和某个时段，由于大气环流的异常，常常出现极端天气，造成气象灾害。全年有干旱、洪涝、寒潮低温、连阴雨、雷雨大风、冰雹、冰冻、雷击等多种气象灾害。

春季是冷暖空气交汇最为频繁的季节，天气变化多端，气温陡升骤降。3—4月每月有3~4次较为明显的冷空气入侵，每隔7~10d出现一次，每次冷空气活动大多会造成明显的阴雨降温天气，降温幅度由于冷空气强弱不同而不等。较强的降温幅度多在5~10℃，有的甚至超过15℃。有的年份冷暖气团在州境内少动，造成十天半月低温阴雨，形成"春寒"，危害播种育秧（苗）。两次冷空气活动的间隙，天气放晴，气温回升。

4—6月，随着气温的逐渐升高，空气对流加强，中小尺度强对流系统常常引发局地雷雨大风、冰雹等气象灾害。有的年份降水明显偏少，"春旱"时有发生，造成春耕春播受阻，延误农时。

5—9月是湘西州的主汛期，在副热带高压北部边缘西南气流影响之下，切变线、低涡和地面冷锋等天气系统，加之有利的山区地形等综合作用下，大雨和暴雨多次出现，甚至大暴雨和特大暴雨不时光顾，引发洪涝灾害，造成的损失甚为惨重。

7—9月为盛夏初秋时节，在西太平洋副热带高压控制下，多晴热少雨天气，规律性夏秋干旱常常发生，有的年份副高特强，长时间控制湘西州，形成久晴不雨的大旱和特大干旱，成为危害农业的主要气象灾害。

10—11月转入深秋，在青藏大陆高压控制之下，天气秋高气爽，时间一长，晚秋干旱就会发生。有的年份由于冷空气势力较强，冷暖气团在州境长期停滞，形成秋雨连绵的"连阴雨"，俗称"烂秋"，对秋收秋种构成危害。个别年份秋季雨量特多，偶有暴雨，也酿成了"秋汛"。个别年份11月上中旬就有强寒潮入侵，出现低温初雪天气，提前进入冬季。

1月、2月和12月为冬季，主要受大陆气团控制，冷空气势力很强，霜冻、降雪、冰冻等天气和灾害相继发生，对柑橘、油菜等果木和农作物越冬以及林业、交通、电力、水利等部门构成威胁。

（四）山地气候，类型多样

湘西州地处武陵山区，境内群山起伏，山脉纵横交错，褶皱断裂多，山体切割深，高差悬殊，形成了山谷、盆地、岗地、丘陵、中低山、中低山原等多种地形。湘西州特有的地形，形成了以垂直高度为主的、由各种地形构成的、类型多样的山地立体气候。

1. 气候的垂直差异大于水平差异

海拔高度直接影响到地面加热条件、自由大气热量交换，以及水汽输送与凝结高度、云雾分布和日照时数，引起了光、热、水的再分配，形成了气候的立体性、层次性、多样性。呈现俗称"山下开桃花，山上飘雪花"的景象。

（1）气温随海拔高度上升而递减。在山区，气温随海拔高度上升而递减为一般规律。据各县市气象局20世纪80年代农业气候区划考察，海拔每升高100m，年平均气温递减0.5~0.6℃，≥10℃积温减少190~200℃/d，喜温作物生长季缩短6.0~6.5d，无霜期缩短5~7d。全州气温最高点在泸溪，县城海拔132m，年均温17.0℃；最低点在海拔1346m的八面山，年均温10.4℃，两者相差6.6℃，每上升100m下降0.54℃。据研究，气温的变化随海拔高度每升高100m，相当于水平方向向北推移100km。可见湘西州的气温垂直高度大大超过水平距离的差异。

（2）降水随海拔高度上升而递增。在山区，降水分布比较复杂，是特定条件下水汽、动力和热力因素综合作用的结果。这些都直接间接与其地理位置、气团性质、海拔高度及地形有关，其中又以海拔高度和地形的影响最为明显。湘西州的降水一般随海拔高度上升而递增，据考察和测站资料分析得出，海拔高度每升高100m，年降水量平均增加20~75mm，这种递增趋势在海拔600~1 000m内增量最大。如龙山县海拔400~600m的年降水量在1 350mm左右，变化不大；而由630m的召市年降水量1 345.2mm，到海拔1 300m的大安年降水量达到了2 064.6mm，增加了719.4mm，平均每100m增加了107.4mm。降水量随高度的增加，在季节上也有所不同。据古丈县农业气候区划资料，4—6月增量最大，每上升100m，月降水量递增4.58~6.51mm，而11月至翌年2月增量最少，仅为0.91~1.91mm。

（3）日照时数随海拔高度上升而递减。在山区，日照时数除受地形影响很大外，海拔高度的影响也很明显，因为湘西州绝大部分地区处于海拔1 000m以下，在此高度内海拔越高，受云雾的遮蔽越大。因此，在地形近似的情况下，日照时数随海拔高度增高而递减。据龙山县农业气候区划资料，按地形相近而海拔高度不同的几个层次测点：城郊（490m）、召市（630m）、茨岩（830m）等地年日照时数加以比较，各地年日照时数分别为：城郊1 214.0h，召市1 008.6h，茨岩935.2h，召市比城郊少205.4h，茨岩比城郊减少了278.8h。

2. 不同地形的气候类型

（1）盆地、山谷气候特点。湘西州的盆地、山谷一般在海拔500m以下，处在两山或群山之间的较为平坦的低凹地带。由于空气较为闭塞，流畅性小，温度受自由大气层影响较小，因此比大范围气流性质的差异要大。

第一，气温高、热量丰富。盆、谷地形较闭塞，风力很小，白天接受太阳照射热量不易扩散，增温很快，夜间上半夜降温比周围山坡要快，而下半夜常有逆温出现和辐射雾形成，大大减缓了降温速度，因而盆、谷地日平均气温高于坡地。冬季冷空气入侵时，又有周围山脉阻挡，降温势力大为减弱，成为州内得天独厚的暖区。因此，海拔500m以下的盆谷地是湘西州气温最高、热量最丰富的地区。这类地区年平均气温为16.0~17.0℃，多年极端最高气温为39.3~40.6℃。

第二，开阔度不同，差异明显。盆谷地开阔度大小直接影响到太阳辐射、气温和日照时数。据古丈农业气候区划考察，开阔度每增加100m，年平均气温增加0.5~0.6℃，

≥10℃积温增加 155.2~177.4℃。年日照时数东西沟向增加 16.8h，南北沟向增加 175.1h。

第三，多逆温现象，冬暖优势明显。逆温现象是指在某个时段某个高度，温度在垂直方向上不遵循递减规律，而是出现随高度上升而递增的现象。这一高度带称为逆温带（层）。湘西州逆温多属于辐射型和地形型两种的混合类型。盆、谷地由于地形闭塞，气流流动缓慢，白天受热热量很快聚积，增温很快；在夜间四周山坡首先降温，冷空气下沉，盆、谷底的暖空气被抬升起来，成为冷湖，在其上空形成了一个气温高于盆、谷底的逆温暖层。由于逆温暖层常常在下半夜出现，一定程度上了抑制了盆、谷底的降温速度，所以盆谷底夜间温度也不会太低。

（2）中低山坡地气候特点。这类地区主要在海拔 800m 以下的中低山，是湘西州地形气候较为复杂的地区。①不同坡向的温度差异。山坡地的坡向不同，接受太阳辐射强度和日照时间的长短有着明显的差异。据保靖县实测：南坡较北坡年平均气温要高1.5℃，≥10℃积温高 342℃/d；东南坡比东北坡、西南坡比西北坡年均温偏高 0.1~0.3℃，≥10℃积温高 38~68℃。②不同坡向的降水差异。除了海拔高度，山脉走向山坡方位不同，降水存在一定差异。一般在风速较大的岗上和迎风坡上以及水汽输送通道上降水量较大，如花垣、保靖、永顺等县城处在地质断裂带的长峡谷，峡谷为西南—东北走向，西南气流输送的水汽可通畅到达三县峡谷及两侧坡地，降水明显多于远离这个通道的泸溪、凤凰两县。上述三地年降水量比泸溪、凤凰偏多 100~200mm，7—9 月偏多 90~120mm；同时，偏南北走向的深沟峡谷或河道两侧也是暴雨多发地。如龙山洗车河两侧的红岩溪、洛塔、洗车及猛洞河两侧的永顺两岔、首车等地为暴雨多发区。③不同坡向的日照差异。日照与山坡的坡度、坡向及周围山体遮蔽度大小有很大关系，情况比较复杂。根据翁式公式计算，坡度每增加一度，年日照时数南坡缩短 0.7h，东坡、西坡缩短 5.5h，西北坡缩短 5.4h，而山坡的凹凸程度不同也有差异，凸地比凹地偏多10%左右。另外在迎风坡由于地形对气流的抬升，常形成云、雨，日照较少，背风坡则日照较多。

（3）中山原气候特点。"中山原"指海拔 800m 以上的高度层上的丘状和岗状地带，是湘西州内最冷的地区，按热量条件应该划归北亚热带和南温带气候。这类地区由于海拔高，受山体影响小，气候较为单一。按气候特点可以分为 800~1 000m 和 1 000~1 400m两个层次加以区别。

第一层：800~1 000m 高度层，温度偏低，湿度偏大，降水量偏多，日照较少。年平均气温为 12~13℃，降水量 1 500~1 600mm，年日照时数 900~950h，年平均相对湿度 82%。四季分配：以龙山茨岩塘为例（海拔 830m），3 月底入春，历时 88d，7 月初入夏历时 51d，8 月下旬初入秋，历时 87d，11 月中旬入冬，历时 139d。冬季最长，占全年天数的 38.0%，夏季最短，仅占 14.0%。

第二层：1 000~1 400m 高度层，比第一层气温更低，湿度更大，降水更多。但日照时数在四周障碍物很少的山岗山头有所增多，此高度层年平均气温 10℃左右，年降水量 1 700~2 000mm。海拔 1 350m 的龙山八面山高山站（山头）1971—1979 年实测年日照时数平均为 1 212.0h，比海拔 830m 的茨岩增加 265.9h；年平均相对湿度 84%，比茨岩增加 2%。四季分配：以海拔 1 350h 的龙山八面山为例，该地 4 月 26 日入春，历时 91d，7 月 26 日入夏，历时只有 11d，8 月 6 日入秋，历时 87d，11 月 1 日入冬，历时 176d，冬季占全年 48.2%，夏季只占全年 3.0%。因此，此高度层是州内最冷的地带。

二、湘西烟区气候资源特征

烟草是喜温作物。烟草大田生长期最适宜温度为 25~28℃，日均温低于 17℃ 或高于 35℃，烟株生长就会受到抑制。如果发根期气温低于 13℃ 且持续 7d 以上，将导致早花现象的发生；成熟期最适宜气温为 20~25℃，一般 24~25℃ 持续 30d 以上，有利于烟叶品质的形成。湘西州烟区烟草大田生长期平均温度 19.76~25.43℃，虽然不高，但成熟期平均气温在 22.13~27.74℃，烟草生长后期较高，有利于叶内积累较多的同化物质和烟叶品质的提高。

积温是影响烟草叶片发育、生长和成熟的主导因子。积温不足，烟草生育期延长，将直接影响到烟草的产质量。研究表明，南方烟区 ≥10℃ 活动积温在 2 000~2 800℃/d，≥10℃ 有效积温在 1 000~1 800℃/d，将有利于优质烟叶的生长。湘西州烟区烤烟大田期 ≥10℃ 的有效积温为在 2 631.07~2 880.21℃/d，烤烟大田期有效积温较高。因此，烤烟大田期的积温完全能满足烤烟生长，再加上光、水和土壤的配合，非常适宜优质烟叶生产。

水分是维持烟株生长的必需条件，是烟草产量和质量形成的重要保证。烟草在生长期间不仅要求有充足的降水量，也要求降雨分布与烟草需水规律相吻合。一般来说，优质烟生产大田期降水量要求在 450~550mm，并且分布适当，保证烟草旺长期与多雨季节同步，能够满足旺长期烟株对水分的需求。烟草发根期月降水量在 80~100mm，旺长期月降水量在 100~200mm，成熟期月降水量为 100mm 左右较为理想。湘西州烟区移栽期主要在 4 月下旬，发根期月平均降水量在 110mm 以上，个别年份的稻田烟要注意清沟排水，促进根系生长；旺长期降水充足，月降水量为在 100mm 以上，再加上和煦的光照、适宜的温度，对烤烟生产十分有利；成熟采烤期，降水偏多，对烟叶成熟采烤有不利影响。

烤烟是喜光作物，烤烟的长势、产量的高低、质量的好坏与光照强度、光质的好坏有很大关系。对生产优质烤烟而言，和煦而充足的光照是必要条件。研究认为，优质烟叶大田生长期日照时数要求达到 500~700h；移栽期至旺长期，要求日照时数达到 200~300h；采收烘烤期间要求日照达到 280~300h。湘西州烟区大田期日照时数一般在 565.92~703.51h，移栽至旺长期日照时数在 250h 以上，采收烘烤期日照时数偏多，在 300h 以上，但整个大田生长期正值雨季，云量多，日照百分率在 40% 左右，能满足优质烟生产对光照的要求。

湘西州烟区热量资源较丰富，且配合较好，光、热、水条件较优越。其烤烟大田生长期的气候条件与美国、巴西、津巴布韦、云南曲靖、福建龙岩、贵州遵义、河南许昌、湖南郴州等国内外优质烟叶产区相比，问题主要表现为：前期温度相对较低；日照相对不足；降水量相对过多，湿度相对过大。

湘西州烟区气候条件与国内外优质烟叶产区进行相似度比较，湘西州烤烟大田期气候与国内的遵义最为相似（高度相似），其次为国内的郴州和国外的巴西也具有较高的相似性。湘西州烤烟大田期不同气候因子与国内外烟区的相似程度存在差异，平均气温与遵义、美国为较高相似；日照时数与遵义高度相似，与曲靖、龙岩为较高相似；降水量与遵义、郴州、巴西为较高相似；空气相对湿度与遵义高度相似，与龙岩、郴州为较高相似。湘西州烤烟不同大田时期的气候与国内外烟区的相似程度存在差异，大田生长前期气候与遵义和曲靖类似，大田生长中期气候与遵义类似，大田生长后期气候与遵义、许昌类似。可以推断，湘西州的烤烟风格介于遵义和许昌之间，但与遵义最接近。贵州遵义烤烟属典型中间香型风格，河南许昌烤烟为典型浓香型风格，初步判断湘西州烤烟风格为中偏浓香型。

湘西州烤烟大田生长期的日平均温度在 20℃ 以上，日照时数在 600h 以上，降水量在 700mm 以上，具备了种植优质烤烟的基本条件和优势。其烤烟大田生长前期具有日均气温相对较高，降水量相对较多，空气湿度大的特点，有利于烟苗移栽成活和早生快发；中后期具有日均温相对较高，特别是移栽后的第 3 月、第 4 月的平均温度在 25℃ 以上，光、热、水匹配性好，有利于烟株生长和干物质积累，为烤烟优质适产打下良好基础；成熟期温度适宜，日照时数相对较少，空气相对湿度适中的特点，既有利于烟叶成熟，也奠定了湘西州山地特色烟叶风格。

湘西州烟区气候适宜性指数较高，为烤烟种植适宜区，烟区光照、温度、雨量与优质烟生长需求匹配协调，适合优质烤烟的生产。

三、湘西气候与烤烟生产

烤烟生长喜温、喜光、好水，最适宜 25~28℃，月降水量 90~130mm，烟叶成熟要求日平均气温不低于 20℃。湘西烟区烤烟生产不利的气象条件是：苗期低温冻害及育苗期膜内高温高湿；移栽期低温阴雨；旺长期多雨寡照和高温高湿；脚叶成熟期温高湿大，顶叶成熟期高温强光。

（一）温度

湘西烟区一般 1 月开始播种，9 月成熟采收。1 月是一年中温度最低的月份，其平均气温为 4.5~5.0℃，与湘北基本接近，比湘南低 1.5~2.0℃。2 月平均气温比 1 月有所回升，大致高 2℃ 左右，分布区间为 6.0~7.0℃。3 月已进入早春季节，气温回升较快，比 2 月一般高 3.5~4.0℃，大部分地方已在 10℃ 以上，一般为 10~11℃。4 月随着太阳辐射的增强，气温回升更为急剧，该月平均气温比 1 月高 12℃ 左右，比 3 月高 6℃ 以上，其平均气温在 16~17℃。5 月已进入暮春时期，平均气温均超过 20℃，大都在 20.5~21.5℃，比湘南偏低 1~2℃。6 月太平洋副热高压带势力增加，并逐渐北挺西进，气温进一步升高，但增加幅度明显减弱。平均气温比 5 月高 3~4℃，大部分地方在 24~25℃，但地势较高的地方仍低于 24℃。7 月是一年中温度最高、天气最热的一个月。平均气温在 26.5~27.5℃，个别地方超过 28℃。8 月因太阳辐射渐行减弱，故气温比 7 月低 0.5~1.0℃。在 26~27℃，个别烟区气温高于 27℃。9 月已处于极地大陆气团的影响之下，气温下降，不过由于太阳辐射仍很强烈，温度仍然较高，其平均气温在

22~23℃。

（二）界限温度

日平均气温通过 10℃是烟草由幼苗进入大田生长的一个重要的气象指标。湘西烟区最早通过 10℃大多在 3 月上旬末期，而最晚通过 10℃基本一致，在 4 月 14—15 日，两者相差 38~50d。平均通过 10℃的日期在 3 月 26 日左右，80%的保证率一般在 3 月下旬末。根据湘西烟区这一气候特征，移栽期可安排在 3 月下旬末，采取地膜的地方，可适当提前到 3 月下旬前期，但高海拔地区适当推迟。

（三）降水资源

湘西烟区烟草生长期内（1—9 月）的多年平均降水量为 1 000~1 200mm，其降水总量完全能满足烟草生长的需要。其中以 1 月降水量最少，6 月降水量最多，1—3 月降水量均在 100mm 以下。进入 4 月以后，降水逐渐增加，该月的降水量在 120~150mm，暴雨次数少，不易发生暴雨山洪。6—7 月是降水较集中的季节，其降水量多在 200mm 以上，由于此期降水量较多，易发生暴雨山洪。因此，地势低洼的烟田要注意清沟沥水，高山区的烟地要加强御防山洪危害。8 月降水量在 110~160mm，由于降水量较多，发生干旱的频率较少，这是湘西烟区的一个重要的气候资源。9 月降水呈北多南少的趋势，湘西自治州的南部降水量较少，大多在 100mm 以下，由于降水偏少，有利于烟叶的成熟采收，湘西北角降水较多，在 100mm 以上，所以个别年份充足的雨水影响烟叶的成熟采收，这是一个烟草生产中值得注意的问题。

（四）日照时数

湘西烟区 1—9 月日照时数在 960~1 160h，其中以 2 月日照时数最少，8 月日照时数最多。1—3 月的日照时数均不足 80h，而此期烟叶处于育苗期，由于目前采用漂浮育苗，对外界气象条件要求较低，只要气温正常，烟苗仍可正常生长。进入 4 月以后，烟苗也进入了大田生长期，日照明显增多，大部分地方为 90~100h，日均日照时数为 3h多，尚不能完全满足烟叶生长的需要。因此，要采取地膜覆盖等农业技术措施，提高地温，以弥补日照不足。5 月和 6 月日照时数相差不大，为 110~130h，日平均日照时数为 4h 左右，基本上能满足烟叶生长的需要。进入盛夏 7 月，日照明显增多，该月的日照时数达到 170~200h，比 6 月增加 50~70h，日均增加 1.5~2.0h。8 月日照时数比 7 月稍多，大多数地方为 180~220h。初秋 9 月各地日照时数差异较大，多的地方接近200h，少的地方接近 120h，总体而言，比 8 月少 50~70h，略多于 6 月。

（五）气象灾害

烟叶育苗至移栽期出现"倒春寒"的几率较少，大约为五年一遇，但由于受地形的影响，气温相对较低，如遇上"倒春寒"天气，会造成幼苗生长速度缓慢。但 5 月中下旬出现"五月低温"的几率相对较大，大约为五年二遇，如此期遭遇低温危害，烟叶会出现"早花"现象。此外，湘西自治州春季大风出现次数较少，属湖南省大风少发区域，而冰雹出现几率较高，属湖南省多雹区域，平均每年有 2~3 次冰雹出现，个别年份最多可出现 5~6 次，这是湘西烟区应特别注意的一种气象灾害。以后可在冰雹来临时，采取人工消雹措施，以减轻冰雹的危害。日最高气温≥35℃的天数，澧水中游烟区为 20~30d，其他地方一般在 20d 以下。高温天气不明显，绝大部分年份不会产生"高温逼熟"现象，有利于烟叶品质的形成。暴雨出现次数与湖南省其他区域相比差别不大。但由于该地域雨季结束较晚，大多数年份要在 7 月中旬，降水强度也相对较大，对烟叶品质的形成有一定的影响。但该区域由于地形特殊，暴雨危害主要是造成水冲沙压，渍涝时间较短，暴雨洪涝对烟叶的危害相对于湘中烟区要轻一些。

第四节　植烟土壤评价研究进展

一、植烟土壤质量评价的重要意义

（一）植烟土壤的重要性

植烟土壤是烟叶生产中最基本的生产资料，是烟株生长发育的营养库，具有养分转化和循环、涵养水分、生物机械支撑、稳定和缓冲环境变化等其他任何资源都无法取代的特殊作用。在烟叶生产过程中，烟草的品种选择、栽培方式、施肥配方、灌溉规律、植物保护及机械配套等一系列技术措施的实施，均须在对土壤质量充分了解的基础上开展。近年来，部分烟区的植烟土壤养分供给失衡生态环境恶化，使烟叶风格特色弱化，根茎部病害爆发日趋严重，直接影响植烟土壤的良性循环及烟草产业的可持续性发展。因此，加大植烟土壤保育力度，提高烟区土壤质量是提高烟叶品质，减少病害发生，是保障烟叶生产可持续发展的根本途径。

（二）质量评价的意义

土壤质量评价已经成为国际土壤学研究的热点。国内外被广泛接受的土壤质量定义分别为，在一定的生态系统内提供生命必需养分和生产生物物质的能力；土壤在生态系统中保持生物生产力、维持环境质量和促进植物和动物健康的能力；主要包括肥力质量、环境质量及健康质量。明确植烟土壤质量水平只能通过质量评价获得，其原理是根据可获知的土壤外部属性运用数学方法对土壤内在属性进行量化表达，从而达到认识土壤内部性质的目的。植烟土壤质量评价可准确的度量植烟土壤的肥力水平、污染程度、健康状况，以明确烟区土壤质量水平和变化方向。同时，可根据烟区土壤的理化特性及存在的主要问题，有针对性地采取调控措施，以改善植烟土壤状况，提高烟叶品质。

二、植烟土壤评价的类型

（一）土壤肥力综合评价

植烟土壤肥力是土壤物理、化学和生物学性质的综合反应，直接影响着烟株的生长发育，对烟叶品质形成具有重要作用，是植烟土壤的基本属性和本质特征，是衡量土壤质量的重要指标。土壤肥力质量综合评价是研究某一区域的土壤肥力质量状况、变化方向及变化趋势的重要手段。通过评价可预测区域烟叶的生产潜力，提供烟叶生产管理所需数据，促进现有资源的高效利用，以改善土壤肥力状况，提高烟叶生产力。肥力评价结果有助于烟区合理规划适宜的烟叶种植区域，制定有效的植烟土壤改良措施，调节土壤养分供给,科学开展精准施肥,在综合考虑烟区的气候、栽培条件等因素时,评价结果可被更加合理的利用,为优质烟叶生产打下坚实基础。王军等(2016)通过估算土壤肥力综合指标值对广东南雄烟区植烟土壤肥力特征进行了综合评价。

(二) 土壤环境质量评价

随着农业生产中化肥农药使用量的逐渐增加,土壤环境的污染也日益严重。已有研究表明,植烟土壤中重金属、农残含量与烟叶中的重金属、农残含量呈正相关。为保障卷烟质量安全,植烟土壤的安全性问题也逐渐成为烟草行业关注的焦点。植烟土壤环境评价是通过对土壤中影响烟叶质量的污染物以及污染程度的累积情况进行评价。根据土壤环境评价结果对植烟土壤的污染情况进行分析,从而提出改善污染状况的策略。张慎等(2014)对邵阳烟区800余份典型烟田土壤样品进行了土壤安全性系统评价,结果表明邵阳植烟土壤重金属污染处于土壤环境质量Ⅰ级标准和Ⅱ级标准之内,烟叶的安全性较好。黄浩等(2014)对湖南宁乡烟区土壤重金属含量进行了评价,结果表明其符合土壤环境质量Ⅰ级标准。

(三) 土壤健康质量评价

植烟土壤健康评价主要是应用土壤微生物能够敏感地反映出土壤健康状况的特性来评价土壤的健康状况。土壤微生物是土壤生态系统中的重要组成部分,土壤越肥沃,微生物数量也越多,其中,细菌是土壤中最活跃的因素,参与许多土壤生物化学过程;放线菌分解纤维素和含氮有机物的能力较强,其代谢产物中有许多抗生素和激素物质,有利于植物抵抗病害并促进生长;真菌数量是土壤菌类中最少的,但由于其个体较大,生物总量多于细菌和放线菌,真菌菌丝侵入一些高等植物的根部并与之共生,菌根能增强植物的吸收能力,还可以保护根系免受一些病原菌的感染。土壤微生物与土壤修复、植被恢复、施肥等密切相关,参与了众多土壤的关键过程,同时也是土壤质量关键的敏感指标。近几年,植烟土壤土传病害的爆发就与土壤生物系统生态平衡被打破有关,目前,国际利用土壤微生物对土壤健康评价较多,但国内此方面的报道较少,以生物学指标对植烟土壤进行健康评价更鲜有报道。匡希茜等(2018)研究了烟田土壤中带青枯菌数量与烟草青枯病发生的相关性,结果表明,越冬菌量越大,病害越严重。陈乾锦等(2019)研究了邵武烟田土壤微生物群落结构变化与烟草青枯病发生的关系,结果表明,微生物群落结构再健康和发病土壤之间存在较大差异。

三、植烟土壤质量评价的原则

(一) 关键因子与辅助因素相结合的原则

植烟土壤质量是土壤诸多物理、化学、生物学性质以及形成这些性质的一些重要过程的综合体现。在对植烟土壤的某一方面开展质量评价时,必须找出对评价结果起决定性作用的、相对稳定的关键因子进行着重研究,同时结合对评价结果具有一定影响的辅助性因素开展评价,以得出科学、准确的评价结果。

(二) 共性问题与专项研究相结合的原则

开展土壤质量评价应根据烟区土壤类型、种植模式、生态条件和生产管理水平,选择具有显著性、可比性、统一性的共性评价指标和标准，再结合特定区域问题开展专项研究，采取共性化评价与专项研究相结合，使植烟土壤质量评价更具有应用价值。

（三）定量分析与定性评价相结合的原则

土壤系统是一个复杂的灰色系统，定量和定性的要素共存，相互作用，相互影响。采用定量分析与定性评价相结合，对可量化的评价指标按其数值进行评价，对非量化的定性因子则进行量化处理，确定其相应的指数，以保证评价结果的客观、合理、准确。在评价因素筛选、权重确定、评价标准选择等评价过程中，为避免人为随意性影响，须通过计算机处理，建立定量化的数学模型，在此基础上充分运用专家知识，对评价中间过程和评价结果进行必要的定性调整。

四、植烟土壤质量评价的流程

（一）数据收集与准备

根据植烟土壤质量评价的范围、任务和目的，开展相关的调查和取样，收集评价指标的相关数据，选择适宜的数据分析软件，进行数据分析和处理，建立植烟土壤质量评价原始数据库。

（二）因子筛选与权重确定

正确筛选土壤质量评价因子并确定权重，是开展质量评价的前提，直接关系到评价结果的科学性、准确性和应用性。根据待评价区域特点，筛选评价因子并根据相关文献及专家经验确定各因子对土壤质量的贡献得分，得分越高，权重越大，对评价结果的贡献越大。筛选影响植烟土壤质量评价的关键因子并确定权重，选择相应的评价方法及标准，取得准确的质量评价结果。

（三）结果分析与措施制定

根据评价结果，分析植烟土壤质量存在的问题及形成原因，并有针对性地制定持续有效的土壤改良措施。

五、植烟土壤质量评价的指标

植烟土壤质量评价指标选定是土壤质量评价的核心，直接关系评价结果的客观性和准确性。评价指标一般包括土壤物理、化学和生物性质3个方面。如果评价指标过多，则指标很难精准获得，评价过程困难，且极易造成结果偏差，实用性差，难以在实践中推广应用。因此，植烟土壤质量评价的指标选择应遵循主导性、显著性、稳定性、差异性、可操作、实际性等原则。

（一）指标

1. 物理指标

土壤的物理指标对烟草的生长发育有着显著影响。通过对土壤物理指标的观察分析，可直观地明确土壤存在的问题，也是改善植烟土壤最直接的分析方法。土壤的物理指标关系着土壤水、气、热的流通和贮存以及对烟株根系的供应是否充分和协调，同时对土壤养分也有多方面的影响。指标主要体现土壤的持水性、容水量，土壤孔隙分布以及孔隙特征，因此，植烟土壤评价的基本物理指标为：土壤质地、容重、土层、土壤总孔隙度、土壤含水量和土壤团聚体等。

2. 化学指标

化学指标是指土壤中化学成分的含量，一般分为两类，一类是对烟株生长起促进作用的养分含量，另一类是影响土壤健康的污染物含量。土壤质量评价的基本化学指标包括：有机质、全氮、有效磷、交换性钾、pH 值、阳离子交换量（CEC）、电导率、锌、镁等。化学指标中土壤有机质是土壤质量评价中十分重要的指标，含有氮、磷、钾等烟株和微生物所需的各种营养元素。土壤有机质不仅具有养分齐全、肥效稳定持久，可增加土壤离子吸收能量，保持正常的土壤温度等特点还影响着土壤的营养保持能力、持水能力、抗污染能力等土壤功能，它是土壤肥力质量和环境质量的关键参数。提高土壤有机质含量对提高烟叶的产量和品质具有重要意义。

3. 生物学指标

植烟土壤的生物学指标可以敏感地反映出土壤的健康状况，它包括烟株、土壤动物和土壤微生物，是土壤肥力质量评价不可缺少的指标。土壤生物学指标中，应用最多的是土壤微生物指标和土壤酶活性指标，两者被认为是土壤肥力质量变化最敏感的指标。土壤酶是土壤中生物的体内、体外酶的总称，主要来自微生物、土壤动物和植物根系。土壤酶作为催化土壤基础代谢物质，在生态系统中起着重大的作用，它与土壤的许多特性息息相关，且对因环境或管理因素引起的变化非常敏感，并且具有较好的时效性，是土壤肥力质量评价的重要生物学指标。土壤酶活性反映了土壤中进行的各种生物化学过程的强度和方向。植烟土壤质量评价生物学指标主要包括：土壤微生物总量、细菌、真菌和放线菌数量及比例；微生物丰富度指数、微生物多样性指数和均匀度指数；微生物量 C；蔗糖酶、脲酶、碱性磷酸酶、中性磷酸酶和过氧化氢酶。

（二）评价方式

1. 单指标评价

选取对某一区域具有代表意义的单个特性指标评价植烟土壤质量，该方法评价因子少，易造成信息损失但计算简单、便于操作。常用指标包括土壤质地、土壤容重、土壤含水量、土壤 pH 值、土壤有机质等。土壤的质地、容重、含水量是土壤最主要的物理指标；pH 值对植烟土壤养分的有效性及烟株健康生长影响较大；土壤有机质是土壤养分的主要来源，促进土壤结构形成，改善土壤物理性质，有利于作物生长发育。邓小华等（2016）研究了湘西州植烟土壤 pH 值的适宜性分布；张鹏等（2013）采用单因子指数法对会理县植烟土壤中的重金属污染情况进行评价研究。

2. 多指标评价

多指标综合评价即选取多个土壤性质指标评价植烟土壤质量，该方法是先全面选择土壤理化因子作为评价指标，然后根据专家对土壤因子与烟株生长关系的经验知识确定各指标的权重。与单指标评价相比，多指标评价相对全面，可操作性强，但因需多位专家根据经验确定权重值，因此受人为主观影响较大。张明发等（2016）选择了土壤 pH 值、有机质、砂粒含量及化学成分共 9 个指标对湘西植烟土壤质量进行了综合评价。

六、植烟土壤质量评价的方法

在植烟土壤质量评价中，适宜的评价指标和评价方法是影响评价结果的关键因素。近年来，土壤质量评价的方法较多，但尚未有标准化的方法。研究者一般根据评价的目的及范围来选择合适的评价方法。植烟土壤质量评价方法呈现多样化发展，且多采用几种方法相互结合，目前应用较多的为指数和法、模型法和基于 GIS 技术的评价方法。

（一）指数和法

指数和法是目前植烟土壤质量评价中使用较广泛的方法，其简单易行，能够全面地考虑每一个因子对评价结果的影响，指出众多指标的总体趋势并分析存在的潜在矛盾，使评价结果更加客观。一般包括三个步骤：确定评价指标体系、为每个指标赋予一定的权重、运用公式计算土壤肥力质量指数。土壤综合肥力指标值（Soil Integreated Fertility Index，SFI）$SFI = \sum_{i=1}^{p}(W_i B_i)$，式中，$W_i$ 和 B_i 分别表示第 i 种土壤指标的隶属度值和相应的权重值，其中指标和权重的确定是关键。张启莉等（2016）采用 SFI 对广元市植烟土壤的养分含量进行了综合评价；王育军等（2014）运用 SFI 对云南宜良烟区土壤肥力适宜性进行了评价；谭智勇等（2013）运用 SFI 对云南保山植烟土壤养分含量及肥力适应性进行了评价。

1. 评价指标部分筛选方法

（1）主成分分析法（Principal components analysis，PCA）：主成分分析法是土壤质量定量评价中应用最广泛的数据处理方式，能够客观准确地筛选土壤属性的变异性。该方法是利用降维的思想，在损失很少信息的前提下，把多个指标转化为几个综合指标的多元统计方法。根据需要选取土壤的物理、化学、生物学等指标的原始数据，计算标准化矩阵，从运行结果中选择相关性较强的指标重新组合成新的评价指标以代替原始指标。张喜峰等（2017）利用主成分分析法对陇县烟区土壤肥力丰缺状况进行了综合评价。

（2）隶属度函数法：通过对数据进行统计分析，征询专家意见和查阅相关文献资料，确定评价因子的隶属函数类型及其拐点。隶属函数的类型主要有升梯型、抛物线型、直线型和降梯型四种。升梯型隶属函数主要用于对烟草的影响只有下限、没有上限的定量因子，降梯形隶属函数主要用于对烟草的影响只有上限、没有下限的定量因子；抛物线型隶属函数主要用于对烟草生长的影响既有上限、又有下限的定量因子；直线型隶属函数主要用于定性因子。

（3）因子分析法：在诸多变量当中找到隐藏的具有一定代表性的因子，将本质完全相同的变量归入到同一个因子当中，使变量数目减少，还可对各变量之间关系的假设进行检验。

（4）最小数据集（MDS）：是指在需要收集或处理的大量数据中，建立起一套简单、敏感而又稳定的土壤质量指标体系即最小数据集（MDS）。进入 MDS 中的指标必须是土壤的关键性质，且相互独立，各个指标容易测量并对土壤管理和决策有用，以最少的指标最大限度地反映土壤质量。通过精简实用的数据，较好地掌握植烟土壤所具有的特点，以解决实践问题。研究者们往往运用数学方法如主成分分析从众多土壤指标中筛选出 MDS 来进行土壤质量评价。张明发等（2017）通过筛选构建最小数据集对湘西植烟土壤质量进行了综合评价。

2. 指标权重的确定

指标权重的确定包括主观赋值法和客观赋值法，主观赋值法是根据决策者主观经验和判断推断出权重值；客观赋值法是根据各指标的联系程度或各指标所提供的信息量来确定权重值，主要包括主成分分析法、灰色关联法、相关系数法等，其中主成分分析法在土壤指标权重确定中应用较多。

（二）模型法

运用数学模型来评价植烟土壤质量，其理论依据更加充分客观，常用的模型方法有系统聚类法、模糊综合评价法、灰色关联法等。模糊综合评价法对植烟土壤质量的评价具有客观化、数值化、定量化等特点，在土壤质量评价中应用广泛。运用模糊数学模型进行土壤肥力质量评价，首先构建土壤属性和速效养分指标的隶属函数，计算各土壤属性与速效养分指标间的隶属度，再利用公式计算植烟土壤肥力适宜性指数。王婉秋等（2014）运用模糊综合评价法对会理县烟区土壤肥力进行了综合评价。段淑辉等（2017）采用模糊函数法对湖南浏阳植烟土壤肥力状况进行了综合评价。众多土壤质量评价方法中，灰色关联综合评价模型简单、计算量小，并且因只用到各因素的原始量化值，评价结果更加客观、科学，适用于多指标综合评价。灰色关联法通常与最小数据集结合运用，根据最小数据集所得结果，确定参考数列，并通过分析参考数据列和若干个比较数据列的几何形状的相似程度来判断其联系的紧密性，反映曲线间的关联性。高瑞等（2011）采用灰色关联矩阵后的灰色聚类法对三门峡市植烟土壤适宜性进行了评价。

（三）组合评价方法

利用不同的数理统计方法涵盖全部土壤质量评价参数所表达的土壤质量信息，同时又最大限度地减少数据冗余是目前广大科研工作者需要解决的关键问题。组合评价的实质是选择几种评价方法，将评价结果按照一定的方法进行组合，得出组合评价得分，最后得出排序结果。组合评价法克服了主客观两类评价方法的缺陷，比单一的评价方法更合理、科学。目前，很多研究都倾向于将两者甚至三者以上的分析方法结合起来综合评价土壤质量。褚旭等（2019）运用隶属度法、主成分分析法以及灰色关联法 3 种方法的组合法对云南不同烟区植烟土壤肥力状况进行了综合评价。蔡寒玉等（2016）采用主成分分析法、模糊数学、隶属度函数模型组合方法对云南丽江植烟土壤养分状况开展了综合评价。

（四）GIS 在评价中的应用

随着计算机技术的迅速发展，越来越多的统计学方法应用在植烟土壤质量评价中。地理信息系统（Geographical Information System GIS）是由计算机硬件、软件和不同的方法组成的系统，该系统设计用来支持空间数据的采集、管理、处理、分析、建模和显示，以便解决复杂的规划和管理问题。GIS 在肥力评价中的作用是将有关的矢量和其他形式数据转换为栅格数据，并对栅格数据进行查询、显示、利用 GIS 的分析功能与数学模型结合进行质量评价而得到每一个网格的质量等级。GIS 评价过程为：建立 GIS 空间数据库和植烟土壤属性数据库，使得空间信息与属性信息具有严密的空间关联特征；构建 GIS 植烟土壤评价模型库。模型库针对各类决策问题的模型进行分类和管理，模型可以实现为类、函数或子程序，也可以实现为一个完整的程序。通过模型字典有效组织管理各种模型元数据以及其他相关文件，根据决策问题选用相应的模型。胡瑞文等（2018）利用 GIS 技术和地统计学对湘西烟区植烟土壤肥力适宜性进行了评价；孙康等（2018）运用 GIS 技术和地统计学对文山烟区植烟土壤的养分丰缺状况进行了评价。

七、植烟土壤质量评价标准体系现状与展望

关于植烟土壤质量评价的指标体系及评价方法已有较多研究，但因评价者的目的不同，侧重的土壤功能不同，选择的评价指标具有差异性，因此并没有统一的植烟土壤质量评价标准体系及固定方法。目前，将植烟土壤的物理、化学指标结合起来评价土壤质量较为常见，单独利用土壤生物学指标评价也不少，但将理化指标与植烟土壤微生物、土壤呼吸、有机碳等内容结合起来的综合评价却很少见。烟草科技工作者应在植烟土壤质量综合评价方面探索统一的评价标准体系及方法，同时，在全面考虑烟区生态系统类型、土壤性质、栽培模式等基础上，充分运用地统计学、数学模型，数理统计学等多种方法来综合评价植烟土壤质量，创建典型烟区土壤质量数据库和检测预警系统。

第五节　烤烟养分吸收规律及施肥技术研究进展

烤烟是一种农业投入相对较高的农作物，其中肥料投入占相当大比例。烟草对肥料当季利用率直接影响种烟的成本，烟叶的品质也与肥料的利用存在着密切关系。烟草具有其自身的需肥特点和吸肥规律。了解烟草的需肥特点及吸肥规律，掌握肥料功能特性及合理施肥时间和方法，充分发挥肥效，做到平衡施肥，才能达到生产优质烟叶的目的，更有利于促进现代烟草农业的可持续发展。

一、烟草对养分的需求

烟草是一种特殊的叶用经济作物，其叶片是烟草产业中主要的收获部位，也是烟农经济的主要来源。烟草为了维持正常的新陈代谢，就需要吸收各种养分，氮、磷、钾是烟草生长中不可缺少的重要营养成分之一。通常情况下，土壤中的氮、磷、钾元素无法满足其需求，需要适时地进行施肥以补充土壤中的养分，进而保障烟草正常生长、提高产量。烟草生长除了需要大量元素外，对一些微量元素（如钙、镁、硼、锰、铜等）也有一定的需求，各微量营养元素在烟草生长发育中，有其一定的生理作用。当烟草在生长期间缺乏某种微量元素时，则会相应地产生某些症状，从而降低了烟草的产量和品质。烟株在生长发育过程中，需要全面合理的营养（包括微量元素营养），才能获得产质俱佳的烟叶。

二、烟株养分的吸收规律及吸收量

在烤烟的不同生育阶段,对氮、磷、钾的吸收量有很大的差异。烟株吸收养分是具有选择性的,不是简单、机械地按照土壤中养分存在的比例来成比例吸收的,而是按照烟株自身生长发育的需要来吸收。这是烤烟的生物特性、生长发育的需要和生物化学变化所决定的。同时,养分的吸收受外界环境条件的影响。

移栽后可分为缓苗期(到成活)、伸根期(到团棵)、旺长期(到现蕾)、成熟期(到拔秆)。烟叶的品质,氮多则下降,钾多则提高,所以施肥的基本原则是控氮、足磷、增钾;以团棵为界,前期防氮缺(要"少时富"),后期防氮多(要"老来穷")。

在烟株不同生育时期养分吸收量及比例等方面,刘大义等(1984)认为,在移栽后 30d 内,烟株对养分的吸收量不多,以后急剧上升。氮和钾的大量吸收期在移栽后 31~70d。这 40d 的氮吸收量占成株总吸收量的 61.4%,钾占 52.9%。磷的大量吸收期比氮、钾长,从移栽后 31d 一直延续到 90d,但在 31~70d 内处于相对较低水平,直到 71~90d 才达到高峰。大量吸收期后,烟株对养分的吸收强度明显下降。符云鹏等(1998)通过烤烟养分吸收量研究结果表明,每生产 100kg 干烟叶,烟株从土壤中吸收养分为氮 3.45kg、磷 1.15kg、钾 4.60kg、钙 6.38kg、镁 0.48kg、铁 0.61kg、铜 2.13g、锌 5.21g 和锰 13.23g。

三、烤烟的施肥技术

正确掌握施肥技术是生产优质烟叶的关键。以烟叶质量为前提,在保证优质的情况下再求高产,这是烟草栽培不同其他作物的突出特点。根据烤烟的需肥特点与吸肥规律,在不同的生态环境、气候和土壤条件下,按照各种营养元素的分解、释放、流失、被吸收速度等特性,掌握施肥时间和方法,充分发挥肥效,做到平衡施肥,更好地调节烟株生长发育,才能达到生产优质烟叶的目的。

(一)肥料品种的选择

烤烟生产上常用的肥料品种有烟草专用复合肥、农家肥、硫酸钾、硝酸钾和普通过磷酸钙等。不同的肥料种类在不同的土壤质地和 pH 值环境中养分释放规律不同。不同的肥料形态在烟株体内对生理生化过程的影响不同。这些最终都会影响烟株生长发育及烟叶内在化学成分的协调性。

一直以来,许多烟草科技工作者对氮肥、磷肥和钾肥开展了大量研究。在氮肥品种的选择上,要重点考虑施用不同形态氮肥对烟株生长发育的影响。硝态氮及其比例较高的烟株前期生长较快,铵态氮及其比例较高的烟株后期生长较快,铵态氮和硝态氮各50%配合施用有利于烟株稳定生长和叶面积增大,使烤烟产量和品质协同提高(王利超等,2012)。铵态氮能使叶片厚度增加,叶片致密。随着铵态氮肥用量减少,烟叶中总糖、还原糖、钾含量有增加趋势,而烟碱、总氮有降低趋势,当硝态氮和铵态氮比例相同时表现最好(周方舟等,2018)。随着现代烟草农业发展,有机肥的施用是不可缺少的,研究指出有机氮比例在 30% 左右最为适宜,超过 35% 时烟叶外观质量会随之下降,因有机态氮肥的供氮特点是早期供氮不足而后期供氮过头，过多有机态氮，不利于烟草品质提升。在磷肥品种的选择上，磷一般作基肥施用，常用磷肥为过磷酸钙，其中有效磷在多数土壤上的利用率低，仅10%左右。研究表明，施单一含磷的磷肥（普钙）和含氮的磷铵类磷肥，对土壤有效磷的供应以及烤烟生长发育、产量和品质的影响小于含多营养元素的磷肥（钙镁磷）（黄鹤等，2013；陈一凡等，2019）。烟草是一种喜钾的经济作物，钾含量对其品质形成具有重要作用，在钾肥品种的选择上，余琼等（2019）提出，施用硫酸钾可以显著增加土壤微生物总数、细菌和放线菌数量，碳酸钾、黄腐酸钾、腐植酸钾等钾源均在一定程度上降低了土壤微生物总数和细菌数量，施钾处理的真菌数量均显著降低，与其他施钾处理相比，以腐植酸钾综合效果最好。高文军等（2018）研究烟田增施有机钾肥和生物钾肥对烤烟生产发育和烟叶钾含量的影响，结果表明烟田增施硅酸盐菌粉和螯合态高效钾肥均能促进烟株生长，提升烟叶外观品质，显著提高烟叶钾含量。

近年来有关有机无机肥配施方面的报道较多。有机无机复混肥充分结合有机肥和无机肥的优点，利用率高，养分平衡，可改良土壤，降低生产成本，也有利于烟株的生长发育，提高烟叶生产质量。随着化肥过量施用，带来负效应被更多关注，饼肥的作用也越来越受到重视。刘卫群等（2003）研究表明，芝麻饼肥能够提高烟株对氮素的吸收、利用和分配，促进烟草生长，提高烤烟香气物质。石贤吉等（2017）通过饼肥与化肥以不同比例配比施用，结果表明：菜籽饼有利于烟叶的生长发育，菜籽饼与大豆饼在改善烤后烟叶内部的主要化学成分效果较为明显。毛凯伦等（2017）通过不同配比蚯蚓粪与酒糟对烤烟影响研究表明，蚯蚓粪与酒糟均能有效促进烤烟生长，改善烤烟农艺性状，提升烟叶化学品质。腐植酸肥料是一种含腐植酸类物质为主的肥料，也是一种有机无机复合肥料，主要有腐植酸铵、腐植酸磷、腐植酸氮磷钾等。熊维亮等（2018）开展不同腐植酸有机肥处理田间试验，结果表明施用腐植酸有机肥烤烟前期长势缓慢，产量、产值低，综合抗病性较强，均价、上等烟比例和上中等烟比例高，中部叶还原糖和总植物碱等含量低，香气量、感官质量档次高，成本降低。

在中微量元素肥料施用方面，许多烟草科技工作者对中微肥做了大量研究。邹文桐等（2016）研究不同用量氮、钙对旺长期烤烟叶片抗氧化酶系统及活性氧的影响，结果表明综合抗氧化酶及活性氧指标，确定氮肥和钙肥的最佳配肥组合为：氮0.20g/kg，钙1.0g/kg，此组合配肥更能充分发挥烤烟抗逆境胁迫能力。韦忠等（2016）研究表明钾、钙、镁肥配施对提高烤烟钾、钙、镁含量和吸收量均有明显的促进作用，烟株钾的吸收受钙的影响，钙的吸收受钾的明显影响，烟株镁的吸收受钾、钙的影响。汪邓民等（1999）研究表明，在施磷肥的基础上配施钙肥，可以增加逆境中烤烟叶片细胞膜结构的稳定性，促进细胞伸长和根系生长，提高保护酶活性，对增强烤烟抗逆性有明显效应。镁是叶绿素不可缺少的成分，高华军等（2016）采用大田试验，研究了不同镁肥用量对烤烟产量、镁含量及香气质量的影响，结果表明施用镁肥还能提高烟叶中镁含量，烤后烟叶化学成分含量较为协调，烟叶感官评吸得分高。硼是烟草生长过程中不可缺少的微量元素，参与烟草的生长发育和生理生化反应，并最终影响烟叶的品质和质量。杜卫民等（2016）研究表明施用含硼复合肥能明显提升烟叶的经济效益，含硼复合肥在烟草上增产增收效果显著。赖荣洪等（2018）研究表明紫色土施用镁、硼、钼肥能有效促进烟株早生快发，延长生育期，改善烟株农艺性状，提高烤烟经济效益及工业可用性；韩冰等（1999）研究表明，锰、锌元素有利于提高烟叶的产量和品质，尤其在土壤中锰、锌元素含量低于植物营养的临界值时，合理增施锰、锌元素可以提高烟叶产量和上中等烟比例。总之，中微量元素肥料在施用时一般要结合当地的土壤肥力状况和土壤性质，制定出科学的施肥方案。

（二）肥料的施用量及养分配比

在氮肥的施用量方面，施纯氮 $75\sim150kg/hm^2$ 时，在不同地区均符合烤烟生长的需要，并获得较大的经济效益。邵波等（2016）认为烤烟对肥料的需求是以 $7kg/667m^2$ 纯氮的施肥量适合安顺烟叶生产优质适产，也符合烟叶"前期促、中期稳、后期控"的烟叶种植要求。就单株需氮量而言，以烤烟红花大金元为例，邱玲等（1999）认为在施纯氮量 8g/株（按 N：P_2O_5：K_2O 为 1：2：3）时，该品种的香味最为适宜，品质好。磷肥为缓效肥，在生产中磷的施用量往往与氮等量或为氮的 $1\sim3$ 倍。不同磷背景土壤磷素用量对烤烟农艺性状影响不同；中、低磷土壤背景条件下，施用氮、钾可以促进烟株对土壤中磷的吸收；而在高磷土壤背景条件下，氮、钾对烟株吸收磷没有明显的促进作用；低磷地块增加磷素用量可增强植株对磷素的吸收；而在中磷和高磷地块，增加磷素用量反而会降低植株对磷素的吸收效果；低磷、高磷地块单位施磷量对烟叶生物量贡献较大，且随施磷量的增加贡献越小（刘云等 2018）。在贵州省黔东南州烟区烟草适宜化学磷肥施用量为 $112.5kg/hm^2$（汤宏等，2018）。宣城地区云烟 97 烤烟磷肥施用量为 $123kg/hm^2$（裴洲洋等，2018）。叶佳伟等（2004）研究表明，在氮磷用量固定（氮肥 $120kg/hm^2$，磷肥 $240kg/hm^2$）的情况下，钾肥用量应控制在 $240\sim480kg/hm^2$。而罗建新等（2002）研究表明，钾肥的施用量以 $280.5kg/hm^2$ 为佳。

不同烟区因土壤类型、生态环境等不同，烤烟氮磷钾施用量有差异。连州烟田烤烟的适宜施肥量，紫色土旱地为施氮 $90kg/hm^2$、磷 $90\sim105kg/hm^2$、钾 $187.5kg/hm^2$，牛肝土水田为施氮 $135kg/hm^2$、磷 $120kg/hm^2$、钾 $187.5kg/hm^2$（李淑玲等，2007）。四川省宜宾市焦甜香型烤烟的最优施肥量为氮 $91.60\sim100.78kg/hm^2$、P_2O_5 $189.21\sim193.17kg/hm^2$、K_2O $236.27\sim247.75kg/hm^2$。凉山州巧烟红花大金元的肥料施用量为氮肥 $82.5kg/hm^2$、磷肥 $105kg/hm^2$、钾肥 $210kg/hm^2$（汪健等，2009）。恩施利川烟区纯氮磷钾用量为 $97.5kg/hm^2$、$146.25kg/hm^2$、$341.25kg/hm^2$（师超等，2018）。广西乐业县特定的气候环境、中等肥力土壤的条件下，烤烟的纯氮用量 $112.5kg/hm^2$、磷 $112.5kg/hm^2$、钾 $337.5kg/hm^2$ 为适宜施肥量（吴昌华，2013）。皖南地区云烟 97 烤烟施肥量为纯 N $105kg/hm^2$、P_2O_5 $75kg/hm^2$、K_2O $135kg/hm^2$（岳耀稳，2017）。

长期以来各烟草产区总结提出了适宜当地的氮磷钾配比（李莎，2008）。云南省烤烟施肥量对比的田间试验表明，烤烟经济产量和产值均以 N：P_2O_5：K_2O 为 1：1：3 时最高。四川川南烟区富氮缺磷钾，施肥以每公顷 90kg 氮肥为宜，N：P_2O_5：K_2O 为 1：2：3或1：2：2。皖北烟区烟草氮磷钾肥较理想的配比是 1：1：3；皖南红壤烟区和合肥黄棕壤上适宜的施氮量为 $90kg/hm^2$，N：P_2O_5：K_2O 为 1：1：3；亳州潮土烟区

$N：P_2O_5：K_2O$ 以 $1：1：2.5$ 为宜；固镇烟区烤烟的施氮量宜 $75kg/hm^2$ 左右，$N：P_2O_5：K_2O$ 以 $1：1.2：3$ 最佳。根据烟叶产量、产值、品质等分析结果，推荐华中地区的河南省不同烟区氮磷钾的施用比例为豫中 $1：1：3$，豫西 $1：1.5：3$，豫东 $1：1：3$。湖北省保康县土壤含氮量中等，供磷、钾能力偏低，该烟区 $N：P_2O_5：K_2O$ 以 $1：1：2$ 较为适宜。华南地区的广东烟区施氮量适宜 $135kg/hm^2$，$N：P_2O_5：K_2O$ 以 $1：1：2.5$ 最佳，所获烤烟质量高，经济效益好。在广西隆林烟区施 $90kg/hm^2$ 纯氮，$N：P_2O_5：K_2O$ 比为 $1：2：3$，烤烟产量和品质的综合经济效益最佳。

（三）施肥方式

烟草的生长离不开肥料的支持，而施肥的方式则是影响肥料效果的关键，科学合理的施肥方式是提高肥料利用率、提升烟叶产量与品质的重要途径。在烤烟栽培中，肥料施用位置直接影响肥效的发挥、烟株生长量和干物质积累。目前烟草种植中常用的施肥方式：单层式施肥法、双层条施法、环穴施肥法、"101"施肥法、分次单株定量法。前人对不同施肥方式做了大量研究，马二登等（2018）研究施肥方式对肥料氮素利用率的影响因土壤水分而异，土壤水分适宜和土壤水分盈余条件下，以环施和浇施处理氮素利用率最高。土壤水分亏缺条件下，不同施肥处理间氮素利用率差异不显著；在农业生产中，基肥应避免采用浇施的方式，而宜采用环施方式进行，以避免 N_2O 的大量排放，同时提高氮素利用率。此外，作物种植初期灌溉量不宜过高，以免造成基肥养分流失。赵文平（2008）对烟草种植常用施肥方式进行比较后发现，采用"101"施肥法，肥料圈位置为 $15\sim18cm$ 土层时，肥料利用率较高。李建平（2010）研究表明，条施+穴施为最适宜，有利于烟株的生长发育和形成最佳的产量和产值。蔡联合等（2012）研究表明，双条施方式施用农家肥的效果最佳，最有利于促进烟株的生长发育及提高烤后烟叶品质。邓瑞康等（2015）通过烤烟基肥 4 种施肥方式研究表明，双侧条施方式下，烟株在团棵期、旺长期和现蕾期株高和茎围生长表现最好，中央条施表现次之，窝施第三，单侧条施较差；叶片指标双侧条施总体表现突出，中央条施次之，窝施和单侧条施表现较差且差异不大。陈晓红等（2018）通过双数侧条施与立体式施肥试验研究表明，双侧条施肥料相对集中，烟株生长前期长势弱，后期烟株根系粗壮发达，根系直达施肥位置吸收大量养分，导致养分吸收过量，烟叶化学成分不协调；立体式施肥使烟株前、后期得到了均衡的营养供应，烟叶品质及经济效益要高。王筱滢等（2019）通过不同施肥位点对植烟土壤有效钾含量和烤烟钾素积累的影响研究表明，土壤有效钾含量总体上随着距离植株的宽度的增大而减小，近根区土壤有效钾含量高于远根区，不同施肥位点会改变土壤中有效钾的含量，采用直径为 25cm，深度 20cm 施肥位点利于提高烤烟对土壤中钾的吸收和植株钾素的积累。近年来烟农为控制生产成本，自行简化和改变烟区施肥技术的操作方式，致使施肥形式多样且成效不一，唐力为等（2018）为验证烟农的施肥方式，研究了不同底肥施用方式、基追肥组合方式和复合肥用量对攀枝花植烟区烤烟经济效益的影响，结果表明，烟农自行调整和改变的施肥方式其经济效益不如"圈施基肥+提苗肥+揭膜上厢肥"的常规三段式施肥。

（四）施肥次数

南方雨水偏多的湿润烤烟区，由于雨水对土壤中的养分淋失比较严重、肥料利用率低，一般应采用轻施基肥，重施追肥，适当使用少量提苗肥的方法，于移栽后20~30d，将计划用肥总量一半以上的肥料追肥。湖南桂阳烟区追肥5次有利于提高土壤养分，减少肥料流失（李群岭等，2019），文山州"秋发地"土壤植烟，采用追肥3次的农艺措施，更加有利于烤烟生长以及烟叶内在化学物质的积累（李佳文等，2014）。增加追肥施用比例可以增加烟株株高、茎围、最大叶长，且株高、茎围、最大叶长有随追肥使用比例的增加而增加的趋势；基肥与追肥以4:6配施对烟株生长的促进作用最大，且该施肥条件下肥料贡献率和烟株的收获指数也最高，同时该配施方式可适当提高中下部烟叶的烟碱和总氮含量，适当提高烟叶钾离子和氯离子含量，提高烟叶协调性（李志鹏等，2017）。对地力差、打顶后肥力不足的烟田，可适当少量追肥，而这时以叶面补充的方法更好，以保证烟株上部叶片能正常开片与成熟。若烟草中、后期出现缺钾症状，则可以采用叶面喷施的办法来补充钾元素的供给，且喷施钾肥对烟叶烟碱含量影响：打顶当天 > 现蕾期 > 团棵期，且喷施钾肥能降低上部叶中总氮、氯的含量，且喷钾次数越多，其影响越显著，生产上喷施钾肥应注意在中后期喷施（邬兴斌，2015）。采用地膜覆盖栽培方式的烟田，可以有效地防止肥料流失，考虑到覆膜追肥不易操作，也可以集中基肥1次施用，或只留少量作为提苗肥，将其余肥料作基肥1次施用。

第二章　湘西山地植烟土壤特征与评价

第一节　湘西土壤分布和物理特性

一、土壤分布

湘西州在各种成土因素综合影响下，形成的土壤类型比较复杂且相互交错，显得杂乱无章。但在土壤的地理分布上，由于受到成土因素有规律的变化，呈现一定的分布规律。受生物和气候的影响，表现广域的水平分布规律和垂直分布规律；受地方性的母质、地形和水文的影响，表现为区域分布规律。同时，在耕作、灌溉的影响下形成的耕作土壤，由于受到人为生产活动的影响不同，也呈现一定的分布规律。

（一）土壤垂直分布

湘西州是个以山地山原为主的地区，土壤垂直分布规律明显。山地随海拔高度的增加，气温不断下降（一般海拔每增高 100m，气温下降 $0.5 \sim 0.6$℃），自然植被也随着变化，从而土壤的发生、分布也发生相应的变化。土壤的垂直分布规律大致情况是：海拔 500m 以下为黄红壤，海拔 $500 \sim 1\,000$m 为黄壤，海拔 $1\,000$m 以上为山地黄棕壤。

（二）土壤水平分布

湘西州的地理位置既是中亚热带向北亚热带过渡的地带，又是湘中平原向云贵高原过渡的地区。土壤有明显的红壤向黄壤、黄棕壤过渡的特点。但由于本区域从南到北，纬度跨越只有两度多（$27°44'$N $\sim 29°47'$N）。同时南部是紫色砂页岩形成的紫色土，而北部主要是石灰岩形成的石灰土，加上州内地貌以中低山、山原为主，地形起伏，土壤的水平分布被垂直分布所盖。不同纬度地带有相同的土壤类型重复出现，因此水平分布规律不明显。

（三）土壤区域分布

土壤区域性分布除因生物、气候带有所变化外，主要是受中小地形、水文、成土母质等地方性因素，以及人为改造而形成的。一般是指土壤类型组合，而形成有规律的分布。本州区域性分布大致情况如下。

（1）南部紫色土—水稻土区。包括泸溪县及古丈县坪坝、山枣、河蓬，吉首市河溪、排吼、丹青、排绸及凤凰县木江坪、桥溪口、官庄等地。地貌以丘陵低山为主，土壤主要是紫色砂页岩发育而成的紫色土。在平缓的山坡，浑圆山丘，成土时间长，土壤盐基淋溶强，多为酸性紫色土；较陡的坡地及较缓的山脊部位，多为中性紫色土；陡坡地带多为石灰性紫色土。水稻土自山坡到谷底洼地，依次分布浅紫泥—紫泥田—青紫泥田。

（2）西南部石灰土—黄壤—水稻土区。包括凤凰县、吉首市、花垣、保靖及古丈县茄通、断龙、永顺县柏杨、列夕等地。本地区主要成土母岩是石灰岩、白云岩，其次有少量的板岩、页岩。地貌以山原地貌为主，其次为中低山、低山。山原地区土壤分布着黄色石灰土、石灰岩黄壤。中低山地区为黄色石灰土，石灰岩黄壤、红色石灰土、石灰岩黄红壤。水稻土从山坡到溶蚀洼地分布着浅灰黄泥—灰黄泥—青泥田—冷浸田。

（3）东部黄壤—石灰土区。包括大永顺青坪区、长官区、古丈县高望界、高峰等地。本区以中低山地貌为主，兼有中山、低山地貌。该区南半部主要是砂岩、板页岩发育的砂岩黄壤、板页岩黄壤、板页岩黄红壤。水稻土有浅黄沙泥、黄沙泥、浅扁沙泥、扁沙泥、青泥田、冷浸田等。该区北半部主要是石灰岩发育的黄色石灰土、石灰岩黄壤、红色石灰土、石灰岩黄红壤。七星山、天门山等海拔1 000m以上的地带有石灰岩山地黄棕壤、砂岩山地黄棕壤。

（4）中部黄壤—黄红壤—石灰土—水稻土区。包括永顺城郊、万坪、塔卧、首车、高坪、石堤的全部及泽家的大部分地区。本区西北部为中低山区，主要是砂岩发育形成的砂岩黄壤、砂岩黄红壤。南部主要成土母质为石灰岩、白云岩，低山区山地分布着石灰岩黄壤、黄色石灰土—石灰岩黄红壤、红色石灰土，中山地区山地土壤主要是棕色石灰土—黄色石灰土、石灰岩黄壤。区内其他低山区主要是板页岩发育的板页岩黄壤—板页岩黄红壤。水稻土从山坡到山间盆地分布着浅扁沙泥—扁沙泥—青泥田。

（5）西北部山地黄棕壤—黄壤—石灰土—水稻土区。包括龙山县的全部。本区北部和中部为中山地区，土壤主要是石灰岩黄棕壤、棕色石灰土—石灰岩黄壤、黄色石灰土，板页岩山地黄棕壤—板页岩黄壤。西部为中山山原、中低山区，中山山原地区是石灰岩山地黄棕壤，中低山主要是板页岩黄壤—板页岩黄红壤，其次是黄色石灰土、石灰岩黄壤、红色石灰土。水稻土从山坡到山间谷地分布着浅扁沙泥—扁沙泥—青泥田，浅灰黄泥—灰黄泥—青泥田—冷浸田。东南部中低山区包括坡脚、苗市、贾市等地，主要是黄色石灰土—红色石灰土。西北部低山丘陵区，指新城、华塘等地，主要是板页岩黄壤—板页岩黄红壤。水稻土从山坡到河谷依次分布着浅扁泥—扁沙泥—红黄泥—河沙泥。

二、土壤物理特性

（一）土壤质地

土壤中的泥、沙含量比例，叫土壤质地，也叫土壤的机械组成。泥、沙含量比例不同，在一定程度上影响着土壤的耕性、通透性和保水保肥性能。据普查样品分析统计，全州属粗沙土的占1.6%，沙壤土占16.4%，壤土占57.3%，黏壤土占21.9%，黏土占2.9%；沙壤至黏壤土的面积占95.6%。其中，水稻土的粗沙土占11.3%，沙壤土占59.9%，壤土占27.5%，黏壤土占1.2%，黏土占5.3%；旱土的粗沙土占15.4%，沙壤土占21.3%，壤土占21.3%，黏壤土占3.5%，黏土占12.1%；山地的粗沙土占16.9%，沙壤土占57.0%，壤土占21.4%，黏壤土占3.0%，黏土占0.7%。

土壤质地分布的一般特点，同一母质发育土壤，由于耕作年代、土壤侵蚀程度、灌溉条件的不同，土壤中黏粒的流失和淀积不同。耕作年代短的土壤质地比耕作年代长的偏重；山地土壤或旱土，分布位置较高，坡度较大的地方，土壤质地比平缓处偏轻。淹育性水稻土耕层质地比潴育性水稻土耕层质地偏重。土壤剖面质地分布，为犁底层偏重。

（二）土壤容重

土壤容重是指土壤在自然状态下，单位体积干土与同体积水的重量比，可以反映出土壤的孔隙状况和土壤的松紧程度，是土壤松度的一个指标，也是反映土壤耕性的一个重要指标。土壤容重的大小，除受土壤质地、结构和有机质多少的影响外，同时也受降水、灌溉和其他农事活动的影响。本州水稻土耕作层的容重情况，大致是 $0.92 \sim 1.65 g/cm^3$。同一土壤，不同的剖面层次，容重不同，犁底层最大，耕作层最小（表2-1）。

表2-1　不同剖面层次的土壤容重

剖面层次	浅酸紫泥	浅紫中性沙泥	浅碱紫沙泥	浅灰泥	浅灰黄泥	浅岩渣田	浅黄泥
A	1.44	1.58	1.54	0.92	1.24	1.16	1.65
P	1.45	1.64	1.72	1.33	1.50	1.43	1.51
C	1.70	1.73	1.72	1.65	1.36	1.31	1.58

剖面层次	碱紫泥	中性紫砂泥	硫磺矿毒田	酸紫砂泥	灰黄泥	麻沙泥	岩渣田
A	1.46	1.49	1.24	1.30	1.09	1.04	1.05
P	1.66	1.68	1.44	1.76	1.39	1.51	1.29
W	1.68	1.75	1.64	1.83	1.50	1.46	1.36

剖面层次	黄泥田	河沙泥	灰泥田	红黄沙泥	扁沙泥	黄沙泥	碱污染田
A	1.29	1.24	1.48	1.50	1.26	1.04	1.20
P	1.49	1.56	1.51	1.62	1.49	1.35	1.63
W	1.50	1.63	1.65	1.50	1.42	1.42	1.61

剖面层次	青泥田	烂泥田
A	1.05	1.0
Pg	1.18	
G	1.39	1.0

（三）土壤孔隙度

土壤孔隙度是指在一定体积的土壤内，孔隙体积占土壤总体积的百分数。土壤孔隙度的大小，反映了土壤孔隙量的多少。但总孔隙中有三种情况，即无效孔隙、毛管孔隙和大孔隙。毛管孔隙中的水分可以上下移动，可供作物吸收利用。大孔隙不能保持水分，但它是透水、通气的走道，有人又叫它通气孔隙。它的多少可直接影响土壤的通气、透水和排水情况。

本州水稻土耕层总孔隙度情况是 38%~60.6%（图 2-1）。潜育性水稻土总孔隙度高于潴育性水稻土的 18.3%。主要是潜育性水稻土长期泡水，土粒高度分散，无效孔隙多，通气孔隙少。旱土的通气孔隙度高于水稻土。潴育性水稻土通气孔隙度大于潜育性水稻土。质地偏轻的土壤通气孔隙度比黏性土高。土壤质地相同或差别较小的情况下，土壤有机质含量高的土壤，通气孔隙度较大；水旱轮作的稻田比稻—泡冬田通气孔隙度大。

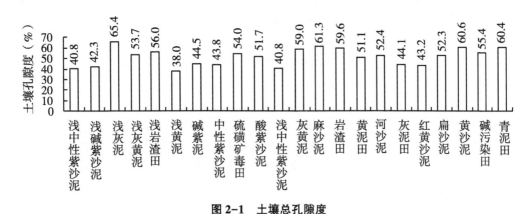

图 2-1　土壤总孔隙度

第二节　植烟土壤 pH 值状况和空间分布研究

一、研究目的

土壤酸碱度是土壤理化性状的重要特征，它不仅直接影响烟草的生长，而且与土壤中的微生物分布、土壤养分有效性等均有密切关系，对烤烟产量和品质的形成具有极其重要的影响。大量研究认为植烟土壤 pH 值与土壤养分有效性有密切关系；不同烟区的植烟土壤 pH 值分布特征存在差异。在分析湘西州植烟土壤 pH 值分布特点的基础上，侧重分析了土壤类型、海拔高度对植烟土壤 pH 值的影响及湘西植烟土壤 pH 值空间分布特点，以期为湘西烟区的植烟土壤改良和平衡施肥以及特色优质烟叶开发提供理论依据。

二、材料与方法

（一）土壤样品采集

植烟土壤样品的采集于 2011 年在湘西州进行，在湘西州主要烟区的 7 个植烟县（永顺县、龙山县、凤凰县、保靖县、泸溪县、花垣县、古丈县）采集具有代表性的耕作层土样 488 个。种植面积在 20hm² 左右采集一个土样。土壤样品的采集时间均统一选在烤烟移栽前的第 2 个月内完成，同时避开雨季。采用土钻钻取，采多点混合土样，取耕层土样深度为 20cm。每个地块一般取 10~15 个小样点（即钻土样）土壤，制成 1 个

0.5kg 左右的混合土样。田间采样登记编号，经过风干、磨细、过筛、混匀等预处理后，装瓶备测定分析用。样品采集的同时用 GPS 确定采用点地理坐标和海拔高度。

（二）土壤 pH 值测定方法

室内样品检测在湖南农业大学资环学院进行，土壤 pH 值测定采用 pH 计法（土水比为 1.0：2.5）。

（三）统计分析方法

（1）植烟土壤 pH 值分级。烤烟对土壤酸碱度的适应性极强，在 pH 值为 3.5～9.0 的土壤上均能正常生长并完成生命周期。但优质烟叶对植烟 pH 值范围有一定要求，世界各国推荐的最适宜烤烟生长的土壤 pH 值为 5.5～6.5，即微酸性土壤最有利于烤烟生长，其品质最好。在综合分析湖南烟区烟草生产实际和多年烟草施肥试验后，将植烟土壤 pH 值分为极低（<5.00）、低（5.00～5.50）、适宜（5.51～7.00）、高（7.01～7.50）、很高（>7.50）5 级。

（2）植烟土壤 pH 值空间分布图绘制。原始数据处理及分析采用 SPSS 17.0 软件进行，探索分析法（Explore）剔除异常离群数据，K-S 法检测数据正态性，用 ArcGIS 9 软件中的地统计学模块的 Kriging 插值方法绘制植烟土壤 pH 值的空间分布图。

三、结果与分析

（一）土壤 pH 值基本统计特征

由表 2-2 可知，湘西植烟土壤 pH 值水平总体适宜，平均值为 5.86，变幅为 3.87～7.25，变异系数为 11.13%，变异较小。7 个主产烟县植烟土壤 pH 值的均值，除古丈县植烟土壤 pH 值处于"低"外，其他各县均处于适宜范围。7 个县植烟土壤 pH 值的变异系数从大到小排序为：龙山县>花垣县>永顺县>古丈县>保靖县>凤凰县>泸溪县，泸溪县、凤凰县和保靖县的植烟土壤 pH 值为弱变异性，其他各县植烟土壤 pH 值为中等强度变异。

表 2-2　湘西植烟土壤 pH 值统计特征

区域	样本数（个）	均值	标准差	极小值	极大值	偏度	峰度	变异系数（%）	K-S 值
保靖	38	6.333	0.562	4.940	6.980	-0.967	0.105	8.88	
凤凰	50	5.865	0.451	4.720	6.750	-0.149	-0.141	7.69	
古丈	62	5.370	0.575	4.360	6.940	0.469	0.101	10.71	
花垣	42	5.816	0.638	3.870	6.960	-0.914	1.808	10.96	
龙山	132	6.019	0.681	4.250	7.250	-0.776	-0.236	11.31	
泸溪	18	5.867	0.381	5.190	6.660	0.386	0.521	6.49	
永顺	146	5.798	0.631	4.050	6.950	-0.526	-0.285	10.88	
湘西州	488	5.856	0.652	3.870	7.250	-0.432	-0.386	11.13	0.063

（二）土壤pH值分级状况

由图2-2可知，湘西植烟土壤pH值处于适宜范围内的样本占72.75%，"低"和"极低"的植烟土壤样本之和为26.84%，"高"和"很高"的植烟土壤样本之和为0.41%，特别是植烟土壤pH值大于7.50的样本没有。可见，湘西植烟土壤呈弱酸性至中性，绝大多数植烟土壤pH值能满足生产优质烟叶的要求。但部分土壤应适当提高pH值，特别是pH值在5.00以下（占12.09%）的土壤，应适量使用石灰或其他碱性肥料，调整土壤pH值至适宜范围，以更好地满足烟草生长发育对植烟土壤pH值的要求，并促进植烟土壤养分的有效化。

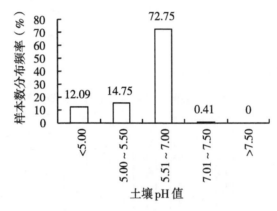

图2-2　湘西植烟土壤pH值分布频率

（三）土壤pH值的县际间差异

由图2-3可知，7个主产烟县植烟土壤pH值平均在5.37~6.33，按从高到低依次为：保靖县>龙山县>泸溪县>凤凰县>花垣县>永顺县>古丈县，其中古丈县植烟土壤pH值平均值在5.5以下。方差分析结果表明，不同县之间的植烟土壤pH值差异达极显著水平（F=12.235；sig.=0.000），经Duncan多重比较（Duncan'multiple rang test法，下同），保靖县植烟土壤pH值最高，与其他6个县植烟土壤pH值达极显著差异；古丈县植烟土壤pH值最低，与其他6个县植烟土壤pH值达极显著差异，而龙山县、泸溪县、凤凰县、花垣县和永顺县植烟土壤pH值差异不大。7个主产烟县植烟土壤pH值适宜样本比例在38.71%~92.11%，县际之间差异较大，按从低到高依次为：保靖县>泸溪县>凤凰县>花垣县>龙山县>永顺县>古丈县。

（四）不同土壤类型pH值差异

将土壤样本在20个以上的主要土壤类型：红壤（22）、黄壤（21）、灰黄泥（41）、灰黄土（47）、灰黄棕土（46）、浅灰黄泥（30）、石灰土（69）、水稻土（139）（括号内为样本数量），分别统计其pH值的平均值和适宜样本比例，结果见图2-4。8个主要植烟土壤类型的pH值平均在5.64~6.10，按从高到低依次为：灰黄棕土>石灰土>灰黄泥>灰黄土>黄壤>红壤>浅灰黄泥>水稻土。方差分析结果表明，不同植烟土壤类型的pH值差异达显著水平（F=4.278；sig.=0.011），经Duncan多重比较，灰黄棕土、石

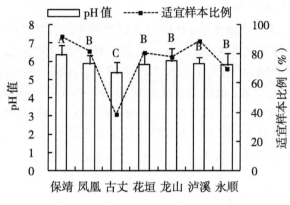

图 2-3 不同县植烟土壤 pH 值比较

灰土、灰黄泥、灰黄土的 pH 值显著高于水稻土。

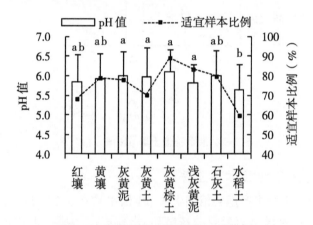

图 2-4 不同植烟土壤类型 pH 值比较

8 个主要植烟土壤类型的 pH 值适宜样本比例在 59.71% ~ 89.13%，不同土壤类型之间差异较大，按从低到高依次为：灰黄棕土>浅灰黄泥>石灰土>黄壤>灰黄泥>灰黄土>红壤>水稻土。其中灰黄棕土、浅灰黄泥的 pH 值适宜样本比例在 80% 以上，只有水稻土的 pH 值适宜样本比例在 60% 以下，1/3 以上土壤偏酸性。

（五）不同海拔土壤 pH 值差异

将土壤样本采集地点的海拔按（−∞，400m）、[400m，600m）、[600m，800m）、[800m，1 000m）、[1 000m，+∞）分为 5 个海拔高度组，其样本数分别为 67、178、131、69、42。分别统计不同海拔高度的植烟土壤 pH 值的平均值和适宜样本比例，结果见图 2-5。5 个海拔高度的植烟土壤类型的 pH 值平均在 5.66 ~ 6.15，以海拔高度大于 1 000m 的土壤组 pH 值最高，依次为 600 ~ 800m、800 ~ 1 000m、400 ~ 600m、小于 400m。方差分析结果表明，不同海拔高度的植烟土壤 pH 值差异达极显著水平（F = 4.761；sig. = 0.001），经 Duncan 多重比较，海拔高度大于 1 000m 的土壤组的 pH 值极显著高于海拔高度在 400 ~ 600m、小于 400m 的土壤组。由图 2-5 可看出，随海拔高度的升高，植烟土壤 pH 值有增高的趋势。为证明这一点，将植烟土壤 pH 值与海拔高度进行简单相关性分析，植烟土壤 pH 值与海拔为极显著正相关（其相关系数 $r = 0.170$，sig. $= 0.000$）。

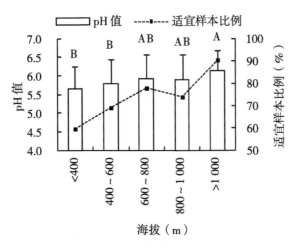

图 2-5　不同海拔植烟土壤 pH 值比较

5 个海拔高度组的植烟土壤 pH 值适宜样本比例在 59.71% ~ 90.48%，不同海拔高度组之间差异较大，以海拔高度大于 1 000m 的土壤组 pH 值适宜样本比例最高，依次为 600 ~ 800m、800 ~ 1 000m、400 ~ 600m、小于 400m。

（六）土壤 pH 值空间分布

由偏度、峰度和 K-S 检验（$P = 0.999 > 0.05$）表明植烟土壤 pH 值服从正态分布的要求，使用空间统计学协同克里格方法对植烟土壤 pH 值空间分布规律进行预测，得知能够使用地统计学方法进行空间分析。为进一步了解湘西植烟土壤 pH 值生态地理分布差异，采用 ArcGIS 9 软件绘制了湘西植烟土壤 pH 值空间分布图（图 2-6）。湘西植烟土壤 pH 值呈斑块状分布态势，总体上，西北部要高于东南部。以保靖县植烟土壤 pH 值最高，绝大部分烟区植烟土壤 pH 值在 6.0 以上。在龙山县和永顺县的部分地区，也各有一个高值区。在古丈县的中部有一个植烟土壤 pH 值在 5.3 以下的低值区。

四、讨论与结论

烤烟对土壤酸碱度的适应性极强，但一般认为烤烟种植在一定土壤 pH 值范围内品质较优。适宜的土壤酸碱度有利于改善烤烟根系生长环境，促进烟株生长，增强烟株的抗逆力，提高烟叶产质量。选择适宜 pH 值的土壤，对特色优质烟生产具有重要意义。湘西植烟土壤呈弱酸性至中性，能满足生产优质烟叶的要求，但少部分 pH 值偏低的植烟土壤需要将土壤酸碱度调至 6.50 左右较为适宜。特别是 pH 值在 5.00 以下的土壤，应适量使用石灰、白云石或其他碱性肥料，调整土壤至合适的 pH 值范围，以便更好地满足烟草生长发育对 pH 值的要求，并促进土壤养分的有效化。

烟叶品质风格的形成是烟草品种基因型和生态环境因素综合作用的结果。烤烟的生

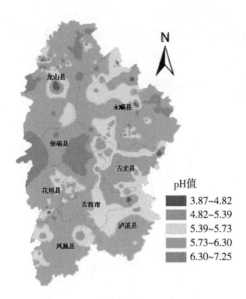

图 2-6 植烟土壤 pH 值空间分布示意

长发育以及烟叶最终产量、质量与植烟土壤养分状况有着密切的关系。而土壤养分的有效性与土壤的 pH 值密切相关。笔者尝试通过构建植烟土壤 pH 值 5 级体系，采用次数分布图、县平均值、不同土壤类型平均值、不同海拔高度平均值等形象直观地表达湘西主产烟区植烟土壤养分的描述性统计分析结果，进而有助于充分了解湘西主产烟区植烟土壤养分的总体状况。关于植烟土壤 pH 值分级体系，许自成等（2008）对湖南植烟土壤 pH 值研究时按<5.0、5.0~5.5、5.5~6.5、6.5~7.0、>7.0 分为 5 级，陈朝阳（2011）对福建南平植烟土壤 pH 值研究时按≤4.5、4.5~5.0、5.0~5.5、5.5~6.5、>6.5 分为 5 级，杜舰（2009）在对辽宁烟区植烟土壤 pH 值研究时按<5.0、5.0~6.5、6.5~7.5、7.5~8.5、>8.5 分为 5 级。可见，不同研究者由于所研究的土壤 pH 值差异，植烟土壤 pH 值分级体系也有所不同。

采用 Kriging 插值绘制的等值线图直观地描述了湘西主产烟区植烟土壤的 pH 值的分布格局。总的看来，湘西主产烟区植烟土壤的 pH 值呈现出一定的规律性分布，这对烟田的分区管理和因地施肥具有重要的指导意义。

综上所述，湘西植烟土壤 pH 值总体适宜，平均为 5.87，变异系数为 11.13%；pH 值处于适宜烤烟生长的 5.5~7.0 的土壤样本占 72.75%；不同主产烟县植烟土壤 pH 值大小表现为：保靖县>龙山县>泸溪县>凤凰县>花垣县>永顺县>古丈县；不同土壤类型 pH 值大小表现为：灰黄棕土>石灰土>灰黄泥>灰黄土>黄壤>红壤>浅灰黄泥>水稻土；植烟土壤 pH 值有随海拔升高而升高的趋势；植烟土壤 pH 值呈斑块状态势分布，在保靖县、龙山县和永顺县的部分地区各有一个高值区，在古丈县的中部有一个低值区。

第三节　植烟土壤有机质含量分布及其影响因素研究

一、研究目的

有机质是土壤的重要组成部分，在植物养分的供给、土壤物理性质的改善、防止土壤侵蚀、实现土壤及人类社会的可持续发展等方面具有重要的意义。植烟土壤有机质是反映土壤肥力，特别是土壤供氮能力的重要指标，其含量的高低对烟草的生长发育、经济性状和质量有直接的影响。植烟土壤有机质含量区域特征一直是研究的热点，但这些研究主要集中在区域植烟土壤有机质含量的平均值差异、与其他养分关系及空间变异性等方面，而对区域植烟土壤有机质含量在不同土壤类型、不同海拔高度、不同 pH 值及空间分布规律的研究报道较少。鉴于此，在分析湘西植烟土壤有机质含量分布特征的基础上，侧重分析了土壤类型、海拔高度、pH 值等影响因素，以期为湘西的植烟土壤改良和平衡施肥以及特色优质烟叶开发提供理论依据。

二、材料与方法

（一）样品采集

植烟土壤样品采集于湘西主要烟区的 7 个植烟县（永顺县、龙山县、凤凰县、保靖县、泸溪县、花垣县、古丈县）81 个乡镇中的烟叶专业村和具有烟叶种植发展潜力的 375 个村，样品采集的同时用 GPS 确定采用点地理坐标和海拔高度。样品采集于 2011 年进行，采集具有代表性的耕作层土样 488 个。种植面积在 20hm² 左右采集 1 个土样。采集时间均统一选在烤烟移栽前的 3 月份完成，同时避开雨季。采用土钻钻取，采多点混合土样，取耕层土样深度为 20cm。每个地块取 10~15 个小样点（即钻土样）土壤，制成 1 个 0.5kg 左右的混合土样。田间采样登记编号，经过风干、磨细、过筛、混匀等预处理后，装瓶备测定分析用。室内样品检测在湖南农业大学资环学院进行。

（二）土壤有机质和 pH 值测定方法

植烟土壤有机质采用重铬酸钾容量法测定，土壤 pH 值测定采用 pH 值计法（土水比为 1.0∶2.5）。

（三）统计分析方法

（1）植烟土壤有机质含量分级。在综合分析湖南烟区烟草生产实际和多年烟草施肥试验后，以烟叶优质适产为目标，以植烟土壤养分的生物有效性为核心，参照湖南省植烟土壤养分丰缺状况分级体系，考虑到湘西植烟土壤主要为旱地，将植烟土壤有机质含量分为低（<10g/kg）、较低（10.00~20.00g/kg）、适宜（20.01~30.00g/kg）、较高（30.01~40.00g/kg）、高（>40.00g/kg）5 级。

（2）植烟土壤有机质含量空间分布图绘制。原始数据处理及分析采用 SPSS 17.0 软件进行，探索分析法（Explore）剔除异常离群数据，K–S 法检测数据正态性，用 ArcGIS 9 软件中的地统计学模块的 Kriging 插值方法绘制植烟土壤有机质含量的空间分布图。

三、结果与分析

(一) 土壤有机质含量总体分布特征

由表 2-3 可知,湘西植烟土壤有机质含量平均值为 21.69g/kg,总体属适宜水平,变幅为 3.12~62.97g/kg,变异系数为 40.64%,属中等强度变异。湘西植烟土壤有机质处于适宜范围内的样本占 41.48%,"低"和"较低"的植烟土壤样本之和为 43.53%,"高"的植烟土壤样本为 4.11%,而"较高"的植烟土壤样本也只有 10.88%。

表 2-3　湘西植烟土壤有机质含量

区域	样本数	均值± 标准差 (g/kg)	变幅 (g/kg)	变异系数 (%)	土壤有机质含量分布频率 (%)				
					(-∞, 10)	[10, 20)	[20, 30)	[30, 40]	(40, +∞)
保靖	38	17.64± 11.39BC	4.75~ 62.97	64.56	23.68	47.37	21.05	2.63	5.26
凤凰	50	22.98± 8.70A	3.94~ 54.20	37.85	4.00	32.00	46.00	16.00	2.00
古丈	62	17.92± 7.91BC	3.35~ 43.20	44.17	16.13	48.39	27.42	6.45	1.61
花垣	42	17.34± 8.55C	3.12~ 48.67	49.29	16.67	45.24	33.33	2.38	2.38
龙山	132	22.42± 7.22AB	5.86~ 43.22	32.21	4.55	31.06	50.00	12.12	2.27
泸溪	18	19.90± 7.20ABC	11.05~ 40.83	36.18	0.00	55.56	38.89	0.00	5.56
永顺	146	24.73± 8.69A	5.86~ 52.07	35.13	1.38	28.97	46.21	15.86	7.59
湘西州	488	21.69± 8.81	3.12~ 62.97	40.64	7.39	36.14	41.48	10.88	4.11

(二) 不同植烟县土壤有机质含量比较

由表 2-3 可知,7 个主产烟县植烟土壤有机质含量平均在 17.34~24.73g/kg,从高到低依次为:永顺县>凤凰县>龙山县>泸溪县>古丈县>保靖县>花垣县;其中,永顺县、凤凰县、龙山县植烟土壤有机质含量总体处于适宜水平,其他各县则处于偏低水平。方差分析结果表明,不同县之间的植烟土壤有机质含量差异达极显著水平 (F = 9.093;sig. =0.000),经 Duncan 多重比较,永顺县、凤凰县植烟土壤有机质含量极显著高于古丈县、保靖县、花垣县,永顺县、凤凰县、龙山县植烟土壤有机质含量极显著高于花垣县。

7 个县植烟土壤有机质含量的变异系数为 32.21%~64.56%,为中等强度变异,从大到小排序为:保靖县>花垣县>古丈县>凤凰县>泸溪县>永顺县>龙山县,有机质含量

适宜样本比例在 21.05%～50.00%，县际之间差异较大，按从高到低依次为：龙山县>
永顺县>凤凰县>泸溪县>花垣县>古丈县>保靖县。

（三）植烟土壤有机质含量空间分布

为进一步了解湘西植烟土壤有机质含量的生态地理分布差异，采用 ArcGIS 9 软件
绘制了湘西植烟土壤有机质含量空间分布图。由于原始数据不为正态分布（K–S 检验
的 Z 值为 1.858，sig.＝0.002<0.05），将数据对数化后，选择 2 阶趋势效应、球状拟合
模型，进行 Kriging 插值，如图 2-7 所示。从图 2-7 可以看出，湘西植烟土壤有机质含
量呈有规律地分布，总体是从东北部、西部和西南部向州中部及东南方向呈减弱趋势，
在永顺县东南部、保靖县的西部各有一个高值区。从各等级有机质分布面积看，湘西有
机质含量主要分布在 20～30g/kg（适宜）和 10～20g/kg（偏低）的区域，其他 3 个等
级（缺乏、偏高、丰富）的分布面积较少。

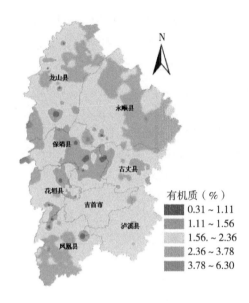

图 2-7　植烟土壤有机质空间分布示意

（四）不同植烟土壤类型有机质含量比较

分别统计主要类型植烟土壤有机质含量的平均值和适宜样本比例，结果见图 2-8。
8 个主要类型植烟土壤有机质含量平均在 18.99～24.75g/kg，从高到低依次为：灰黄棕
土>水稻土>灰黄泥>浅灰黄泥>黄壤>灰黄土>红壤>石灰土；其中，灰黄棕土、水稻土、
灰黄泥、浅灰黄泥、黄壤的有机质含量属适宜水平，其他土壤类型的有机质含量偏低。
方差分析结果表明，不同植烟土壤类型的有机质含量差异达显著水平（F＝4.587；
sig.＝0.000），经 Duncan 多重比较，灰黄棕土、水稻土的有机质含量显著高于石灰土，
其他土壤类型之间有机质含量差异不显著。

8 个类型主要植烟土壤的有机质含量适宜样本比例在 27.27%～54.35%，依次为：
灰黄棕土>灰黄泥>浅灰黄泥>黄壤>水稻土>黄壤>石灰土>红壤；其中灰黄棕土、灰

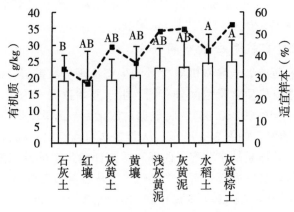

图 2-8　不同土壤类型有机质含量

黄泥、浅灰黄泥的有机质含量适宜样本比例在 50% 以上。红壤、石灰土、黄壤、灰黄土的有机质含量偏低，偏低程度的样本比例达 40% 以上。

（五）不同海拔高度土壤有机质含量比较

将土壤样本采集地点的海拔按（−∞，400m）、［400m，600m）、［600m，800m）、［800m，1 000m）、［1 000m，+∞）分为 5 个海拔高度组，分别统计不同海拔高度组植烟土壤有机质含量的平均值和适宜样本比例，结果见图 2-9。5 个海拔高度组的植烟土壤有机质含量平均在 19.32~24.36g/kg，有随海拔高度的升高而有机质含量增高的趋势（原始数据的回归方程为 $\hat{y}_{有机质} = 17.613x_{海拔}$，$R^2 = 0.029^{**}$）。方差分析结果表明，不同海拔高度的植烟土壤有机质含量差异达显著水平（F = 3.252；sig. = 0.012），［1 000m，+∞）海拔高度组植烟土壤有机质含量显著高于［400m，600m）和（−∞，400m）2 个海拔高度组；海拔高度大于 600m 海拔高度的 3 个组植烟土壤有机质含量显著高于（−∞，400m）组。

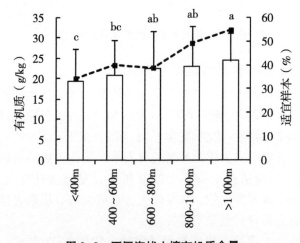

图 2-9　不同海拔土壤有机质含量

5 个海拔高度组的植烟土壤有机质含量适宜样本比例在 34.33%~54.76%，不同海拔高度组之间差异较大，以［1 000m，+∞）海拔高度组的土壤组有机质含量适宜样本比例最高。

（六）不同植烟土壤 pH 值的有机质含量比较

将土壤样本的 pH 值按（-∞，4.5）、［4.5，5.0）、［5.0，5.5）、［5.5，6.0）、［6.0，6.5）、［6.5，7.0）、［7.0，+∞）分为 7 组，分别统计不同 pH 值组的植烟土壤有机质含量的平均值和适宜样本比例，结果如图 2-10 所示。图 2-10 显示，7 个 pH 值组的植烟土壤有机质含量平均在 20.62~29.33g/kg，其含量高低为：［7.0，+∞）＞［6.0，6.5）＞［6.5，7.0）＞（-∞，4.5）＞［5.0，5.5）＞［4.5，5.0）＞［5.5，6.0）。方差分析结果表明，不同 pH 值组的植烟土壤有机质含量差异极显著（F = 4.644；sig. = 0.000），主要为［7.0，+∞）pH 值组的植烟土壤有机质含量显著高于其他组，而其他 pH 值组之间则差异不显著。

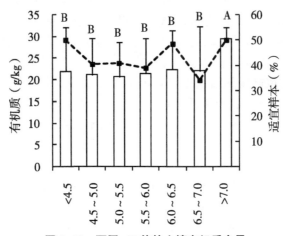

图 2-10　不同 pH 值的土壤有机质含量

7 个 pH 值组的植烟土壤有机质含量适宜样本比例在 34.12%~50.00%，不同 pH 值组之间差异较大，以［7.0，+∞）、（-∞，4.5）2 个 pH 值组的土壤有机质含量适宜样本比例最高。

四、讨论与结论

（1）优质烤烟适宜中等有机质含量的土壤，美国植烟土壤有机质含量一般在 20~25g/kg，津巴布韦、巴西等国植烟土壤有机质含量一般不高于 20g/kg。罗建新等（2005）认为植烟水田土壤有机质适宜范围为 25~35g/kg，植烟旱地土壤有机质适宜范围为 15~25g/kg；王树会等（2006）、黄鞞等（2010）认为植烟土壤有机质适宜范围为 20~30g/kg；大多数研究者认为植烟土壤适宜有机质含量一般为 20~30g/kg。从湘西植烟土壤有机质含量平均值（21.69g/kg）来看，该地区适宜烤烟种植，但植烟土壤有机质含量变幅较大，仍有 43.53% 的植烟土壤样本有机质含量处于"缺乏"和"偏低"状态。因此，在少部分有机质含量偏低的土壤种植烤烟，生产上应注意加强有机肥的施用，可在烤烟前茬增施有机肥，或冬种绿肥，亦可在烟草种植的当季施用活性有机肥料，保证土壤有机质不致下降过快以及促进土壤有机质的更新。

（2）植烟土壤有机质含量存在明显的趋势效应。运用普通 Kriging 法对湘西植烟土壤有机质含量进行估值，绘制的等值线图直观地描述了湘西主产烟区植烟土壤有机质含量的分布格局，这对烟田的分区管理和因地施肥具有重要的指导意义。从整体上看，湘西植烟土壤有机质含量从东北部、西部和西南部向州中部及东南方向有机质减少，在永顺县东南部、保靖县的西部各有一个高值区。造成这种差异的主要原因同当地复杂的地形地貌特点、气候的立体差异性以及人类活动有直接的联系。

（3）曹鹏云等（2004）以全国植烟土壤数据研究认为不同的土壤类型的有机质含量以黑土为最高，依之是红壤、黑色石灰土、黄棕壤、水稻土、黑垆土、娄土；王树会等（2006）对云南植烟土壤有机质含量的研究结果为水稻土、紫色土、黄壤、红壤；本研究结果与王树会等人的研究结果基本一致。不同研究者的研究结果差异主要与研究区域的不同有关。湘西不同植烟土壤类型的有机质含量差异达显著水平，灰黄棕土和水稻土的有机质含量较高。这些土壤一般为轻壤或质地黏重的土壤，有机质矿化慢。水稻土的有机质含量高可能与种植杂交水稻的根残留物较多有关。

（4）湘西不同海拔高度的植烟土壤有机质含量差异达极显著水平，有随海拔升高而升高的趋势。在湘西烟区的高海拔地区，一般为一年一熟，农业耕作较少，土壤环境基本上处于半封闭状态，各种动、植物残体在微生物作用下分解后基本在原地保存，土壤有机质基本未受到破坏。同时，高海拔地区平均气温较低，有机质分解速度缓慢，也有利于有机质的积累。

（5）植烟土壤有机质含量在不同 pH 值组间存在着极显著差异，主要是当 pH 值>7时，土壤有机质含量为最高。pH 值在 7 以上的土壤主要是水稻土，水稻土的优质含量要高于旱地，这与许自成（2008）、罗建新（2005）等对湖南植烟土壤有机质含量的研究结果是一致的。

第四节　植烟土壤全氮和碱解氮含量分布及其影响因素研究

一、研究目的

氮是烟草生长发育的必需营养元素，也是决定烟草产量及品质的重要营养元素之一。烟株形态建成、生长快慢、产量高低及烟叶品质优劣、烟碱多少等均取决于氮素供应。土壤氮是土壤的重要属性，是评价土壤质量的重要指标。土壤全氮是土壤固相的重要组成部分，在土壤形成过程中，特别是在土壤肥力发展过程中，起着极其重要的作用，在一定含量范围内，全氮含量的多少反映了土壤肥力的高低。土壤碱解氮含量能较好地反映近期内土壤氮素释放速率，是反映土壤氮素供应状况和供氮能力的重要指标之一。研究湘西烟区耕层土壤全氮和碱解氮含量状况及空间分布，揭示土壤全氮和碱解氮的空间变异规律和分布特征，对于实现湘西植烟土壤资源的合理利用和可持续发展具有重要意义。

二、材料与方法

（一）样品采集

土壤样品的采集时间均统一选在前茬作物收获后，烟草尚未施用底肥和移栽以前完成，以反映采样地块的真实养分状况和供肥能力，同时避开雨季。要求采集地点应具有代表性，使用 GPS 定位。每一点土样保证深度一致、上下土体一致、数量一致。取样时，以直接耕种的自然田块为采样单元，挑选当地主要代表性地块进行采样，地势较平坦的区域采样面积适当放大，地形复杂的山区采样面积适当缩小。为了保证结果分析的准确性，取样层次为耕作层，根据土种是否相同取耕层土壤 20cm 深度的土样。采样方法为人工钻取，取土钻统一采用管形不锈钢土钻。在同一采样单元内每 8~10 个点的土样构成 1 个 0.5kg 左右的混合土样。从田间采来的土样经登记编号后进行预处理，经过风干、磨细、过筛、混匀、装瓶后备测定分析之用。在土壤样品采集的同时，记录地形、成土母质、土壤类型等。采集于湘西主要烟区的 7 个植烟县（永顺县、龙山县、凤凰县、保靖县、泸溪县、花垣县、古丈县）81 个乡镇中的烟叶专业村和具有烟叶种植发展潜力的 375 个村，共取具有代表性的混合土样 488 份，每份土样代表植烟面积 10~20hm^2。

（二）土壤氮素、pH 值和有机质测定方法

植烟土壤全氮采用开氏法测定；土壤碱解氮含量采用碱解扩散法测定；土壤 pH 值测定采用 pH 计法（土水比为 1.0 : 2.5）；植烟土壤有机质采用重铬酸钾容量法测定。

（三）统计分析方法

（1）土壤全氮含量分级。将植烟土壤全氮含量分为极低（<0.50g/kg）、低（0.51~1.00g/kg）、适宜（1.01~2.00g/kg）、高（>2.00g/kg）等 4 级。

（2）土壤碱解氮含量分级。将植烟土壤碱解氮含量分为极低（<60.0mg/kg）、低（60.00~110.0mg/kg）、适宜（110.01~180.00g/kg）、高（180.01~240.00g/kg）、很高（>240.00g/kg）等 4 级。

（3）土壤氮素含量空间分布图绘制。原始数据处理及分析采用 SPSS 17.0 软件进行，探索分析法（Explore）剔除异常离群数据，K-S 法检测数据正态性，用 ArcGIS 9 软件中的地统计学模块的 Kriging 插值方法绘制植烟土壤全氮、碱解氮含量的空间分布图。

三、结果与分析

（一）植烟土壤氮素总体特征

1. 全氮特征

由表 2-4 可知，湘西植烟土壤全氮含量总体上属丰富水平，平均值为 2.44g/kg，变幅为 0.97~6.16g/kg，变异系数为 39.56%，属中等强度变异。7 个主产烟县植烟土壤全氮

含量平均在 1.71%~3.23%，按从高到低依次为：永顺县>龙山县>古丈县>凤凰县>花垣县>保靖县>泸溪县；其中，永顺县、龙山县植烟土壤全氮含量总体上处于丰富水平，其他各县总体上处于偏高水平。方差分析结果表明，不同县之间的植烟土壤全氮含量差异达极显著水平（F=51.054；sig.=0.000），经 Duncan 多重比较，永顺县植烟土壤全氮含量极显著高于其他各县，龙山县植烟土壤全氮含量极显著高于古丈县、保靖县、花垣县、凤凰县、花垣县。7 个县植烟土壤全氮含量的变异系数为 19.50%~37.17%，为中等强度变异，从大到小排序：龙山县>永顺县>泸溪县>古丈县>凤凰县>花垣县>保靖县。

表 2-4 湘西州植烟土壤全氮统计特征

区域	样本数（个）	均值（g/kg）	标准差（g/kg）	极小值（g/kg）	极大值（g/kg）	偏度	峰度	变异系数（%）
保靖	38	1.80C	0.35	1.24	2.59	0.527	-0.625	19.40
凤凰	50	1.82C	0.42	0.97	2.99	0.250	0.493	23.03
古丈	62	1.84C	0.43	1.02	2.71	0.034	-1.126	23.26
花垣	42	1.82C	0.35	0.99	2.85	0.079	0.655	19.50
龙山	132	2.55B	0.95	0.97	5.87	1.075	0.702	37.17
泸溪	18	1.71C	0.43	1.10	2.69	0.674	0.173	25.25
永顺	146	3.23A	0.93	1.32	6.16	0.557	0.224	28.89
湘西州	488	2.44	0.96	0.97	6.16	1.123	0.952	39.56

2. 碱解氮特征

由表 2-5 可知，湘西植烟土壤碱解氮含量总体上属略偏低水平，平均值为 97.37mg/kg，变幅为 10.795~209.414mg/kg，变异系数为 31.46%，属中等强度变异。7 个主产烟县植烟土壤碱解氮含量平均在 90.234~112.496mg/kg，按从高到低依次为：凤凰县>花垣县>泸溪县>古丈县>龙山县>保靖县>永顺县；其中，只有凤凰县植烟土壤碱解氮含量总体上处于适宜水平，其他各县总体上处于偏低水平。方差分析结果表明，不同县之间的植烟土壤碱解氮含量差异达极显著水平（F=4.237；sig.=0.000），经 Duncan 多重比较，凤凰县植烟土壤碱解氮含量极显著高于保靖县、永顺县，其他各县差异不显著。7 个县植烟土壤碱解氮含量的变异系数为 25.12%~40.54%，为中等强度变异，从大到小排序：泸溪县>保靖县>永顺县>古丈县>凤凰县>花垣县>龙山县。

表 2-5 湘西州植烟土壤碱解氮统计特征

区域	样本数（个）	均值（mg/kg）	标准差（mg/kg）	极小值（mg/kg）	极大值（mg/kg）	偏度	峰度	变异系数（%）
保靖	38	93.139B	33.714	28.066	179.729	0.697	0.918	36.20

（续表）

区域	样本数（个）	均值（mg/kg）	标准差（mg/kg）	极小值（mg/kg）	极大值（mg/kg）	偏度	峰度	变异系数（%）
凤凰	50	112.496A	32.824	10.795	177.031	-0.296	0.844	29.18
古丈	62	99.216AB	31.897	39.400	195.382	0.875	0.933	32.15
花垣	42	104.882AB	29.250	44.797	198.620	1.039	2.028	27.89
龙山	132	96.650AB	24.280	47.496	192.143	0.884	1.740	25.12
泸溪	18	103.763AB	42.067	61.259	209.414	1.623	2.243	40.54
永顺	146	90.234B	30.491	24.288	205.097	1.083	2.051	33.79
湘西州	488	97.370	30.629	10.795	209.414	0.834	1.330	31.46

（二）植烟土壤氮素丰缺状况

1. 全氮丰缺状况

由图 2-11 可知，湘西植烟土壤全氮含量处于适宜范围内的样本占 43.03%，"低"的植烟土壤样本为 1.23%，"高"的植烟土壤样本为 55.74%。说明湘西州大部分植烟土壤全氮含量较丰富。对于全氮含量较高的烟区，为了降低烤烟上部叶烟碱和总氮的含量，提高烟叶的可用性，应适当控制氮肥施用，并适当提早追施氮肥的时间。

2. 碱解氮丰缺状况

由图 2-12 可知，湘西植烟土壤碱解氮含量处于适宜范围内的样本只占 11.98%，"低"的植烟土壤样本为 3.51%，"极低"的植烟土壤样本为 0.62%，"高"的样本为 14.05%，"很高"的植烟土壤样本为 69.83%。由此可见，湘西州主要植烟土壤碱解氮含量基本处于中等至偏高水平，因此在烤烟生产过程中要注意氮肥的有效施用。烤烟氮肥施用宜早不宜晚，因地制宜地控制施用量。

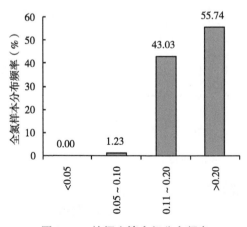

图 2-11 植烟土壤全氮分布频率

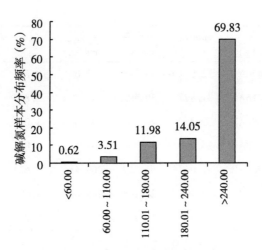

图 2-12 植烟土壤碱解氮分布频率

（三）不同植烟土壤类型氮素比较

1. 不同土壤类型全氮差异

由图 2-13 可知，6 个主要植烟土壤类型的全氮含量平均在 2.00~2.80g/kg，按从高到低依次为：黄棕壤>红壤>水稻土>石灰土>黄壤>红灰土。方差分析结果表明，不同植烟土壤类型的全氮含量差异达极显著水平（$F=3.710$；sig.$=0.003$），经 Duncan 多重比较，黄棕壤的全氮含量相对较高，红灰土和黄壤的全氮含量相对较低。6 个主要植烟土壤类型的全氮含量适宜样本比例在 27.12%~54.55%，不同土壤类型之间差异较大，按从高到低依次为：红灰土>黄壤>水稻土>石灰土>红壤>黄棕壤。

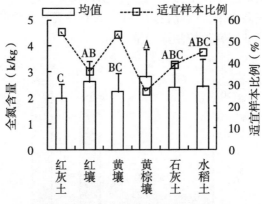

图 2-13 不同植烟土壤类型全氮

2. 不同土壤类型碱解氮差异

由图 2-14 可知，6 个主要植烟土壤类型的碱解氮含量平均在 80.19~106.07mg/kg，按从高到低依次为：水稻土>黄棕壤>黄壤>红灰土>石灰土>红壤。方差分析结果表明，不同植烟土壤类型的碱解氮含量差异达极显著水平（$F=11.819$；sig.$=0.000$），经 Duncan 多重比较，水稻土的碱解氮含量极显著地高于黄壤、红灰土、石灰土、红壤等土壤类型。6个主要植烟土壤类型的碱解氮含量适宜样本比例在14.67%~68.12%，不同土壤类型之间差异较大，按从高到低依次为：石灰土>水稻土>黄棕壤>红灰土>红壤>黄壤。

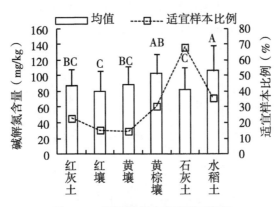

图 2-14　不同植烟土壤类型碱解氮

（四）不同海拔植烟土壤氮素比较

1. 不同海拔土壤全氮差异

由图2-15可知，5个海拔高度组的植烟土壤全氮含量平均在2.00~3.00g/kg。方差分析结果表明，不同海拔高度的植烟土壤全氮含量差异达极显著水平（F＝8.597；sig.＝0.000），［1 000m，+∞）海拔高度组植烟土壤全氮含量极显著高于其他各组；［400m，600m）海拔高度组植烟土壤全氮含量极显著高于（-∞，400m）海拔高度组。5个海拔高度组的植烟土壤全氮含量适宜样本比例在28.57%~58.21%，不同海拔高度组之间差异较大，以（-∞，400m）海拔高度组的土壤全氮含量适宜样本比例最高。

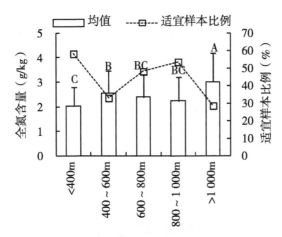

图 2-15　不同海拔植烟土壤全氮

2. 不同海拔土壤碱解氮差异

由图2-16可知，5个海拔高度组的植烟土壤碱解氮含量平均在92.99~109.56mg/kg，有随海拔高度的升高而碱解氮磷含量增高的趋势。方差分析结果表明，不同海拔高度的植烟土壤碱解氮含量差异达显著水平（F = 2.695；sig. = 0.030），[1 000m，+∞) 海拔高度组植烟土壤碱解氮含量显著高于（-∞，400m）组，其他各组之间植烟土壤碱解氮含量差异不显著。5 个海拔高度组的植烟土壤碱解氮含量适宜样本比例在 18.18%~40.48%，也有随海拔高度的升高而碱解氮含量适宜样本比例增高的趋势。不同海拔高度组之间差异较大，以 [1 000m，+∞) 海拔高度组的土壤碱解氮含量适宜样本比例最高。

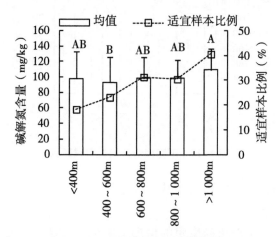

图 2-16　不同海拔植烟土壤碱解氮

（五）不同植烟土壤 pH 值的氮素含量比较

1. 不同 pH 值组土壤全氮差异

将土壤样本的 pH 值按（-∞，4.5）、[4.5，5.0）、[5.0，5.5）、[5.5，6.0）、[6.0，6.5）、[6.5，7.0）、[7.0，+∞) 分为 7 组，分别统计不同 pH 值组的植烟土壤全氮含量的平均值，结果见图 2-17。7 个 pH 值组的植烟土壤全氮含量平均在 2.33~2.64g/kg。方差分析结果表明，不同植烟土壤 pH 值组全氮含量差异不显著（F =

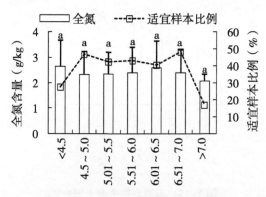

图 2-17　不同 pH 值组植烟土壤全氮

0.918；sig. =0.482）。7 个主要植烟土壤 pH 值组全氮含量适宜样本比例在 16.67%~48.24%，不同 pH 值组之间差异较大，按从高到低依次为：[6.5，7.0）＞[4.5，

5.0) > [5.5, 6.0) > [5.0, 5.5) > [6.0, 6.5) > (-∞, 4.5) > [7.0, +∞)。

2. 不同 pH 值组土壤碱解氮差异

分别统计不同 pH 值组植烟土壤碱解氮含量的平均值和适宜样本比例, 结果见图 2-18。7 个 pH 值组植烟土壤碱解氮含量平均在 86.53~103.82mg/kg。方差分析结果表明, 不同植烟土壤 pH 值组碱解氮含量差异显著 (F=2.508; sig.=0.021), 以 pH 值在 [6.5, 7.0) 的植烟土壤碱解氮含量相对较低。7 个主要植烟土壤 pH 值组碱解氮含量适宜样本比例在 0%~45.45%, 不同 pH 值组之间差异较大, 按从高到低依次为: (-∞, 4.5) > [5.0, 5.5) > [4.5, 5.0) > [5.5, 6.0) > [6.0, 6.5) > [6.5, 7.0) > [7.0, +∞)。

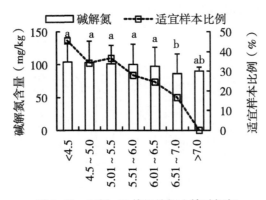

图 2-18　不同 pH 值组植烟土壤碱解氮

（六）不同有机质的植烟土壤氮素含量比较

1. 不同有机质组土壤全氮差异

将土壤样本的有机质含量按 (-∞, 1)、[1, 1.5)、[1.5, 2.0)、[2.0, 2.5)、[2.5, 3.0)、[3.0, 3.5)、[3.5, 4.0)、[4.0, 4.5)、[4.5, +∞) 分为 9 组, 分别统计不同有机质含量组的植烟土壤全氮含量的平均值和适宜样本比例 (图 2-19)。9 个

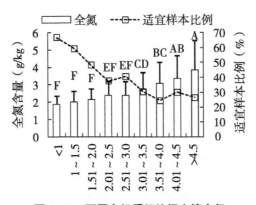

图 2-19　不同有机质组植烟土壤全氮

有机质含量组的植烟土壤全氮含量平均在 1.88~3.86g/kg。方差分析结果表明, 不同植烟土壤有机质组全氮含量差异极显著 (F=19.091; sig.=0.000), 有随植烟土壤有机质

含量增高而上升的趋势。9个主要植烟土壤有机质组全氮含量适宜样本比例在24.24%~66.67%，不同有机质组之间差异较大，以有机质在（-∞，1）组的适宜样本比例最高，有机质在［3.5，4.0）组的适宜样本比例最低。

2. 不同有机质组土壤碱解氮差异

分别统计不同有机质含量组的植烟土壤碱解氮含量的平均值和适宜样本比例，结果见图2-20。9个有机质含量组的植烟土壤碱解氮含量平均在 73.28~131.30mg/kg。方差分析结果表明，不同植烟土壤有机质组碱解氮含量差异极显著（F = 15.318；sig. = 0.000），有随植烟土壤有机质含量增高而上升的趋势。9个主要植烟土壤有机质组碱解氮含量适宜样本比例在 2.78%~73.68%，不同有机质组之间差异较大，以有机质在［4.5，+∞）组的适宜样本比例最高，有机质在（-∞，1）组的适宜样本比例最低。

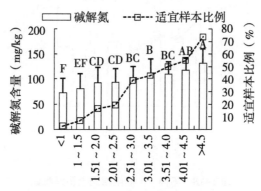

图2-20 不同有机质组植烟土壤碱解氮

（七）植烟土壤氮素空间分布

由图2-21可知，湘西植烟土壤全氮含量分布态势总体上有从北部向南部递增的态势。以全氮含量 0.16%~0.19% 分布的面积最大，其次是 0.25%~0.37% 分布的面积。永顺和龙山植烟土壤的全氮含量较高，特别是永顺基本上都在 0.25% 以上范围。泸溪和凤凰的大部分植烟土壤全氮含量较低，在 0.19% 以下。古丈、保靖和花垣等县植烟土壤全氮含量也较低。

由图2-22可知，湘西植烟土壤碱解氮含量总体上呈斑块状分布态势。以碱解氮含量 94.05~143.55mg/kg 为主要分布面积，其次为碱解氮含量 60.31~94.05mg/kg 的分布面积，而其他的面积分布较少。

四、讨论与结论

湘西植烟土壤全氮含量平均值为 2.44g/kg，适宜范围内的样本占 43.03%，总体上属丰富水平；植烟土壤碱解氮含量平均值为 97.37mg/kg，适宜范围内的样本只占 11.98%，总体上属略偏低水平。由此可见，湘西烟区耕层土壤氮素含量总体上比较适宜，但也有部分植烟土壤全氮和碱解氮含量偏低或偏高，对偏低的土壤应采取稻草还田、覆盖、绿肥掩青及合理使用农家肥等土壤培肥措施来维持正常的含量；对偏高的土壤必须严格控制施氮水平，防止土壤氮素供应过量，烟叶贪青晚熟，不能正常落黄。与

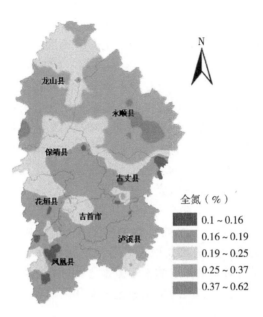

图 2-21 植烟土壤全氮空间分布示意

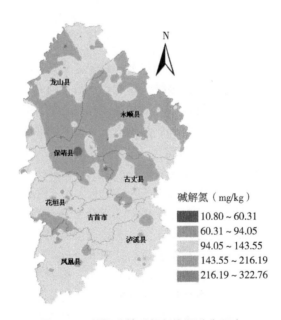

图 2-22 植烟土壤碱解氮空间分布示意

此同时，在烤烟生产过程中要注意氮肥的有效施用。烤烟氮肥施用宜早不宜晚，因地制宜地控制氮肥施用量。

不同植烟土壤类型的全氮和碱解氮含量差异达极显著水平，水稻土和黄棕壤的氮素含量相对较高，黄壤的氮素含量相对较低。因此，要依据土壤类型有针对性地选择培肥植烟土壤方法。

不同海拔高度的植烟土壤氮素含量差异达极显著水平，[1 000m，+∞）海拔高度组植烟土壤氮素含量极显著高于其他各组，有随海拔升高而升高的趋势。这与植烟土壤有机质的结论是一致的。

不同植烟土壤 pH 值组土壤全氮含量差异不显著，不同植烟土壤 pH 值组碱解氮含量差异显著，以 pH 值在 [6.5，7.0) 的植烟土壤碱解氮含量相对较低。

不同有机质组土壤氮素含量差异，有随植烟土壤有机质含量增高而上升的趋势。

在湘西烟区的高海拔地区，一般为一年一熟，复种指数低，加之农业耕作较少，土壤环境基本上处于半封闭状态，各种动、植物残体在微生物作用下分解后基本在原地保存，这样的土壤有机质含量高，土壤氮素自然也高。

湘西植烟土壤全氮含量分布态势总体上有从北部向南部递增的态势，以全氮含量 0.16%~0.19%分布的面积最大；土壤碱解氮含量总体上呈斑块状分布态势，以碱解氮含量 94.05~143.55mg/kg 为主要分布面积。采用 Kriging 插值绘制湘西烟区耕层土壤氮素含量空间分布图，不仅可对无采样点的土壤氮素含量进行估值，而且可直观地描述土壤氮素含量的分布格局，对湘西烟区的烟田分区管理和因地施肥具有重要的指导意义。

第五节 植烟土壤全磷和有效磷含量分布及其影响因素研究

一、研究目的

磷是植物必需的大量元素之一。在烟草上，磷素是影响烟叶生长发育和品质最重要的营养元素之一，是烤烟体内磷脂、核酸、核蛋白和磷腺苷等重要物质的组成成分，与生命活动密切相关，对烤烟生长发育、产量和品质均有密切关系。若烤烟缺磷，则烤烟生长发育迟缓，明显滞后于正常烤烟，成熟延迟或不能正常成熟。缺磷的烤烟叶片伸展受阻，叶色深绿，叶窄而直立，节间缩短，上部叶簇生状，有时下部叶片出现白色斑点，调制后呈深棕色，油分少，无光泽，韧性差，易于破损，香味淡，品质低劣。磷素过高，易造成烟叶叶脉突出，叶片厚而粗糙，油分少，弹性小，烟碱含量高。磷素过多，烤烟早花，营养生长期缩短，成熟期提早，茎生长受抑制，调制后的烟叶易破碎，缺乏弹性和油分，烟叶燃烧性变劣，吃味变差，进而降低烟叶的可用性。磷过多会降低烤烟对镁、锌、铁、锰等的吸收，甚至会诱导这些元素的缺乏，从而对烟叶品质和香气产生不良影响。有关不同烟区磷含量状况的研究较多，但系统分析湘西烟区植烟土壤磷含量分布特征，特别是空间上分布特征的研究较少。为此，分析湘西烟区植烟土壤磷含量状况及分布特征，以期为湘西烟区植烟土壤改良、平衡施肥以及特色优质烟叶开发提供参考依据。

二、材料与方法

（一）土壤样品采集与处理

2011 年采集湘西州的凤凰县、保靖县、泸溪县、永顺县、龙山县、花垣县、古丈县等 7 县具有代表性的植烟土壤耕作层土样 488 个。采集土壤样品时间均统一在烤烟移栽前的第 2 个月内完成。每个地块一般取 10~15 个小样点，用土钻钻取耕层土样深度为 20cm，制成 1 个 0.5kg 左右的混合土样。采集的田间样品要登记编号，用 GPS 记录采样点的经纬度和海拔高度。土壤样品经过风干、磨细、过筛、混匀后装瓶供测定分析用。

（二）土壤磷素的测定

全磷含量采用氢氧化钠熔融—钼蓝比色法测定；有效磷含量采用 Olsen 法测定。土壤 pH 值测定采用 pH 计法（土水比为 1.0∶2.5）；植烟土壤有机质采用重铬酸钾容量法测定。

（三）统计分析方法

（1）植烟土壤全磷含量分级。将植烟土壤全磷含量分为极低（<0.50g/kg）、低（0.51~1.00g/kg）、适宜（1.01~1.50g/kg）、高（>1.50g/kg）等 4 级。

（2）植烟土壤有效磷含量分级。将植烟土壤有效磷含量分为 5 级，即缺乏（<5.00mg/kg）、偏低（5.00~10.00mg/kg）、适宜（10.01~20.00mg/kg）、丰富（20.01~30.00mg/kg）、极丰富（>30.00mg/kg）。

（3）植烟土壤磷素含量空间分布图绘制。首先用 SPSS 17.0 软件中的探索性分析对磷素含量异常离群数据进行剔除，然后用 K-S 法检验数据的正态性，再用 ArcGIS 9 软件中的 Kriging 插值方法绘制植烟土壤全磷、有效磷含量空间分布图。

三、结果与分析

（一）植烟土壤磷素总体特征

1. 全磷特征

由表 2-6 可知，湘西植烟土壤全磷含量总体上属偏低水平，平均值为 0.65g/kg，变幅为 0.01~1.76g/kg，变异系数为 43.09%，属中等强度变异。7 个主产烟县植烟土壤全磷含量平均在 0.40~0.81g/kg，按从高到低依次为：龙山县>花垣县>凤凰县>保靖县>永顺县>古丈县>泸溪县；其中，泸溪县植烟土壤全磷含量总体上处于缺乏水平，其他各县总体上处于偏低水平。方差分析结果表明，不同县之间的植烟土壤全磷含量差异达极显著水平（F=17.723；sig.=0.000），经 Duncan 多重比较，龙山县植烟土壤全磷含量极显著高于其他各县，花垣县植烟土壤全磷含量极显著高于古丈县、泸溪县、永顺县。7 个县植烟土壤全磷含量的变异系数为 21.65%~50.85%，为中等强度变异，从大到小排序为：古丈县>永顺县>龙山县>保靖县>凤凰县>花垣县>泸溪县。其中，古丈县植烟土壤全磷含量的变异系数在 50% 以上。

表 2-6 湘西州植烟土壤全磷统计特征

区域	样本数（个）	均值（g/kg）	标准差（g/kg）	极小值（g/kg）	极大值（g/kg）	偏度	峰度	变异系数（%）
保靖	38	0.60BC	0.20	0.30	1.10	0.876	0.415	32.55

（续表）

区域	样本数 （个）	均值 （g/kg）	标准差 （g/kg）	极小值 （g/kg）	极大值 （g/kg）	偏度	峰度	变异系数 （%）
凤凰	50	0.62BC	0.19	0.13	1.38	0.951	5.016	30.33
古丈	62	0.53CD	0.27	0.22	1.76	2.109	6.779	50.85
花垣	42	0.74AB	0.18	0.44	1.14	0.402	-0.720	24.42
龙山	132	0.81A	0.31	0.01	1.74	0.329	0.436	38.29
泸溪	18	0.40D	0.09	0.22	0.56	-0.146	-0.291	21.65
永顺	146	0.57C	0.25	0.04	1.60	1.093	3.168	44.20
湘西州	488	0.65	0.28	0.01	1.76	0.920	1.545	43.09

2. 有效磷特征

由表2-7可知，湘西植烟土壤有效磷含量总体上属偏高水平，平均值为35.354mg/kg，变幅为2.208～141.605mg/kg，变异系数为70.60%，属强变异。7个主产烟县植烟土壤有效磷含量平均在28.618～50.191mg/kg，按从高到低依次为：龙山县>古丈县>保靖县>永顺县>泸溪县>花垣县>凤凰县；其中，龙山县、古丈县和保靖县植烟土壤有效磷含量平均值在30mg/kg以上。方差分析结果表明，不同县之间的植烟土壤有效磷含量差异达极显著水平（F=12.413；sig.=0.000），经Duncan多重比较，龙山县植烟土壤有效磷含量极显著高于其他各县，而其他各县植烟土壤有效磷含量差异不显著。7个县植烟土壤有效磷含量的变异系数为46.01%～86.74%，为中等强度或强变异，从大到小排序为：花垣县>古丈县>保靖县>永顺县>龙山县>凤凰县>泸溪县。其中，花垣县、古丈县、保靖县、永顺县、龙山县、凤凰县等县的植烟土壤有效磷含量的变异系数在50%以上，属强变异。

表2-7　湘西州植烟土壤有效磷统计特征

区域	样本数 （个）	均值 （mg/kg）	标准差 （mg/kg）	极小值 （mg/kg）	极大值 （mg/kg）	偏度	峰度	变异系数 （%）
保靖	38	32.476B	21.860	9.169	87.023	1.484	1.129	67.31
凤凰	50	28.618B	15.793	2.208	92.620	1.886	5.358	55.18
古丈	62	32.963B	22.454	8.712	137.396	2.406	7.941	68.12
花垣	42	28.687B	24.882	7.529	131.742	2.577	7.704	86.74
龙山	132	50.191A	30.760	4.851	141.605	0.820	0.350	61.28
泸溪	18	28.696B	13.202	12.341	64.146	1.250	1.806	46.01
永顺	146	28.804B	18.593	4.846	110.633	1.972	5.640	64.55
湘西州	488	35.354	24.961	2.208	141.605	1.676	3.100	70.60

(二) 植烟土壤磷素丰缺状况

1. 全磷丰缺状况

由图 2-23 可知，湘西植烟土壤全磷含量处于适宜范围内的样本只占 9.45%，"低"的植烟土壤样本为 58.32%，"极低"的植烟土壤样本为 32.24%，没有高的样本。说明湘西大部分植烟土壤全磷含量偏低。因此，烟草生产中可根据土壤类型适当增加磷肥的施用来提高土壤磷养分的供应强度。

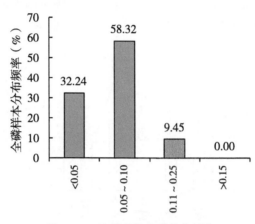

图 2-23 植烟土壤全磷分布频率

2. 有效磷丰缺状况

由图 2-24 可知，湘西植烟土壤有效磷含量处于适宜范围内的样本只占 11.93%，

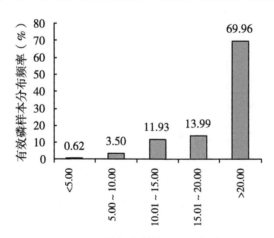

图 2-24 植烟土壤全氮分布频率

"低"的植烟土壤样本为 3.50%，"极低"的植烟土壤样本为 0.62%，"高"的样本为 13.99%，"很高"的植烟土壤样本为 69.96%。由此可知，湘西植烟土壤有效磷含量基本处于中等偏高的水平。因此，在生产上应注意根据土壤类型和各地土壤供磷能力的实际情况及土壤有效磷的变异状况，有针对性地调整配方中磷素的比例，少施或适当施用磷肥。

(三) 不同土壤类型磷素含量差异

1. 不同土壤类型全磷差异

由图 2-25 可知，6 个主要植烟土壤类型的全磷含量平均在 0.59~0.89g/kg，按从高到低依次为：黄棕壤>黄壤>水稻土>红灰土>红壤>石灰土。方差分析结果表明，不同植烟土壤类型的全磷含量差异达极显著水平（F=13.371；sig.=0.000），经 Duncan 多重比较，黄棕壤的全磷含量相对较高，极显著地高于其他土壤类型。6 个主要植烟土壤类型的全磷含量适宜样本比例在 4.68%~27.12%，不同土壤类型之间差异较大，按从高到低依次为：黄棕壤>黄壤>红壤>石灰土>红灰土>水稻土。

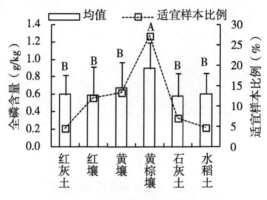

图 2-25　不同植烟土壤类型全磷

2. 不同土壤类型有效磷差异

由图 2-26 可知，6 个主要植烟土壤类型的有效磷含量平均在 20.82~52.16mg/kg，

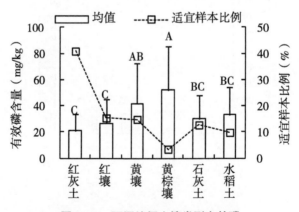

图 2-26　不同植烟土壤类型有效磷

按从高到低依次为：黄棕壤>黄壤>水稻土>石灰土>红壤>红灰土。方差分析结果表明，不同植烟土壤类型的有效磷含量差异达极显著水平（F=10.242；sig.=0.000），经 Duncan 多重比较，黄棕壤土壤的有效磷含量极显著地高于水稻土、石灰土、红壤、红灰土等土壤类型。6 个主要植烟土壤类型的有效磷含量适宜样本比例在 3.45%~40.91%，不同土壤类型之间差异较大，按从高到低依次为：红灰土>红壤>黄壤>石灰

土>水稻土>黄棕壤。其中，水稻土和黄棕壤类型的有效磷含量适宜样本比例在 10%
以下。

（四）不同海拔高度土壤磷素含量差异

1. 不同海拔土壤全磷差异

由图 2-27 可知，5 个海拔高度组的植烟土壤全磷含量平均在 $0.52 \sim 0.97$ g/kg，有
随海拔高度的升高而全磷含量增高的趋势。方差分析结果表明，不同海拔高度的植烟土
壤全磷含量差异达极显著水平（$F = 26.273$；sig. = 0.000），［1 000m，$+\infty$）海拔高度
组植烟土壤全磷含量极显著高于其他各组。5 个海拔高度组的植烟土壤全磷含量适宜样
本比例在 $5.97 \sim 35.71\%$，也有随海拔高度的升高而全磷含量适宜样本比例增高的趋势。
不同海拔高度组之间差异较大，以［1 000m，$+\infty$）海拔高度组的土壤全磷含量适宜样
本比例最高。

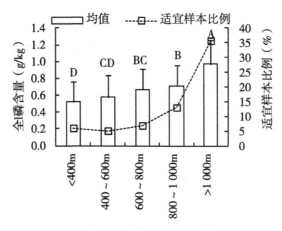

图 2-27 不同海拔植烟土壤全磷

2. 不同海拔土壤有效磷差异

由图 2-28 可知，5 个海拔高度组的植烟土壤有效磷含量平均在 $30.25 \sim$
60.54 mg/kg，有随海拔高度的升高而有效磷含量增高的趋势。方差分析结果表明，不
同海拔高度的植烟土壤有效磷含量差异达极显著水平（$F = 15.073$；sig. = 0.000），
［1 000m，$+\infty$）海拔高度组植烟土壤有效磷含量显著高于其他各组，而其他各组之间
植烟土壤有效磷含量差异不显著。5 个海拔高度组的植烟土壤有效磷含量适宜样本比例
在 $2.44\% \sim 14.92\%$，也有随海拔高度的升高而有效磷含量适宜样本比例降低的趋势。
不同海拔高度组之间差异较大，以（$-\infty$，400m）海拔高度组的土壤有效磷含量适宜样
本比例最高。

（五）不同 pH 值组的植烟土壤磷素含量差异

1. 不同 pH 值组土壤全磷差异

将土壤样本的 pH 值按（$-\infty$，4.5）、［4.5，5.0）、［5.0，5.5）、［5.5，6.0）、
［6.0，6.5）、［6.5，7.0）、［7.0，$+\infty$）分为 7 组，分别统计不同 pH 值组的植烟土壤
全磷含量的平均值，结果见图 2-29。7 个 pH 值组的植烟土壤全磷含量平均在 $0.59 \sim$

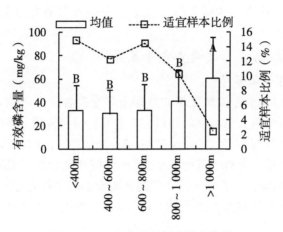

图 2-28　不同海拔植烟土壤有效磷

1.00g/kg。方差分析结果表明，不同植烟土壤 pH 值组全磷含量差异显著（F＝2.474；sig.＝0.023），以植烟土壤在［7.0，＋∞）组的全磷含量相对较高。7 个主要植烟土壤 pH 值组全磷含量适宜样本比例在 0%～50.00%，不同 pH 值组之间差异较大，按从高到低依次为：［7.0，＋∞）＞［6.5，7.0）＞［6.0，6.5）＞［5.0，5.5）＞［5.5，6.0）＞［4.5，5.0）＞（－∞，4.5）。

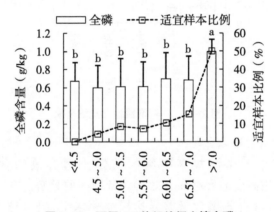

图 2-29　不同 pH 值组植烟土壤全磷

2. 不同 pH 值组土壤有效磷差异

分别统计不同 pH 值组植烟土壤有效磷含量的平均值和适宜样本比例，结果见图 2-30。7 个 pH 值组植烟土壤有效磷含量平均在 29.08～58.27mg/kg。方差分析结果表明，不同植烟土壤 pH 值组有效磷含量差异极显著（F＝3.691；sig.＝0.001），以 pH 值在［7.0，＋∞）的植烟土壤全磷含量相对较高，有随植烟土壤 pH 值升高而升高的趋势。7 个主要植烟土壤 pH 值组有效磷含量适宜样本比例在 0%～18.19%，不同 pH 值组之间差异较大，按从高到低依次为：（－∞，4.5）＞［4.5，5.0）＞［5.5，6.0）＞［5.0，5.5）＞［6.0，6.5）＞［6.5，7.0）＞［7.0，＋∞）。

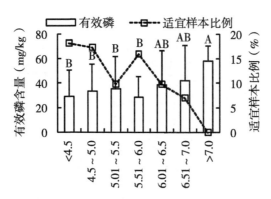

图 2-30 不同 pH 值组植烟土壤有效磷

（六）不同有机质组的植烟土壤磷素含量差异

1. 不同有机质组土壤全磷差异

将土壤样本的有机质含量按（-∞，1）、[1，1.5）、[1.5，2.0）、[2.0，2.5）、[2.5，3.0）、[3.0，3.5）、[3.5，4.0）、[4.0，4.5）、[4.5，+∞）分为 9 组，分别统计不同有机质含量组的植烟土壤全磷含量的平均值和适宜样本比例，结果见图 2-31。9 个有机质含量组的植烟土壤全磷含量平均在 0.54~0.77g/kg。方差分析结果表明，不同植烟土壤有机质组全磷含量差异极显著（F = 3.706；sig. = 0.000），以植烟土壤有机质在 [3.5，4.0）和 [4.5，+∞）的全磷相对较高，有机质在（-∞，1）和 [1，1.5）的土壤全磷相对较低，且有随植烟土壤有机质含量增高而上升的趋势。9 个主要植烟土壤有机质组全磷含量适宜样本比例在 2.82%~15.87%，不同有机质组之间差异较大，以有机质在（-∞，1）组的适宜样本比例最高，有机质在 [3.0，3.5）和 [3.5，4.0）组的适宜样本比例较高。

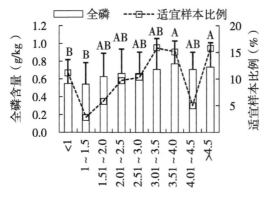

图 2-31 不同有机质组植烟土壤全磷

2. 不同有机质组土壤有效磷差异

分别统计不同有机质含量组的植烟土壤有效磷含量的平均值和适宜样本比例，结果见图 2-32。9 个有机质含量组的植烟土壤有效磷含量平均在 22.46~46.09mg/kg。方差分析结果表明，不同植烟土壤有机质组有效磷含量差异极显著（F = 3.868；sig. =

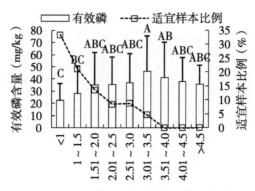

图 2-32　不同有机质组植烟土壤有效磷

0.000），以植烟土壤有机质在［3.0，3.5）组有效磷相对较高，有机质在（−∞，1）组土壤有效磷相对较低，有随植烟土壤有机质含量增高而上升的趋势。9 个主要植烟土壤有机质组有效磷含量适宜样本比例在 0~33.33%，不同有机质组之间差异较大，以有机质在（−∞，1）组的适宜样本比例最高，有机质在［3.5，4.0）、［4.0，4.5）和［4.5，+∞）组的适宜样本比例最低。

（七）植烟土壤磷素含量空间分布

由图 2-33 可知，湘西州植烟土壤全磷含量分布态势总体上有从北部向南部递减的态势。以全磷含量 0.055%~0.087%分布的面积最大，其次是 0.033%~0.055%分布的面积。

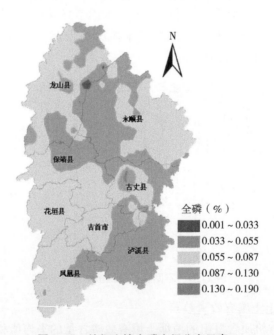

图 2-33　植烟土壤全磷空间分布示意

由图 2-34 可知，湘西州植烟土壤有效磷含量总体上呈斑块状分布态势，有北部高, 中部低的分布趋势。以有效磷含量 25.05~42.39mg/kg 为主要分布面积, 其他的面积分布较少。

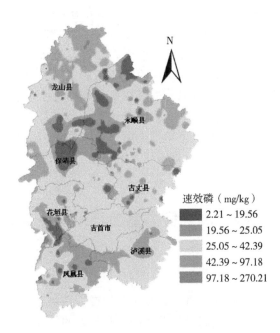

图 2-34 植烟土壤有效磷空间分布示意

四、讨论与结论

(1) 湘西植烟土壤全磷含量平均值为 0.65g/kg, 适宜范围内的样本只占 9.45%, 总体上属偏低水平; 有效磷含量平均值为 35.35mg/kg, 适宜土壤样本只占 25.93%, 处于偏高水平。由此可见, 湘西州植烟土壤全磷含量不高, 但以有效养分含量作为养分供给能力的评价指标——有效磷含量较丰富。对部分缺磷田块, 适当增施磷肥, 在施用时要注意磷肥的质量, 选用水溶性含量高的磷肥, 以满足烟草生长前期对磷素的需要; 对磷素含量偏高的土壤, 则需采取相应的控磷措施。在烤烟生产中, 应根据不同土壤类型、土壤供磷能力和土壤有效磷的变异状况, 采取针对性地措施, 调整配方中磷素比例, 适当施用磷肥。

(2) 湘西 7 个主产烟县植烟土壤全磷含量平均在 0.40~0.81g/kg, 龙山县植烟土壤全磷含量极显著高于其他各县, 泸溪县植烟土壤全磷含量总体上处于缺乏水平, 其他各县总体上处于偏低水平。7 个主产烟县植烟土壤有效磷含量平均在 28.618~50.191mg/kg。不同县之间的植烟土壤有效磷含量差异达极显著水平, 主要是龙山县植烟土壤有效磷含量较高。

(3) 湘西主要植烟土壤类型的全磷含量平均在 0.59~0.89g/kg, 有效磷含量平均在 20.82~52.16mg/kg; 不同植烟土壤类型的磷素含量差异达极显著水平, 黄棕壤的磷素含量相对较高。

(4) 湘西 5 个海拔高度组的植烟土壤全磷含量平均在 0.52~0.97g/kg, 有效磷含量平均在 30.25~60.54mg/kg；有随海拔高度的升高而磷素含量增高的趋势。

（5）不同 pH 值组植烟土壤全磷平均在 0.59~1.00g/kg，有效磷含量平均在29.08~58.27mg/kg；以植烟土壤在［7.0，+∞）组的全磷和有效磷含量相对较高。

（6）不同有机质组土壤全磷含量平均在 0.54~0.77g/kg，有效磷含量平均在22.46~46.09mg/kg；不同植烟土壤有机质组全磷和有效磷含量差异极显著，以植烟土壤有机质在［3.5，4.0）和［4.5，+∞）的全磷相对较高，植烟土壤有机质在［3.0，3.5）组有效磷相对较高；植烟土壤磷素有随植烟土壤有机质含量增高而上升的趋势。

（7）湘西州植烟土壤磷素含量总体上呈斑块状分布态势，有北部高，中部低的分布趋势。采用 Kriging 插值绘制湘西州植烟土壤有效磷含量空间分布图，不仅可以估测无采样点的土壤有效磷含量，而且可直观地了解植烟土壤有效磷含量的分布格局，对湘西州烟区的烟田土壤管理平衡施肥具有重要的指导意义。

第六节　植烟土壤全钾含量分布及其影响因素研究

一、研究目的

烟草是喜钾作物，钾素的充足供应对其生长发育、产量和品质以及卷烟制品的安全性均具有重要作用。烟叶钾含量高低与其基因型和所处的气候和土壤条件及施肥措施等密切相关，其中土壤营养是根本，土壤养分供给状态是影响烟叶钾含量高低的重要因子之一。土壤中的全钾包括无效态或矿物态钾、缓效性钾、速效性钾，其含量取决于成土母质、风化程度、土壤形成条件、土壤质地和耕作施肥措施，可反映土壤钾素的贮量状况。以湘西植烟土壤为材料，研究其全钾含量分布特征，以期为湘西植烟土壤钾素养分管理及特色优质烟叶开发提供理论依据。

二、材料与方法

（一）土壤样品采集与处理

于 2011 年在湘西的永顺县、龙山县、凤凰县、保靖县、泸溪县、花垣县、古丈县等 7 个植烟县、81 个乡镇中的烟叶专业村和具有烟叶种植发展潜力的 375 个村，采集具有代表性的耕作层土样 488 个（具体分布见图 2-40）。在烤烟移栽前集中采集土壤样品，同时避开雨季。种植面积在 20hm² 左右采集一个土样，不足 20hm² 的行政村也采集一个土壤。采用土钻钻取耕层深度为 20cm 的土样，每个地块一般取 10~15 个小样点（即钻土样）土壤，制成 1 个 0.5kg 左右的混合土样。每个小样点的采土部位、深度、数量应力求一致。采样时要避开沟渠、林带、田埂、路边、旧房基、粪堆底以及微地形高低不平等无代表性地段。田间采样登记编号，经过风干、磨细、过筛、混匀等预处理后，装瓶备测。在样品采集的过程中用 GPS 确定采样点地理坐标和海拔高度，并记录土壤类型。室内样品检测在湖南农业大学资环学院进行。

（二）土壤全钾测定方法

植烟土壤全钾采用氢氧化钠熔融——火焰光度法测定。土壤 pH 值测定采用 pH 计法（土水比为 1.0 : 2.5）；植烟土壤有机质采用重铬酸钾容量法测定。

（三）统计分析方法

（1）植烟土壤全钾含量分级。参照前人研究，结合南方烟区植烟土壤特点，将植烟土壤全钾含量分为极低（<1.00%）、低（1.00%~1.50%）、适宜（1.51%~2.00%）、丰富（>2.00%）等 4 级。

（2）植烟土壤全钾含量空间分布图绘制。采用 SPSS 17.0 软件中的探索分析法剔除异常离群数据，利用 ArcGIS 9 软件的地统计学模块，以 IDW 法（Inverse distance weighting）插值绘制湘西植烟土壤全钾含量的空间分布图。

三、结果与分析

（一）植烟土壤全钾含量总体特征

由表 2-8 可知，湘西州植烟土壤全钾含量变幅为 0.569%~2.935%，平均值为 1.535%，总体上属略偏低水平；变异系数为 27.83%，属中等强度变异。7 个主产烟县植烟土壤全钾含量平均在 1.328%~1.877%，按从高到低依次为：凤凰县>花垣县>龙山县>古丈县>泸溪县>保靖县>永顺县；其中，永顺县、保靖县、泸溪县植烟土壤全钾含量总体上处于偏低水平，其他各县总体上处于适宜水平。方差分析结果表明，不同县之间的植烟土壤全钾含量差异达极显著水平（F=16.347；sig.=0.000），经 Duncan 多重比较，凤凰县植烟土壤全钾含量极显著高于龙山县、古丈县、泸溪县、保靖县、永顺县。7 个县植烟土壤全钾含量的变异系数为 21.38%~38.97%，为中等强度变异，从大到小排序为：保靖县>永顺县>古丈县>凤凰县>泸溪县>花垣县>龙山县。

表 2-8　湘西州植烟土壤全钾统计特征

区域	样本数（个）	均值（%）	标准差（%）	极小值（%）	极大值（%）	偏度	峰度	变异系数（%）
保靖	38	1.383CD	0.539	0.569	2.537	0.299	-0.994	38.97
凤凰	50	1.877A	0.457	1.153	2.935	0.667	-0.485	24.34
古丈	62	1.578BC	0.422	0.783	2.731	0.364	0.078	26.77
花垣	42	1.706AB	0.383	1.217	2.402	0.526	-1.120	22.45
龙山	132	1.609BC	0.344	0.975	2.876	0.770	1.004	21.38
泸溪	18	1.491BCD	0.350	0.917	2.342	0.736	1.283	23.47
永顺	146	1.328D	0.357	0.665	2.788	1.202	1.873	26.91
湘西州	488	1.535	0.427	0.569	2.935	0.593	0.253	27.83

（二）植烟土壤全钾含量丰缺状况

由图 2-35 可知，湘西植烟土壤全钾含量处于适宜范围内的样本只占 34.09%，"低"的植烟土壤样本为 43.74%，"极低"的植烟土壤样本为 8.21%，"高"的样本为

13.96%。说明湘西州大部分植烟土壤全钾含量偏低。因此，烟草生产中必须依靠增加钾肥的施用来提高土壤钾养分的供应强度，以便提高烟叶的含钾量，提高烟叶的可用性。

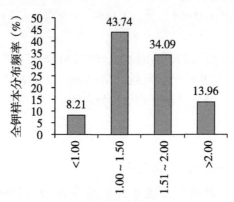

图 2-35 湘西州植烟土壤全钾分布频率

（三）不同土壤类型全钾含量差异

由图 2-36 可知，6 个主要植烟土壤类型的全钾含量平均在 1.46%~1.79%，按从高到低依次为：红灰土>黄棕壤>水稻土>黄壤>红壤>石灰土。方差分析结果表明，不同植烟土壤类型的全钾含量差异达显著水平（F = 2.454；sig. = 0.027），经 Duncan 多重比较，红灰土的全钾含量相对较高，显著地高于其他土壤类型。6 个主要植烟土壤类型的全钾含量适宜样本比例在 23.94%~44.07%，不同土壤类型之间差异较大，按从高到低依次为：黄棕壤>红壤>黄壤>水稻土>红灰土>石灰土。

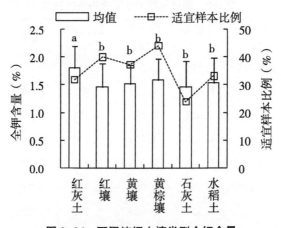

图 2-36 不同植烟土壤类型全钾含量

（四）不同海拔高度土壤全钾含量差异

由图 2-37 可知，5 个海拔高度组的植烟土壤全钾含量平均在 1.45%~1.66%，与海拔高度的关系不是很明显。方差分析结果表明，不同海拔高度的植烟土壤全钾含量差异达显著水平（F = 3.203；sig. = 0.013），[1 000m，+∞）海拔高度组植烟土壤全钾含量

显著高于 ［400m, 600m)、［800m, 1 000m) 等组。5 个海拔高度组的植烟土壤全钾含量适宜样本比例在 28.36% ~ 47.62%。不同海拔高度组之间差异较大，以 ［1 000m, +∞) 海拔高度组的土壤全钾含量适宜样本比例最高。

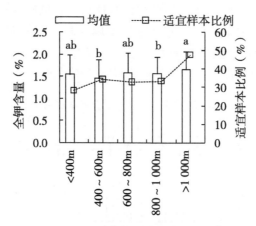

图 2-37 不同海拔植烟土壤全钾含量

（五）不同 pH 值组的植烟土壤全钾含量差异

将土壤样本的 pH 值按 (−∞, 4.5)、［4.5, 5.0)、［5.0, 5.5)、［5.5, 6.0)、［6.0, 6.5)、［6.5, 7.0)、［7.0, +∞) 分为 7 组，分别统计不同 pH 值组的植烟土壤全钾含量的平均值，结果见图 2-38。7 个 pH 值组的植烟土壤全钾含量平均在 15.06 ~ 15.79g/kg。方差分析结果表明，不同植烟土壤 pH 值组全钾含量差异不显著 (F = 0.364；sig. = 0.901)。7 个主要植烟土壤 pH 值组全钾含量适宜样本比例在 28.17% ~ 54.55%，不同 pH 值组之间差异较大，按从高到低依次为： (−∞, 4.5) > ［7.0, +∞) > ［6.0, 6.5) > ［4.5, 5.0) > ［5.0, 5.5) > ［6.5, 7.0) > ［5.5, 6.0)。

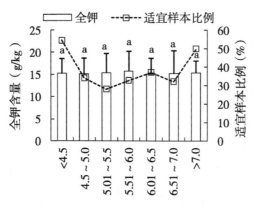

图 2-38 不同 pH 值组植烟土壤全钾含量

（六）不同有机质组的植烟土壤全钾含量差异

将土壤样本的有机质含量按 (−∞, 1)、［1, 1.5)、［1.5, 2.0)、［2.0, 2.5)、［2.5, 3.0)、［3.0, 3.5)、［3.5, 4.0)、［4.0, 4.5)、［4.5, +∞) 分为 9 组，分别

统计不同有机质含量组的植烟土壤全钾含量的平均值和适宜样本比例，结果见图2-39。9个有机质含量组的植烟土壤全钾含量平均在13.47～17.23g/kg。方差分析结果表明，不同植烟土壤有机质组全钾含量差异极显著（F=3.094；sig.=0.002），以植烟土壤有机质在（-∞，1）和［1.5，2.0）的全钾相对较高，有机质在［4.0，4.5）和［4.5，+∞）的土壤全钾相对较低。9个主要植烟土壤有机质组全钾含量适宜样本比例在5.26%～40.85%，不同有机质组之间差异较大，以有机质在（-∞，1）组的适宜样本比例最高，有机质在［4.5，+∞）组的适宜样本比例较低。

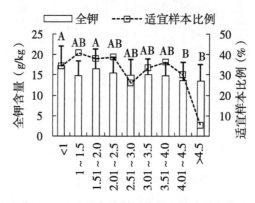

图2-39 不同有机质组植烟土壤全钾含量

（七）植烟土壤全钾含量空间分布

由图2-41可知，湘西植烟土壤全钾含量总体上呈斑块状分布态势，但具有南北高和中部低的特征。以全钾含量1.26%～1.61%为主要分布面积。在保靖县和永顺县的部分地区是低值区域（<1.26%）；在凤凰县有一个高值区域（>2.05%）。在龙山县的北部也有一个高值区。

四、讨论与结论

（1）湘西植烟土壤全钾含量总体处于略偏低水平，平均值为1.535%，变幅在0.569%～2.935%，变异系数为27.83%，处于适宜范围内的样本占34.09%。单从湘西植烟土壤全钾含量平均值看并不缺乏，但植烟土壤全钾含量变幅较大，仍有8.21%的植烟土壤样本处于缺钾状态。

（2）植烟土壤钾含量在一定程度上与成土母质和土壤类型有关。湘西红灰土的全钾含量显著地高于其他土壤类型。

（3）从海拔看，湘西海拔高度在1 000m以上植烟土壤全钾含量相对较高。在湘西烟区的高海拔地区，一般为一年一熟，农业耕作较少，土壤环境基本上处于半封闭状态，各种动、植物残体在微生物作用下分解后基本在原地保存，土壤有机质基本未受到破坏。高海拔，有机质含量高，钾的淋失少。

（4）从土壤pH值看，不同pH值组的植烟土壤全钾含量平均在15.06～15.79g/kg，差异不显著。

（5）土壤有机质含量看，不同有机质含量组的植烟土壤全钾含量平均在13.47～

图 2-40　植烟土壤样本采集分布示意

17.23g/kg；不同植烟土壤有机质组全钾含量差异极显著，以植烟土壤有机质在（−∞，1）和［1.5，2.0）的全钾相对较高，有机质在［4.0，4.5）和［4.5，+∞）的土壤全钾相对较低。

（6）湘西州植烟土壤全钾含量总体上呈斑块状分布态势，但具有南北高和中部低的趋势。IDW 插值法绘制的空间分布图可直观地描述湘西主产烟区植烟土壤全钾含量的分布格局，这对烟田的分区管理和因地施肥具有重要的指导意义。

（7）湘西烟区以喀斯特地貌为主，土地资源结构主要为石山坡地，母岩造壤能力差，在土壤受侵蚀不强烈的情况下，土壤发育良好，土层深厚，土壤全钾含量较高，有利于优质烟叶生产。由于土壤资源缺乏，长期将烟叶生产发展的重点放在喀斯特洼地和谷地，这对承载力较低的喀斯特生态系统来说容易造成环境退化。部分土壤受到强烈侵蚀，各种物理性状变差，土层变薄，有机质含量降低，土壤中钾淋失严重，造成烟叶产量和质量降低，烟叶风格弱化，已制约烟叶生产可持续发展。因此，必须加大水土保持力度，提高土壤的抗蚀能力；少部分钾含量偏低的植烟土壤，在生产上要注意补充钾肥，特别是在烟叶生长后期应重视钾肥施用。推广"专用肥+硝酸钾"施肥模式，提高钾肥的利用效率；与此同时，加强田间管理，搞好开沟排水工作，减少钾肥流失，形成有利于生态环境改善与资源持续利用的发展机制，以促进湘西烟区烟叶生产和经济稳步发展。

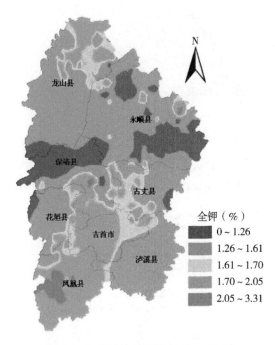

图 2-41　植烟土壤全钾空间分布示意

第七节　植烟土壤速效钾含量分布及影响因素研究

一、研究目的

全钾含量只是反映了土壤钾素的贮量状况，速效钾虽只占土壤全钾的 2% 左右，但其反映的是易被作物吸收利用的钾，其含量高低常被作为判断植烟土壤钾素丰缺的重要指标。湘西土家族苗族自治州位于 109°10′E~110°23E′，27°44′N~29°38′N，地处云贵高原向东部平原过渡区域的武陵山区，区内喀斯特地貌发育良好，具有典型的岩溶性土壤类型，属亚热带季风性湿润气候区。年均日照时数为 1 152~1 391h，年降水量 1 284~1 417mm，年平均气温为 16.0~17.0℃，日平均气温 ≥10℃ 积温 4 995~5 340℃，持续天数 237~245d。湘西辖吉首市和龙山县、永顺县、凤凰县、花垣县、保靖县、古丈县、泸溪县 8 个县（市），耕地面积（$1.74×10^5$）hm^2，基本烟田（$3.07×10^5$）hm^2，烟田占耕地面积比例为 17.65%，绝大部分位于喀斯特地貌区。影响土壤性质的程度与土地利用方式和当地的环境因素密切相关，主要为喀斯特地形地貌的湘西烟区，其植烟土壤速效钾含量特征的系统分析，特别是植烟土壤速效钾空间分布及其影响因素的研究较少报道。以湘西植烟土壤为材料，研究其速效钾含量分布状况及空间分布特征，并侧重分析前茬作物、土壤类型、海拔高度、pH 值、有机质等因素对其影响，以期为植烟土壤钾素养分管理及特色优质烟叶开发提供理论依据。

二、材料与方法

(一) 土壤样品采集与处理

于 2011 年在湘西的永顺县、龙山县、凤凰县、保靖县、泸溪县、花垣县、古丈县等 7 个植烟县、81 个乡镇中的烟叶专业村和具有烟叶种植发展潜力的 375 个村，采集具有代表性的耕作层土样 488 个。在烤烟移栽前集中采集土壤样品，同时避开雨季。种植面积在 20hm² 左右采集一个土样，不足 20hm² 的行政村也采集一个土壤。采用土钻钻取耕层深度为 20cm 的土样，每个地块一般取 10~15 个小样点（即钻土样）土壤，制成 1 个 0.5kg 左右的混合土样。每个小样点的采土部位、深度、数量应力求一致。采样时要避开沟渠、林带、田埂、路边、旧房基、粪堆底以及微地形高低不平等无代表性地段。田间采样登记编号，经过风干、磨细、过筛、混匀等预处理后，装瓶备测。在样品采集的过程中用 GPS 确定采用点地理坐标和海拔高度，记录土壤类型、前茬作物类型等。室内样品检测在湖南农业大学资环学院进行。

(二) 土壤速效钾、pH 值、有机质测定方法

植烟土壤速效钾采用乙酸铵浸提—火焰光度法测定。采用重铬酸钾容量法测定植烟土壤有机质，采用 pH 计法（土水比为 1.0 : 2.5）测定 pH 值。

(三) 统计分析方法

(1) 植烟土壤速效钾含量分级。参照相关研究，结合南方烟区植烟土壤特点，将植烟土壤速效钾含量分为极低（<80.00mg/kg）、低（80.00~160.00mg/kg）、适宜（160.01~240.00mg/kg）、丰富（240.01~350.00mg/kg）、极丰富（>350.00mg/kg）等 5 级。

(2) 植烟土壤速效钾含量空间分布图绘制。采用 SPSS 17.0 软件中的探索分析法（Explore）剔除异常离群数据，利用 ArcGIS 9 软件的地统计学模块（Geostatistical analyst），以 IDW 法（Inverse distance weighting，反距离加权插值）插值绘制湘西植烟土壤速效钾含量的空间分布图。

三、结果与分析

(一) 植烟土壤速效钾含量总体分布状况

由表 2-9 可知，湘西植烟土壤速效钾含量总体上属适宜水平，平均值为 183.68mg/kg，变幅为 22.59~533.33mg/kg，变异系数为 51.78%，属强变异。湘西植烟土壤速效钾含量处于适宜范围内的样本占 27.10%，"低"的植烟土壤样本为 36.14%，"极低"的植烟土壤样本为 11.70%，"丰富"的样本为 18.28%，"极丰富"的植烟土壤样本为 6.78%。由此可见，湘西大部分植烟土壤速效钾处于缺乏或潜在缺乏状态，钾素营养的供给严重不足，可能是由于黏土矿物对钾的固定、钾钙拮抗作用及钾素随水流失所致，合理、科学施用钾肥是优质烤烟生产的重要措施。

表 2-9　湘西植烟土壤速效钾含量分布

区域	样本数	均值±标准差 (mg/kg)	变幅 (mg/kg)	变异系数 (%)	土壤交换性钾含量分布频率（%）				
					$(-\infty, 80)$	$[80, 160)$	$[160, 240)$	$[240, 350)$	$[350, +\infty)$
保靖	38	177.65±73.45AB	67.04～371.18	41.35	7.89	36.84	36.84	15.79	2.63
凤凰	50	163.83±78.75BC	60.84～485.70	48.07	4.00	52.00	30.00	10.00	4.00
古丈	62	117.90±71.68CD	24.08～311.49	60.79	37.10	35.48	20.97	6.45	0.00
花垣	42	126.16±47.33CD	50.25～246.42	37.52	21.95	53.66	21.95	2.44	0.00
龙山	132	219.77±104.52A	38.59～522.56	47.56	4.55	32.58	25.00	25.00	12.88
泸溪	18	95.12±51.81D	22.59～214.90	54.47	55.56	33.33	11.11	0.00	0.00
永顺	146	214.41±88.56A	44.14～533.33	41.30	2.74	29.45	31.51	27.40	8.90
湘西	488	183.68±95.11	22.59～533.33	51.78	11.70	36.14	27.10	18.28	6.78

　　7 个主产烟县植烟土壤速效钾含量平均在 95.12～214.41mg/kg，按从高到低依次为：永顺县>龙山县>保靖县>凤凰县>花垣县>古丈县>泸溪县；其中，花垣县、古丈县和泸溪县植烟土壤速效钾含量平均值在 160mg/kg 以下。方差分析结果表明，不同县之间的植烟土壤速效钾含量差异达极显著水平（F = 19.505；sig. = 0.000），经 Duncan 多重比较，永顺县和龙山县植烟土壤速效钾含量极显著高于凤凰县、花垣县、古丈县、泸溪县等县。7 个县植烟土壤速效钾含量的变异系数为 37.52%～60.79%，为中等强度或强变异；其中，古丈县和泸溪县的植烟土壤速效钾含量的变异系数在 50% 以上，属强变异。7 个主产烟县植烟土壤速效钾含量适宜样本比例在 11.11%～36.84%，县际之间差异较大。

（二）植烟土壤速效钾含量空间分布

　　采用反距离加权平均差值法，以插值点为中心，在 2.82km 范围内搜索待插值点，搜索范围内参与插值的样本点数量为 15 个，权重为 2，速效钾含量空间分布见图 2-42。从图中可知，湘西植烟土壤速效钾含量总体上有从西北向东南方向递减的分布趋势。以速效钾含量 137.48～212.67mg/kg 为主要分布面积；其次为速效钾含量 212.67～355.13mg/kg 的分布面积，但分布较分散；以速效钾含量 22.59～97.97mg/kg 的分布面积也较大，但比较集中；而速效钾含量 97.79～137.48mg/kg 的分布面积以插花状分布于全州。在古丈县和泸溪县是一个植烟土壤有效钾含量低值区。

（三）作物前茬对植烟土壤速效钾含量的影响

　　分别统计主要前茬作物（10 个样本以上）的植烟土壤速效钾含量的平均值和适宜

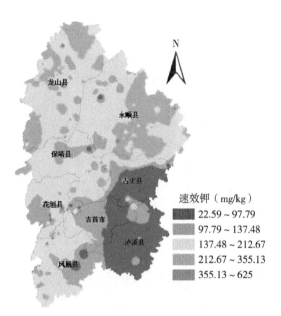

图 2-42 植烟土壤速效钾含量空间分布示意

样本比例，结果见图 2-43。7 个主要前茬作物的植烟土壤速效钾含量平均在 86.48 ~

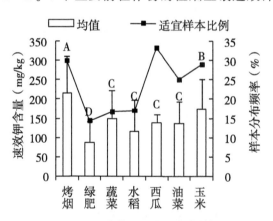

图 2-43 不同前茬作物的土壤速效钾含量

215.59mg/kg，按从高到低依次为：烤烟>玉米>蔬菜>西瓜>油菜>水稻>绿肥。方差分析结果表明，不同前茬作物的植烟土壤速效钾含量差异达极显著水平（F = 12.946；sig. = 0.000），经 Duncan 多重比较，前茬为烤烟和玉米的土壤速效钾含量极显著地高于其他作物前茬土壤，绿肥前茬的土壤速效钾含量极显著低于其他作物前茬。这可能与烤烟、玉米种植一般人工施钾较多，而绿肥种植一般不施肥有关。7 个主要前茬作物的植烟土壤速效钾含量适宜样本比例在 14.29% ~ 33.33%，不同前茬作物之间差异较大，按从高到低依次为：西瓜>烤烟>玉米>油菜>水稻>蔬菜>绿肥。

（四）土壤类型对植烟土壤速效钾含量的影响

分别统计主要植烟土壤类型的速效钾含量的平均值和适宜样本比例，结果见图2-44。6个主要植烟土壤类型的速效钾含量平均在130.57~255.37mg/kg，按从高到低依次为：黄棕壤>黄壤>石灰土>红壤>水稻土>红灰土。方差分析结果表明，不同植烟土壤类型的速效钾含量差异达极显著水平（F=12.725；sig.=0.000），经Duncan多重比较，黄棕壤土壤的速效钾含量极显著地高于其他土壤类型。6个主要植烟土壤类型的速效钾含量适宜样本比例在15.38%~39.44%，不同土壤类型之间差异较大，按从低到高依次为：石灰土>黄壤>黄棕壤>水稻土>红灰土>红壤。

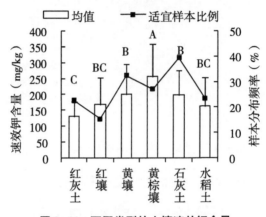

图2-44 不同类型的土壤速效钾含量

（五）海拔高度对植烟土壤速效钾含量的影响

湘西植烟土壤样本采集地点的海拔在102.80~1 287.20m，按100m的组距分为12个海拔高度组，分别统计不同海拔高度组的植烟土壤速效钾含量的平均值，结果见图2-45。12个海拔高度组的植烟土壤速效钾含量平均在110.22~251.34mg/kg，有随海拔高度的升高而速效钾含量增高的趋势（回归方程为 $\hat{y}_{速效钾} = 0.154x_{海拔} + 86.12$，$R^2 = 0.804^{**}$）。

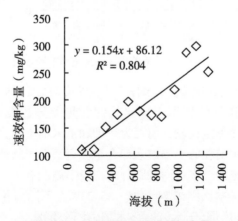

图2-45 不同海拔土壤速效钾含量

（六）土壤 pH 值对植烟土壤速效钾含量的影响

将土壤样本的 pH 值按 $(-\infty, 4.5)$、$[4.5, 5.0)$、$[5.0, 5.5)$、$[5.5, 6.0)$、$[6.0, 6.5)$、$[6.5, 7.0)$、$[7.0, +\infty)$ 分为 7 组，分别统计不同 pH 值组的植烟土壤速效钾含量的平均值，结果见图 2-46。7 个 pH 值组的植烟土壤速效钾含量平均在 159.91~243.83mg/kg，有随 pH 的升高植烟土壤速效钾含量升高的趋势（回归方程为 $\hat{y}_{速效钾} = 25.73x_{pH} + 39.91, R^2 = 0.760^{**}$）。

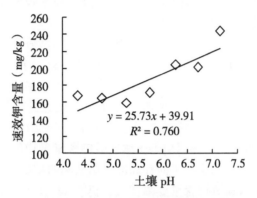

图 2-46　不同 pH 值的土壤速效钾含量

（七）土壤有机质对植烟土壤速效钾含量的影响

将土壤样本的有机质含量按 $(-\infty, 1)$、$[1, 1.5)$、$[1.5, 2.0)$、$[2.0, 2.5)$、$[2.5, 3.0)$、$[3.0, 3.5)$、$[3.5, 4.0)$、$[4.0, 4.5)$、$[4.5, +\infty)$ 分为 9 组，分别统计不同有机质含量组的植烟土壤速效钾含量的平均值和适宜样本比例，结果见图 2-47。9 个有机质含量组的植烟土壤速效钾含量平均在 132.39~218.08mg/kg，有随有机质含量的升高植烟土壤速效钾含量升高的趋势（回归方程为 $\hat{y}_{速效钾} = 2.317x_{有机质} + 130.5, R^2 = 0.855^{**}$）。

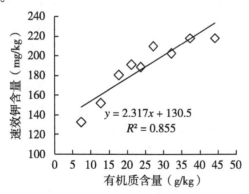

图 2-47　不同有机质的土壤速效钾含量

四、讨论与结论

（1）湘西植烟土壤速效钾含量的空间变化特征。湘西植烟土壤速效钾含量具有从西北向东南方向递减的空间变化特征。IDW 插值法绘制的空间分布图可直观地描述湘西主产烟区植烟土壤速效钾含量的分布格局，这对烟田的分区管理和因地施肥具有重要的指导意义。IDW 插值法属于确定性插值法，对空间尺度较小的局部地区来说，与Kriging 插值法比较，样本点处的插值结果更好的接近样本点的实际速效钾含量，对湘西植烟土壤速效钾含量进行估值的效果更佳。

（2）与全国其他烟区的土壤速效钾含量差异。土壤养分含量丰缺诊断是科学施肥的核心。在不同烟区，由于土壤类型、气候等条件的差异，建立的烤烟土壤养分丰缺指标是不同的。陈江华等（2004）对全国主要烟区土壤养分丰缺评价中以土壤速效钾含量在 150.00~220.00mg/kg 为适宜，黄树会（2006）认为云南植烟土壤速效钾含量以 100.00~150.00mg/kg 为适宜，罗建新（2005）认为湖南植烟土壤速效钾含量以 160.00~240.00mg/kg 为适宜。湘西植烟土壤速效钾含量平均值为 183.675mg/kg，变幅为 22.592~533.333mg/kg，无论采用何种标准，单从湘西植烟土壤速效钾含量平均值来看并不缺乏，但植烟土壤速效钾含量变幅较大，仍有 11.70% 的植烟土壤样本处于缺钾状态。

（3）从不同前茬作物看，前茬为烤烟和玉米的土壤速效钾含量（特别是烤烟）极显著地高于其他作物前茬土壤，绿肥前茬的土壤速效钾含量极显著低于其他作物前茬。造成这种差异可能与烤烟生产中大量施用钾肥有关。一般烤烟施钾量为 396.00kg/hm²，玉米的施钾量为 52.50kg/hm²，蔬菜的施钾量为 130.00kg/hm²，西瓜施钾量为 120.00kg/hm²，油菜施钾量为 100.00kg/hm²，水稻施钾量为 105.00kg/hm²，绿肥种植一般不施钾肥，且取样时绿肥还没还田。

（4）从土壤类型看，植烟土壤速效钾含量在一定程度上与成土母质和土壤类型有关。王镇等（2011）在对巴东烟区的研究认为植烟土壤速效钾以棕壤含量最高，黄棕壤次之，石灰土最小；王得强等（2008）在对湖北十堰烟区不同土壤类型的肥力状况分析时认为石灰土速效钾含量最高，依次为棕壤、黄棕壤、紫色土；王晖等（2006）在对贵州烟区紫色土与其他土壤类型养分特点的分析结果有效钾含量却以黄棕壤最高，紫色土最低；本研究结果表明湘西黄棕壤土壤的速效钾含量极显著地高于其他土壤类型。这些研究结果虽然存在差异，但有一个共同点是黄棕壤速效钾含量较高，这可能与黄棕壤质地黏重，钾不易被淋失有关，也可能与黄棕壤的有机质含量较高有关。

（5）从海拔看，王镇等（2011）、曾庆宾等（2012）、焦敬华等（2007）的研究认为植烟土壤速效钾有随海拔升高而升高的趋势，这与本研究结果是一致的。在湘西烟区的高海拔地区，一般为一年一熟，农业耕作较少，土壤环境基本上处于半封闭状态，各种动、植物残体在微生物作用下分解后基本在原地保存，土壤有机质基本未受到破坏。高海拔，有机质含量高（刘逊等，2012），钾的淋失少。

（6）从 pH 值看，尤开勋等（2011）对宜昌市植烟土壤酸化特点与成因分析认为在土壤酸化过程中，养分钾的有效性大幅度提高，这与本研究结果相反。湘西植烟土壤速效钾含量在不同 pH 值组间存在着极显著差异，有随 pH 值的升高植烟土壤速效钾含量升高的趋势。土壤中钾的有效性主要受到吸附固定的影响，而 pH 值对其吸附固定的影响很大。这是因为在低 pH 值条件下，土壤胶体的 K 饱和度由于土壤实际的 CEC 降低，以及 H_3O^+ 和 Al^{3+} 与 K^+ 竞争而会降低。而且随着 K^+ 饱和度的降低，K^+ 的有效度亦降低（尤其是施钾量低的南方烟区，在烟株生长的后期会更突出）。因此，施石灰使土壤 pH 值升至中性可提高钾的有效性，但应考虑引入的 Ca^{3+} 对 K^+ 吸收的负面影响（张伟等，2007）。

（7）从土壤有机质看，植烟土壤速效钾含量在不同有机质组间存在着极显著差异，有随有机质含量的升高植烟土壤速效钾含量升高的趋势。有机质含有多种微量元素，能与钾产生吸附、螯合等作用，并可通过微生物作用提高土壤中钾的有效性（黎成厚等，1999）。因此，适当的补充有机肥料将对提高钾的有效性具有重要的作用。不仅能增加土壤中有机质含量，还能固定钾使其免受淋洗，矿化后又能将其释放，增加速效钾的含量，可以起到一举多得的效果。

（8）湘西烟区以喀斯特地貌为主，土地资源结构主要为石山坡地，母岩造壤能力差，在土壤受侵蚀不强烈的情况下，土壤发育良好，土层深厚，土壤速效钾含量较高，有利于优质烟叶生产。由于土壤资源缺乏，长期将烟叶生产发展的重点放在喀斯特洼地和谷地，这对承载力较低的喀斯特生态系统来说容易造成环境退化。部分土壤受到强烈侵蚀，各种物理性状变差，土层变薄，有机质含量降低，土壤中速效钾淋失严重，造成烟叶产量和质量降低，烟叶风格弱化，已制约烟叶生产可持续发展。因此，必须加大水土保持力度，提高土壤的抗蚀能力；在少部分速效钾含量偏低的植烟土壤，在生产上要注意补充钾肥，特别是在烟叶生长后期应重视钾肥施用。推广"专用肥+硝酸钾"施肥模式，提高钾肥的利用效率；与此同时，加强田间管理，搞好开沟排水工作，减少钾肥流失，形成有利于生态环境改善与资源持续利用的发展机制，以促进湘西烟区烟叶生产和经济稳步发展。

第八节　植烟土壤交换性镁含量及其空间分布研究

一、研究目的

镁是烟草必需的营养元素，适量的镁可促进烟草的生长发育，有利于烟叶内在品质的提高。镁营养不足时，烟叶叶片失绿，光合强度下降，碳水化合物、脂肪、蛋白质的合成受阻，影响烟草产量和品质。缺镁烟叶调制后光泽差、油分差、无弹性、燃烧性差、燃烧后烟灰呈暗灰色、烟灰凝结性差。随着烟区作物复种指数的提高，以及不科学的耕种制度和施肥措施（特别是钾肥用量），导致越来越多的植烟土壤表现出镁营养供应不足的现象，使镁素成为限制烟草产量和质量的重要因素之一。因此，在研究湘西植烟土壤交换性镁含量分布特点的基础上，侧重分析土壤类型、海拔对植烟土壤交换性镁含量的影响及湘西州植烟土壤交换性镁含量空间分布特点，为湘西烟区的植烟土壤改良和平衡施肥以及特色优质烟叶开发提供理论依据。

二、材料与方法

（一）样品采集

在湘西州的 7 个植烟县（永顺县、龙山县、凤凰县、保靖县、泸溪县、花垣县、古丈县）采集具有代表性的耕作层土样 488 个。种植面积在 20hm² 左右采集一个土样。土壤样品的采集时间均统一选在烤烟移栽前的第 2 个月内完成，同时避开雨季。采用土钻钻取，采多点混合土样，取耕层土样深度为 20cm。每个地块一般取 10～15 个小样点（即钻土样）土壤，制成 1 个 0.5kg 左右的混合土样。田间采样登记编号，经过风干、磨细、过筛、混匀等预处理后，装瓶备测定分析用。样品采集的同时用 GPS 确定采用点地理坐标和海拔高度。

（二）土壤交换性镁测定方法

植烟土壤交换性镁采用醋酸铵浸提–原子吸收分光光度法测定。

（三）统计分析方法

（1）植烟土壤镁含量分级。在综合分析湖南烟区烟草生产实际和多年烟草施肥试验后，将植烟土壤镁含量分为极缺乏（<50mg/kg）、缺乏（50.1～100mg/kg）、适宜（100.1～200mg/kg）、丰富（200.1～400mg/kg）、极丰富（>500mg/kg）等 5 级。

（2）植烟土壤镁含量空间分布图绘制。原始数据处理及分析采用 SPSS 17.0 软件进行，探索分析法（Explore）剔除异常离群数据，K-S 法检测数据正态性，用 ArcGIS 9 软件中的地统计学模块的 Kriging 插值方法绘制植烟土壤镁含量的空间分布图。

三、结果与分析

（一）湘西州植烟土壤交换性镁含量的分布状况

由表 2-10 可知，湘西州植烟土壤交换性镁含量总体适宜，平均值为 177.76mg/kg，变幅为 30.03～348.83mg/kg，变异系数为 54.24%，属中等强度变异。湘西州植烟土壤交换性镁处于适宜范围内的样本占 32.38%；"缺乏"和"极缺乏"的植烟土壤样本之和为 28.69%，生长在这些土壤的烟株有可能出现缺镁症状；镁含量"极丰富"的植烟土壤样本为 0.00%，而"丰富"的植烟土壤样本为 38.93%，在这些土壤上可能会出现镁影响烤烟吸收其他阳离子，特别是对钾吸收的拮抗作用。

（二）植烟土壤交换性镁含量的县际间差异

由表 2-10 可知，7 个主产烟县植烟土壤交换性镁含量平均在 98.89～215.73mg/kg，按从高到低依次为：保靖县>凤凰县>龙山县>永顺县>花垣县>泸溪县>古丈县，其中保靖县、凤凰县和龙山县植烟土壤交换性镁含量属丰富水平，古丈县植烟土壤交换性镁含量属缺乏水平。方差分析结果表明，不同县之间的植烟土壤交换性镁含量差异达极显著水平（F=14.959；sig.=0.000），经 Duncan 多重比较，保靖县、龙山县、凤凰县、永顺县植烟土壤交换性镁含量较高，与泸溪县、古丈县植烟土壤交换性镁含量达极显著差异。7 个县植烟土壤交换性镁含量的变异系数从大到小排序为：花垣县>永顺县>古丈县>龙山县>保靖县>凤凰县>泸溪县，各县植烟土壤交换性镁含量的变异系数为中等强度变异。7 个主产烟县植烟土壤交换性镁含量适宜样本比例在 26.19%～44.00%，县际之间差异较大，按从低到高依次为：凤凰县>泸溪县>古丈县>龙山县>永顺县>保靖县>花垣县。

表 2-10　湘西州植烟土壤交换性镁含量分布

区域	样本数	均值±标准差（mg/kg）	变幅（mg/kg）	变异系数（%）	土壤交换性镁含量分布频率（%）				
					(-∞, 50)	[50, 100)	[100, 200)	[200, 400)	[400, +∞)
保靖	38	215.73±91.74A	39.05～333.23	42.52	2.63	13.16	26.32	57.89	0.00
凤凰	50	211.14±80.02A	71.80～348.83	37.90	0.00	8.00	44.00	48.00	0.00
古丈	62	98.89±52.61C	35.98～278.33	53.20	12.90	46.77	37.10	3.23	0.00
花垣	42	152.39±95.10BC	30.03～318.36	62.41	11.90	30.95	26.19	30.95	0.00
龙山	132	204.17±93.75A	39.68～332.10	45.91	2.27	16.67	31.06	50.00	0.00
泸溪	18	105.57±33.11C	50.03～180.10	31.36	0.00	0.00	38.89	61.11	0.00
永顺	146	182.25±101.06AB	33.11～340.98	55.45	4.79	24.66	27.40	43.15	0.00
湘西州	488	177.76±96.42	30.03～348.83	54.24	4.92	23.77	32.38	38.93	0.00

（三）不同植烟土壤类型交换性镁含量差异

分别统计主要植烟土壤类型的交换性镁含量的平均值和适宜样本比例（表 2-11）。8 个植烟土壤类型的交换性镁含量平均在 148.29～222.47mg/kg，按从高到低依次为：灰黄棕土>灰黄泥>灰黄土>浅灰黄泥>红壤>石灰土>黄壤>水稻土；其中，灰黄棕土和灰黄泥植烟土壤交换性镁含量属丰富水平，其他为适宜水平。方差分析表明，不同植烟土壤类型的交换性镁含量差异达显著水平（F＝3.952；sig.＝0.001），经 Duncan 多重比较，灰黄棕土的交换性镁含量显著高于水稻土，其他土壤类型之间交换性镁含量差异不显著。

表 2-11　湘西州不同植烟土壤类型交换性镁含量分布

土壤类型	样本数	均值±标准差（mg/kg）	变幅（mg/kg）	变异系数（%）	土壤交换性镁含量分布频率（%）				
					(-∞, 50)	[50, 100)	[100, 200)	[200, 400)	[400, +∞)
红壤	22	184.26±94.11AB	55.00～331.98	51.08	0.00	22.73	36.36	40.91	0.00

（续表）

土壤类型	样本数	均值±标准差（mg/kg）	变幅（mg/kg）	变异系数（%）	土壤交换性镁含量分布频率（%）				
					(−∞, 50)	[50, 100)	[100, 200)	[200, 400)	[400, +∞)
黄壤	19	171.07±91.07AB	65.73~332.05	53.24	0.00	26.32	50.37	23.32	0.00
灰黄泥	42	200.02±91.53AB	30.03~348.83	45.76	2.38	19.05	30.57	48.00	0.00
灰黄土	52	189.39±100.17AB	40.00~332.10	52.89	1.92	25.00	34.62	38.46	0.00
灰黄棕土	46	222.47±85.03A	52.50~329.80	38.22	0.00	6.52	32.61	60.87	0.00
浅灰黄泥	35	184.74±90.81AB	41.23~337.38	49.16	5.71	14.29	37.14	42.86	0.00
石灰土	48	175.68±99.26AB	49.28~340.98	56.50	4.17	27.08	31.25	37.50	0.00
水稻土	139	148.29±94.17B	33.11~339.30	63.50	8.63	32.37	30.94	28.06	0.00

8个植烟土壤类型的交换性镁含量适宜样本比例在30.57%~50.37%，按从低到高依次为：黄壤>浅灰黄泥>红壤>灰黄土>灰黄棕土>石灰土>水稻土>灰黄泥；其中黄壤的交换性镁含量适宜比例在50%以上，其他土壤类型交换性镁含量适宜比例在30%~40%。灰黄泥和灰黄棕土的交换性镁含量较丰富，达到丰富程度的样本在50%以上。

（四）不同海拔植烟土壤交换性镁含量差异

将土壤样本采集地点的海拔按（−∞，400m）、[400m，600m)、[600m，800m)、[800m，1 000m)、[1 000m，+∞）分为5个海拔高度组，分别统计不同海拔高度的植烟土壤交换性镁含量的平均值和适宜样本比例，结果见表2-12。5个海拔高度的植烟土壤交换性镁含量平均在123.26~223.59mg/kg，以海拔高度在大于1 000m的土壤组交换性镁含量最高，依次为600~800m、800~1 000m、400~600m、小于400m。方差分析结果表明，不同海拔高度的植烟土壤交换性镁含量差异达极显著水平（F=9.715；sig.=0.000），大于1 000m海拔高度组植烟土壤交换性镁含量极显著高于400~600m、小于400m等2个海拔高度组。海拔高度与交换性镁的简单相关分析（相关系数为$r=0.254$，sig.=0.000）表明达极显著正相关。5个海拔高度组植烟土壤交换性镁含量的变异系数在36.99%~59.62%，为中等强度变异，以海拔高度在小于400m的土壤组交换性镁含量变异系数最大，依次为400~600m、800~1 000m、600~800m、大于1 000m。5个海拔高度组的植烟土壤交换性镁含量适宜样本比例在26.09%~40.30%，不同海拔高度组之间差异较大，以海拔高度小于400m的土壤组交换性镁含量适宜样本比例最高，依次为600~800m、大于1 000m、400~600m、800~1 000m。

表 2-12　湘西州不同海拔植烟土壤交换性镁含量分布

海拔 （m）	样本数	均值± 标准差 （mg/kg）	变幅 （mg/kg）	变异系数 （%）	土壤交换性镁含量分布频率（%）				
					$(-\infty,$ 50）	[50， 100）	[100， 200）	[200， 400）	[400 ，+∞）
<400	67	123.26± 73.49C	39.33～ 324.58	59.62	7.46	38.81	40.30	13.43	0.00
400～ 600	178	171.27± 99.29BC	33.11～ 340.98	57.97	5.59	27.93	27.37	39.11	0.00
600～ 800	131	193.50± 88.92AB	39.68～ 348.83	45.95	4.58	14.50	38.17	42.75	0.00
800～ 1 000	69	189.74± 106.49AB	30.03～ 339.99	56.13	4.35	27.54	26.09	42.03	0.00
>1 000	43	223.59± 82.71A	87.73～ 329.80	36.99	0.00	4.76	33.33	61.90	0.00

（五）植烟土壤交换性镁含量空间分布

为进一步了解湘西州植烟土壤交换性镁含量的生态地理分布差异，采用 ArcGIS 9 软件绘制了湘西州植烟土壤交换性镁含量空间分布图，见图 2-48。湘西州植烟土壤交换性镁含量呈有规律分布，总体上是西北部高于东南部。在龙山县的北部、永顺县的东部、保靖县的东部、花垣县的西部各有一个高值区，在永顺县的北部、古丈县的东部、泸溪县西部和凤凰县的东部各有一个低值区。

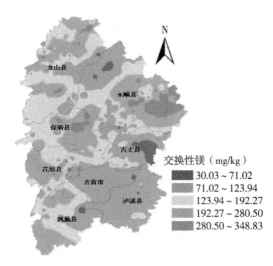

交换性镁（mg/kg）
- 30.03～71.02
- 71.02～123.94
- 123.94～192.27
- 192.27～280.50
- 280.50～348.83

图 2-48　植烟土壤交换性镁含量空间分布示意

四、讨论与结论

湘西州植烟土壤交换性镁含量总体上适宜，但不同县之间的植烟土壤交换性镁含量差异达极显著水平，有 24.38% 的土壤样本可能出现缺镁症状。单从湘西州及各县植烟土壤交换性镁含量平均值来看并不缺乏，但由于阳离子的拮抗作用，或多或少存在土壤交换性镁不足及潜在性缺乏的植烟土壤。因此，在钾肥施用时应配施适当镁肥，避免因钾和镁的拮抗作用引起烟草缺镁。对于个别有缺镁症状发生烟田，镁补充最好采用叶面喷施硫酸镁水溶液，施用时间在烤烟移栽成活到旺长前期这段时间内为好。

在湘西州，植烟水稻土的交换性镁含量较低。湘西州植烟土壤交换性镁含量有随海拔升高而升高的趋势。低海拔烟区大多是水稻土，由于复种指数高，作物从土壤中携走的镁数量不断增加，又因大量地施用 N、P、K 肥，土壤镁素得不到有效补充。因此，低海拔烟区，特别是低海拔烟区的水稻土更应重视补施镁肥。

采用 Kriging 插值绘制的等值线图直观地描述了湘西州主产烟区植烟土壤交换性镁含量的分布格局，这对烟田的分区管理和因地施肥具有重要的指导意义。从整体上看，湘西州植烟土壤交换性镁含量呈有规律地分布，在龙山县的北部、永顺县的东部、保靖县的东部、花垣县的西部各有一个高值区，在永顺县的北部、古丈的东部、泸溪县西部和凤凰县的东部各有一个低值区。造成这种差异的主要原因同当地复杂的地形地貌特点、气候的立体差异性以及人类活动有直接的联系。

本研究结果表明，①湘西州植烟土壤交换性镁含量总体上适宜，平均值为 177.76mg/kg，变异系数为 54.24%，处于适宜范围内的样本占 32.38%。②不同县之间的植烟土壤交换性镁含量差异达极显著水平，保靖县、龙山县和凤凰县植烟土壤交换性镁含量属丰富水平，古丈县植烟土壤交换性镁含量属缺乏水平。③不同植烟土壤类型的交换性镁含量差异达显著水平，灰黄棕土的交换性镁含量显著高于水稻土。④不同海拔高度的植烟土壤交换性镁含量差异达极显著水平，湘西州植烟土壤交换性镁含量有随海拔升高而升高的趋势。⑤植烟土壤交换性镁含量 Kriging 插值图显示，湘西州植烟土壤交换性镁含量呈有规律地分布，在龙山县的北部、永顺县的东部、保靖县的东部、花垣县的西部各有一个高值区，在永顺县的北部、古丈县的东部、泸溪县西部和凤凰县的东部各有一个低值区。

第九节　植烟土壤交换性钙含量及其空间分布研究

一、研究目的

钙是烤烟生长需要量较大的中量元素，在协调和平衡烤烟对各种矿质营养吸收方面起着重要作用。钙也是构成烟叶灰分的主要成分之一，钙含量高的烟叶往往表现过厚、粗糙、僵硬，工业可用性低。植烟土壤钙含量多少及有效性高低不仅直接影响烤烟的正常生长发育，且由于元素间的相互促进和拮抗作用会影响到烤烟的其他元素营养。因此，在研究湘西州植烟土壤钙含量分布特点的基础上，侧重分析了土壤类型、海拔对植烟土壤钙含量的影响及湘西州植烟土壤钙含量空间分布特点，为湘西烟区的植烟土壤改良和平衡施肥以及特色优质烟叶开发提供理论依据。

二、材料与方法

(一) 样品采集

在湘西州主要烟区的 7 个植烟县（永顺县、龙山县、凤凰县、保靖县、泸溪县、花垣县、古丈县）采集具有代表性的耕作层土样 488 个。种植面积在 20hm² 左右采集一个土样。土壤样品的采集时间均统一选在烤烟移栽前的第 2 个月内完成，同时避开雨季。采用土钻钻取，采多点混合土样，取耕层土样深度为 20cm。每个地块一般取 10～15 个小样点（即钻土样）土壤，制成 1 个 0.5kg 左右的混合土样。田间采样登记编号，经过风干、磨细、过筛、混匀等预处理后，装瓶备测定分析用。样品采集的同时用 GPS 确定采用点地理坐标和海拔高度。

(二) 土壤交换性钙测定方法

植烟土壤交换性钙采用醋酸铵浸提-原子吸收分光光度法测定。

(三) 统计分析方法

(1) 植烟土壤钙含量分级。将植烟土壤钙含量分为极缺乏（<400mg/kg）、缺乏（400.00～800mg/kg）、适宜（800.01～1 200mg/kg）、丰富（1 200.01～2 000mg/kg）、极丰富（>2 000mg/kg）等 5 级。

(2) 植烟土壤钙含量空间分布图绘制。原始数据处理及分析采用 SPSS 17.0 软件进行，探索分析法（Explore）剔除异常离群数据，K–S 法检测数据正态性，用 ArcGIS 9 软件中的地统计学模块的 Kriging 插值方法绘制植烟土壤钙含量的空间分布图。

三、结果与分析

(一) 植烟土壤交换性钙含量分布状况

由表 2-13 可知，湘西州植烟土壤交换性钙含量丰富，平均值为 1 688.01mg/kg，变幅为 193.90～6 506.58mg/kg，变异系数为 64.61%，属中等强度变异。湘西州植烟土壤交换性钙处于适宜范围内的样本占 20.29%，"缺乏"和"极缺乏"的植烟土壤样本之和为 18.03%，"丰富"和"极丰富"的植烟土壤样本之和为 61.68%。由此可见，湘西州植烟土壤交换性钙含量大部分达到丰富或极丰富的程度，在这些土壤上可能会出现钙对烤烟吸收其他阳离子，特别对钾、镁吸收的拮抗作用。但有 1.23% 的土壤属于极度缺钙，16.80% 的土壤交换性钙在 400～800mg/kg，也属于缺钙的土壤，生长在这些土壤的烟株有可能出现缺钙症状。

(二) 植烟土壤交换性钙含量的县际间差异

由表 2-13 可知，7 个主产烟县植烟土壤交换性钙含量平均在 1 369.32～2 482.74mg/kg，按从高到低依次为：保靖县>泸溪县>龙山县>永顺县>花垣县>凤凰县>古丈县，其中保靖县、泸溪县植烟土壤交换性钙含量属极丰富水平，龙山县、古丈县、凤凰县、永顺县、花垣县植烟土壤交换性钙含量属丰富水平。方差分析结果表明，不同县之间的植烟土壤交换性钙含量差异达极显著水平（F=5.690；sig.=0.000），经 Duncan 多重比较，保靖县、泸溪县植烟土壤交换性钙含量较高，其中保靖县与其他5个县植烟土壤交换性钙含量达极显著差异；古丈县、凤凰县植烟土壤交换性钙含量较低，与保靖县和泸溪县植烟土壤交换性钙达极显著差异。7个县植烟土壤交换性钙含量的变异系数从大到小排序为：花垣县>永顺县>保靖县>古丈县>龙山县>泸溪县>凤凰县，各县植烟土壤交换性钙含量的变异系数都在40%以上，为中等强度变异。7个主产烟县植烟土壤交换性钙含量适宜样本比例在7.89%~35.48%，县际之间差异较大，按从低到高依次为：古丈县>凤凰县>花垣县>泸溪县>永顺县>龙山县>保靖县。

表 2-13　湘西州植烟土壤交换性钙含量分布

区域	样本数	均值±标准差（mg/kg）	变幅（mg/kg）	变异系数（%）	钙含量区间百分比（%）				
					<400	400.1~800	800.1~1 200	1 200.1~2 000	>2 000
保靖	38	2 482.74±1 568.53A	458.25~5 797.78	63.18	0.00	10.53	7.89	28.95	52.63
凤凰	50	1 415.04±700.62C	258.85~3 195.66	49.51	2.00	14.00	30.00	32.00	22.00
古丈	62	1 369.32±778.45C	442.50~3 887.06	56.85	0.00	24.19	35.48	22.58	17.74
花垣	42	1 571.75±1 201.72BC	326.25~6 506.58	76.46	7.14	11.90	23.81	35.71	21.43
龙山	132	1 744.74±988.80BC	355.00~5 753.46	56.67	0.76	16.67	10.61	41.67	30.30
泸溪	18	2 100.25±1 163.03AB	818.68~4 900.40	55.38	0.00	0.00	22.22	33.33	44.44
永顺	146	1 641.32±1 109.91BC	193.90~5 900.25	67.62	0.68	19.86	21.23	34.25	23.97
湘西州	488	1 688.01±1 090.71	193.90~6 506.58	64.61	1.23	16.80	20.29	34.22	27.46

（三）不同植烟土壤类型交换性钙含量差异

分别统计主要植烟土壤类型的交换性钙含量的平均值和适宜样本比例，结果见表2-14。8个主要植烟土壤类型的交换性钙含量平均在1 236.09~1 928.49mg/kg，按从高到低依次为：红壤>灰黄土>黄壤>石灰土>灰黄泥>水稻土>灰黄棕土>浅灰黄泥。方差分析结果表明，不同植烟土壤类型的交换性钙含量差异达显著水平（F=1.771；sig.=0.049），经Duncan多重比较，红壤、灰黄土和黄壤的交换性钙含量显著高于浅灰黄泥，其他土壤类型之间交换性钙含量差异不显著。

表 2-14　湘西州不同植烟土壤类型交换性钙含量分布

土壤类型	样本数	均值±标准差（mg/kg）	变幅（mg/kg）	变异系数（%）	钙含量区间百分比（%）				
					<400	400.1~800	800.1~1 200	1 200.1~2 000	>2 000
红壤	22	1 928.94±1 444.90a	544.95~5 205.88	74.91	0.00	18.18	22.73	27.27	31.82
黄壤	18	1 818.50±1 615.81a	458.25~5 542.60	88.85	0.00	31.58	15.79	26.32	26.32
灰黄泥	42	1 685.67±876.43ab	562.60~4 166.06	51.99	0.00	11.90	23.81	30.95	33.33
灰黄土	52	1 904.37±1 193.31a	480.45~5 753.46	62.66	0.00	13.46	11.54	44.23	30.77
灰黄棕土	46	1 493.34±669.66ab	525.00~4 168.63	44.84	0.00	21.74	10.87	45.65	21.74
浅灰黄泥	35	1 236.09±612.01b	258.85~3 113.13	49.51	5.71	17.14	28.57	37.14	11.43
石灰土	48	1 696.75±939.24ab	457.86~4 643.46	55.36	0.00	12.50	29.17	27.08	31.25
水稻土	139	1 639.68±1 148.76ab	193.90~5 900.25	70.06	0.72	20.14	22.30	33.09	23.74

　　8 个主要植烟土壤类型的交换性钙含量适宜样本比例在 11.54%~29.17%，不同土壤类型之间差异较大，按从低到高依次为：石灰土>浅灰黄泥>灰黄泥>红壤>水稻土>黄壤>灰黄土>灰黄棕土。其中灰黄土和灰黄棕土的交换性钙含量非常丰富，适宜样本分别只有 11.54%、10.87%，达到丰富或极丰富的程度的样本分别在 75.00%、67.39%。

（四）不同海拔植烟土壤交换性钙含量差异

　　将土壤样本采集地点的海拔按（−∞，400m）、[400m，600m）、[600m，800m）、[800m，1 000m）、[1 000m，+∞）分为 5 个海拔高度组，分别统计不同海拔高度的植烟土壤交换性钙含量的平均值和适宜样本比例，结果见表 2-15。5 个海拔高度的植烟土壤交换性钙含量平均在 1 609.24~1 843.50mg/kg，以海拔高度在 600~800m 的土壤组交换性钙含量最高，依次为小于 400m、400~600m、800~1 000m、大于 1 000m。方差分析结果表明，不同海拔高度的植烟土壤交换性钙含量差异不显著（F = 1.225；sig. = 0.299）。5 个海拔高度组植烟土壤交换性钙含量的变异系数在 44.12%~67.97%，为中等强度变异，以海拔高度在 400~600m 的土壤组交换性钙含量变异系数最大，依次为 800~1 000m、600~800m、大于 1 000m、小于 400m。5 个海拔高度组的植烟土壤交换性钙含量适宜样本比例在 11.90%~26.87%，不同海拔高度组之间差异不大，以海拔高度小于 400m 的土壤组交换性钙含量适宜样本比例最高，依次为 400~600m、600~800m、800~1 000m、大于 1 000m。

表 2-15 湘西州不同海拔植烟土壤交换性钙含量分布

海拔 (m)	样本数	均值± 标准差 (mg/kg)	变幅 (mg/kg)	变异系数 (%)	钙含量区间百分比 (%)				
					<400	400.1~ 800	800.1~ 1 200	1 200.1~ 2 000	>2 000
<400	67	1 751.31± 1 069.91a	442.50~ 5 136.28	61.09	0.00	11.94	26.87	31.34	29.85
400~ 600	178	1 618.83± 1 100.35a	193.90~ 5 900.25	67.97	0.56	22.35	22.35	29.61	25.14
600~ 800	131	1 843.50± 1 188.85a	326.25~ 6 506.58	64.49	2.29	9.16	19.08	38.93	30.53
800~ 1 000	69	1 609.24± 1 085.57a	258.85~ 5 692.41	67.46	2.90	20.29	15.94	31.88	28.99
>1 000	43	1 526.33± 673.49a	545.30~ 4 168.63	44.12	0.00	19.05	11.90	47.62	21.43

（五）植烟土壤交换性钙含量空间分布

为进一步了解湘西州植烟土壤交换性钙含量的生态地理分布差异，将湘西州植烟土壤交换性钙含量进行对数转换后（因土壤交换性钙含量不为正态分布），采用 ArcGIS 9 软件绘制了湘西州植烟土壤交换性钙含量空间分布图，见图 2-49。湘西州植烟土壤交换性钙含量呈有规律的分布，总体上是四周高。在龙山县的北部、永顺县的东部、保靖县的西部、泸溪县的南部各有一个高值区，在永顺县的北部、古丈县的中部、凤凰县的西北部各有一个低值区。

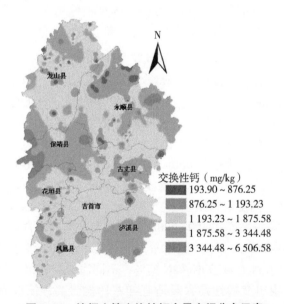

图 2-49 植烟土壤交换性钙含量空间分布示意

四、讨论与结论

土壤中钙素含量变化及含钙肥料的合理施用均能影响土壤理化特性的优劣。随着烟草种植的集中度提高和大量、微量元素肥料投入的增加，烟草钙素营养更表现出其重要性。土壤交换性钙含量是评价土壤供钙能力的一个重要指标，其含量多少及有效性高低既影响烟草的正常生长发育，也会影响烟草对其他元素的吸收。湘西一部分植烟土壤交换性钙含量丰富，有可能会影响烟草对钾、镁的吸收，表现出缺镁和影响烟叶钾含量的提高等现象。上述分析仅是对湘西州植烟土壤交换性钙状况的一些粗浅的分析，由于受取样点的局限和样本数量不够多的影响，其研究结果还有待在生产中进一步证明。

烟叶品质风格的形成是烟草品种基因型和生态环境因素综合作用的结果。烤烟的生长发育以及烟叶最终产量、质量与植烟土壤养分状况有着密切的关系。笔者尝试通过构建植烟土壤交换性钙含量5级分级体系，采用样本分布、县平均值、不同土壤类型平均值、不同海拔高度平均值等形象直观地表达湘西州主产烟区植烟土壤交换性钙含量的描述性统计分析结果，有助于充分了解湘西州主产烟区植烟土壤交换性钙含量的总体状况。

采用Kriging插值绘制的等值线图直观地描述了湘西州主产烟区植烟土壤交换性钙含量的分布格局。总的看来，湘西州主产烟区植烟土壤的交换性钙含量呈现出一定的规律性分布，这对烟田的分区管理和因地施肥具有重要的指导意义。本研究结果表明，湘西州植烟土壤交换性钙含量丰富，平均值为1 795.20mg/kg，处于适宜范围内的样本占19.10%，"缺乏"和"极缺乏"的植烟土壤样本之和为16.02%，"丰富"和"极丰富"的植烟土壤样本之和为64.88%。不同县之间的植烟土壤交换性钙含量差异达极显著水平，保靖县、泸溪县植烟土壤交换性钙含量相对较高，古丈县、凤凰县植烟土壤交换性钙含量相对较低。不同植烟土壤类型的交换性钙含量差异达显著水平，红壤、黄壤和灰黄土的交换性钙相对较高，浅灰黄泥的交换性钙相对较低。不同海拔高度的植烟土壤交换性钙含量差异不显著。湘西州植烟土壤交换性钙含量呈有规律地分布，在龙山县的北部、永顺县的东部、保靖县的西部、泸溪县的南部各有一个高值区，在永顺县的北部、古丈县的中部、凤凰县的西北部各有一个低值区。

第十节 植烟土壤有效硫含量分布及其影响因素研究

一、研究目的

硫是植物必需的营养元素之一，是生命物质的结构组分且参与生物体内许多重要的生化反应，被认为是继氮、磷、钾之后第四位重要的营养元素。土壤有效硫是作物硫素营养的主要来源，对烤烟生长发育和品质形成具有重要意义。当土壤有效硫缺乏时，烟草新叶、上部叶片失绿黄化，叶面呈均匀黄色，下部叶片早衰，生长停滞。当土壤有效硫含量过高时，烤烟的产量降低，烟叶化学成分的协调性差，烤烟的燃烧性、香气质、香气量和吃味均受到不同程度的影响。因此，研究植烟土壤有效硫的状况及其影响因素，对于深入了解土壤的供硫潜力和合理施硫具有重要的指导意义。

二、材料与方法

（一）土壤样品采集与处理

于 2011 年在湘西的永顺县、龙山县、凤凰县、保靖县、泸溪县、花垣县、古丈县等 7 个植烟县、81 个乡镇中的烟叶专业村和具有烟叶种植发展潜力的 375 个村，采集具有代表性的耕作层土样 488 个。在烤烟移栽前集中采集土壤样品，同时避开雨季。种植面积在 20hm² 左右采集一个土样，不足 20hm² 的行政村也采集一个土壤。采用土钻钻取耕层深度为 20cm 的土样，每个地块一般取 10~15 个小样点（即钻土样）土壤，制成 1 个 0.5kg 左右的混合土样。每个小样点的采土部位、深度、数量应力求一致。采样时要避开沟渠、林带、田埂、路边、旧房基、粪堆底以及微地形高低不平等无代表性地段。田间采样登记编号，经过风干、磨细、过筛、混匀等预处理后，装瓶备测。在样品采集的过程中用 GPS 确定采用点地理坐标和海拔高度，记录土壤类型、前茬作物类型等。室内样品检测在湖南农业大学资环学院进行。

（二）土壤有效硫、pH 值、有机质测定方法

植烟土壤有效硫采用有效硫含量采用硫酸钡比浊法测定。采用重铬酸钾容量法测定植烟土壤有机质，采用 pH 计法（土水比为 1.0∶2.5）测定 pH 值。

（三）统计分析方法

（1）植烟土壤有效硫含量分级。参照相关研究，结合南方烟区植烟土壤特点，将植烟土壤有效硫含量分为极缺乏（<5.00mg/kg）、缺乏（5.00~10.00mg/kg）、适宜（10.01~20.00mg/kg）、高（20.01~40.00mg/kg）、很高（>40.00mg/kg）等 5 级。

（2）植烟土壤有效硫含量空间分布图绘制。采用 SPSS 17.0 软件中的探索分析法（Explore）剔除异常离群数据，利用 ArcGIS 9 软件的地统计学模块（Geostatistical analyst），以 IDW 法（Inverse distance weighting，反距离加权插值）插值绘制湘西植烟土壤有效硫含量的空间分布图。

三、结果与分析

（一）植烟土壤有效硫分布特征

由表 2-16 可知，湘西州植烟土壤有效硫含量总体上属偏高水平，平均值为 30.731mg/kg，变幅为 0.279~98.327mg/kg，变异系数为 77.04%，属强变异。7 个主产烟县植烟土壤有效硫含量平均在 18.328~50.234mg/kg，按从高到低依次为：永顺县>花垣县>龙山县>古丈县>凤凰县>泸溪县>保靖县；其中，只有泸溪县和保靖县植烟土壤有效硫含量总体上处于适宜水平，其他各县总体上处于偏高水平。方差分析结果表明，不同县之间的植烟土壤有效硫含量差异达极显著水平（F=34.134；sig.=0.000），经 Duncan 多重比较，龙山县植烟土壤有效硫含量极显著高于其他各县，而其他各县差异不显著。

表 2-16　湘西州植烟土壤有效硫统计特征

区域	样本数（个）	均值	标准差	极小值	极大值	偏度	峰度	变异系数（%）
保靖	38	18.328B	19.629	0.279	68.123	1.323	0.472	107.10
凤凰	50	20.335B	15.612	1.673	65.335	0.862	0.262	76.78
古丈	62	21.467B	20.801	2.602	89.498	1.742	2.707	96.90
花垣	42	28.414B	22.254	3.996	95.074	1.039	0.828	78.32
龙山	132	23.481B	20.116	2.138	98.327	1.453	2.269	85.67
泸溪	18	18.763B	16.760	3.067	56.041	1.314	0.725	89.33
永顺	146	50.234A	20.435	3.996	95.539	-0.386	-0.264	40.68
湘西州	488	30.731	23.674	0.279	98.327	0.665	-0.547	77.04

7 个县植烟土壤有效硫含量的变异系数为 40.68%~107.10%，为中等强度变异至强变异，从大到小排序为：保靖县>古丈县>泸溪县>龙山县>花垣县>凤凰县>永顺县。特别是保靖县植烟土壤有效硫含量变异系数在 100%以上。

（二）植烟土壤有效硫丰缺状况

由图 2-50 可知，湘西州植烟土壤有效硫含量处于适宜范围内的样本占 15.64%，"低"的植烟土壤样本为 17.49%，"极低"的植烟土壤样本为 10.29%，"高"的样本为 22.43%，"很高"的植烟土壤样本为 34.16%。由此可见，湘西州植烟土壤有效硫含量比较丰富，缺硫土壤的比例很小，相反，大部分植烟土壤的有效硫含量偏高。植烟土壤硫含量偏高不能忽视，生产上要合理施用硫酸钾肥，部分烟区可有指导地适当施用硝酸钾或氯化钾来代替硫酸钾，以达到即满足烤烟对钾的需求又降低土壤中过量硫的积累。

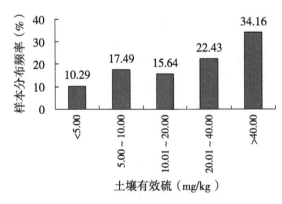

图 2-50　植烟土壤有效硫分布频率

（三）不同土壤类型有效硫差异

由图 2-51 可知，6 个主要植烟土壤类型的有效硫含量平均在 24.99~34.99mg/kg,

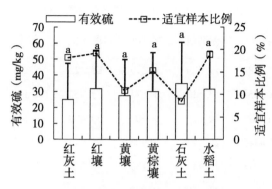

图 2-51 不同植烟土壤类型有效硫含量

按从高到低依次为：石灰土>红壤>水稻土>黄棕壤>黄壤>红灰土。方差分析结果表明，不同植烟土壤类型的有效硫含量差异不显著（F=1.058；sig.=0.383）。6个主要植烟土壤类型的有效硫含量适宜样本比例在8.45%~19.23%，不同土壤类型之间差异较大，按从高到低依次为：红壤>水稻土>红灰土>黄棕壤>黄壤>石灰土。

（四）不同海拔高度土壤有效硫差异

由图2-52可知，5个海拔高度组的植烟土壤有效硫含量平均在24.17~35.22mg/kg，与海拔高度的关系不是很明显。方差分析结果表明，不同海拔高度的植烟土壤有效硫含量差异达极显著水平（F=3.745；sig.=0.005），[400m，600m）海拔高度组植烟土壤有效硫含量显著高于（-∞，400m）海拔高度组。5个海拔高度组的植烟土壤有效硫含量适宜样本比例在7.35%~26.87%。不同海拔高度组之间差异较大，以（-∞，400m）海拔高度组的土壤有效硫含量适宜样本比例最高。

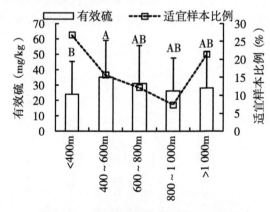

图 2-52 不同海拔植烟土壤有效硫含量

（五）不同pH值组的土壤有效硫含量差异

将土壤样本的pH值按（-∞，4.5）、[4.5，5.0）、[5.0，5.5）、[5.5，6.0）、[6.0，6.5）、[6.5，7.0）、[7.0，+∞）分为7组，分别统计不同pH值组的植烟土壤有效硫含量的平均值，结果见图2-53。7个pH值组的植烟土壤有效硫含量平均在

7.71~47.86mg/kg。方差分析结果表明，不同植烟土壤 pH 值组有效硫含量差异极显著（$F=8.020$；sig. $=0.000$），有随土壤 pH 升高而土壤有效硫下降的趋势（$\hat{y}=-6.672x+55.77$，$R^2=0.964^{**}$）。7 个主要植烟土壤 pH 值组有效硫含量适宜样本比例在 0%~20%，不同 pH 值组之间差异较大，按从高到低依次为：（$-\infty$，4.5）> [6.0，6.5）> [5.5，6.0）> [5.0，5.5）> [6.5，7.0）> [4.5，5.0）> [7.0，$+\infty$）。

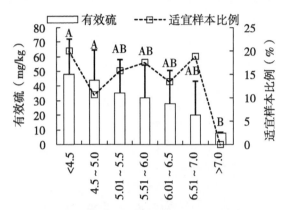

图 2-53　不同 pH 值组植烟土壤有效硫含量

（六）不同有机质组的土壤有效硫含量差异

将土壤样本的有机质含量按（$-\infty$，1）、[1，1.5）、[1.5，2.0）、[2.0，2.5）、[2.5，3.0）、[3.0，3.5）、[3.5，4.0）、[4.0，4.5）、[4.5，$+\infty$）分为 9 组，分别统计不同有机质含量组的植烟土壤有效硫含量的平均值和适宜样本比例，结果见图 2-54。9 个有机质含量组的植烟土壤有效硫含量平均在 24.28~40.90mg/kg。方差分析结果表明，不同植烟土壤有机质组有效硫含量差异不显著（$F=1.476$；sig. $=0.163$）。9 个主要植烟土壤有机质组有效硫含量适宜样本比例在 5.00%~23.18%，不同有机质组之间差异较大，以有机质在 [2.5，3.0）组的适宜样本比例最高，有机质在 [4.0，4.5）组的适宜样本比例较低。

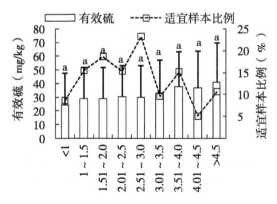

图 2-54　不同有机质组植烟土壤有效硫含量

（七）植烟土壤有效硫空间分布

由图 2-55 可知，湘西州植烟土壤有效硫含量总体上呈斑块状分布态势，有从东北向西南方向递减的分布趋势。以有效硫含量 20.46~39.71mg/kg 为主要分布面积，；其次为有效硫含量 8.15~20.46mg/kg 的分布面积，但分布较分散；以有效硫含量 39.71~69.82mg/kg 的分布面也较大，但比较集中，主要集中分布在永顺县。

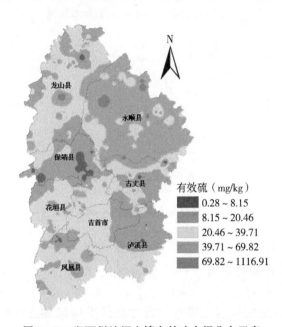

图 2-55　湘西州植烟土壤有效硫空间分布示意

四、讨论与结论

湘西州植烟土壤有效硫含量平均值为 30.731mg/kg，7 个主产烟县植烟土壤有效硫含量平均在 18.328~50.234mg/kg，总体上属偏高水平。但是，"低"和"极低"的植烟土壤样本为 27.78%，这些植烟土壤不同程度存在缺硫状态，在生产上要指导合理施硫肥。与此同时，大部分植烟土壤的有效硫含量偏高，这可能与烟草重视施用钾肥，而施用的钾肥主要是硫酸钾；对此类土壤，生产上要合理施用硫酸钾肥，适当用硝酸钾或氯化钾来替代硫酸钾。

主要植烟土壤类型的有效硫含量平均在 24.99~34.99mg/kg，不同海拔高度组的植烟土壤有效硫含量平均在 24.17~35.22mg/kg，不同 pH 值组的植烟土壤有效硫含量平均在 7.71~47.86mg/kg，不同有机质含量组的植烟土壤有效硫含量平均在 24.28~40.90mg/kg，只有不同海拔和 pH 值组的植烟土壤有效硫含量差异显著。特别是土壤有效硫有随土壤 pH 升高而下降的趋势，这可能也与施用硫酸钾有关。因此，烤烟生产上过多施用硫酸钾，不仅造成土壤酸化，而且还会引起土壤硫含量增高，这不利于优质烟叶生产。在长期种植烤烟的烟区，必须重视硫酸钾过量的问题。

第十一节　植烟土壤有效硼含量分布及其影响因素研究

一、研究目的

硼是烟草生长必需的微量元素之一，在烟株的生理生化过程中起着重要的作用，对烟草生长发育、烟叶产量和质量有着重要影响。硼以 BO_3^{3-} 形态进入烟株体内，参与尿嘧啶和叶绿素的合成，影响碳水化合物的代谢运输。烟株缺硼受影响最大的是代谢旺盛的细胞和组织，顶芽枯死，生长停滞，枝叶丛生，叶片粗糙、皱缩、卷曲、增厚变脆，叶柄增粗变短；硼营养过量，烟株变矮，营养生长期缩短，生殖生长期提前，不利于烟叶产量和质量的提高。鉴此，以湘西州 7 个烟区的植烟土壤为材料，研究土壤有效硼含量分布状况及空间分布特征，并侧重分析了前茬作物、土壤类型、海拔高度、pH 值、有机质等因素对其影响，以期为植烟土壤硼素养分管理以及特色优质烟叶开发提供理论依据。

二、材料与方法

（一）样品采集

样品采集于 2011 年进行。植烟土壤样品采集于湘西州主要烟区的 7 个植烟县（永顺县、龙山县、凤凰县、保靖县、泸溪县、花垣县、古丈县）81 个乡镇中的烟叶专业村和具有烟叶种植发展潜力的 375 个村，样品采集的同时用 GPS 确定采用点地理坐标和海拔高度。采集具有代表性的耕作层土样 488 个。种植面积在 20hm² 左右采集 1 个土样。采集时间均统一选在烤烟移栽前的 3 月完成，同时避开雨季。采用土钻钻取，采多点混合土样，取耕层土样深度为 20cm。每个地块取 10~15 个小样点（即钻土样）土壤，制成 1 个 0.5kg 左右的混合土样。田间采样登记编号，经过风干、磨细、过筛、混匀等预处理后，装瓶备测定分析用。室内样品检测在湖南农业大学资环学院进行。

（二）土壤测定方法

植烟土壤有效硼采用甲亚胺比色法测定。同时，采用重铬酸钾容量法测定植烟土壤有机质，采用 pH 计法（土水比为 1.0∶2.5）测定 pH 值。

（三）统计分析方法

（1）植烟土壤有效硼含量分级。参照相关研究，考虑到湘西州植烟土壤主要为旱地，将植烟土壤有效硼含量分为极低（<0.15mg/kg）、低（0.15~0.30mg/kg）、适宜（0.31~0.60mg/kg）、高（0.61~1.00mg/kg）、很高（>1.00mg/kg）5 级。

（2）植烟土壤有效硼含量空间分布图绘制。采用 SPSS 17.0 软件中的探索分析法（Explore）剔除异常离群数据，利用 ArcGIS 9 软件的地统计学模块（Geostatistical analyst），以 IDW 法（Inverse distance weighting，反距离加权插值）插值绘制湘西州植烟土壤有效硼含量的空间分布图。

三、结果与分析

(一) 植烟土壤有效硼含量总体分布特征

由表2-17可知，湘西州植烟土壤有效硼含量总体上属偏高水平，平均值为0.728mg/kg，变幅为0.051~2.208mg/kg，变异系数为53.46%，属强变异。7个主产烟县植烟土壤有效硼含量平均在0.595~0.841mg/kg，按从高到低依次为：龙山县>凤凰县>古丈县>泸溪县>保靖县>花垣县>永顺县；其中，只有花垣县和永顺县植烟土壤有效硼含量总体上处于适宜水平，其他各县总体上处于偏高水平。方差分析结果表明，不同县之间的植烟土壤有效硼含量差异达极显著水平（F=7.392；sig.=0.000），经Duncan多重比较，凤凰县和龙山县植烟土壤有效硼含量极显著高于花垣县和永顺县。7个县植烟土壤有效硼含量的变异系数为22.11%~79.39%，为中等强度变异至强变异，从大到小排序为：永顺县>保靖县>花垣县>龙山县>古丈县>凤凰县>泸溪县。其中，永顺县植烟土壤有效硼含量变异系数在50%以上，属强变异。

表2-17 湘西州植烟土壤有效硼含量

区域	样本数（个）	均值	标准差	极小值	极大值	偏度	峰度	变异系数（%）
保靖	38	0.656AB	0.342	0.170	2.097	2.019	7.749	52.05
凤凰	50	0.840A	0.323	0.273	2.113	1.056	3.665	38.49
古丈	62	0.818AB	0.321	0.059	1.710	0.263	0.445	39.30
花垣	42	0.598B	0.268	0.099	1.331	0.921	1.197	44.77
龙山	132	0.841A	0.352	0.162	2.145	0.799	0.763	41.83
泸溪	18	0.777AB	0.172	0.541	1.118	0.519	-0.639	22.11
永顺	146	0.595B	0.473	0.051	2.208	1.712	2.739	79.39
湘西州	488	0.728	0.389	0.051	2.208	1.045	1.702	53.46

(二) 植烟土壤有效硼含量丰缺状况

由图2-56可知，湘西州植烟土壤有效硼含量处于适宜范围内的样本占30.00%，"低"的植烟土壤样本为9.38%，"极低"的植烟土壤样本为2.71%，"高"的样本为38.33%，"很高"的植烟土壤样本为19.58%。由此可见，湘西州大部分植烟土壤的有效硼含量较高，但也有少部分植烟土壤有效硼低于临界含量，硼的供应不足，不能满足优质烤烟正常生长发育对硼素需求。因此，对部分缺硼的植烟土壤应重视硼肥的施用。

(三) 植烟土壤有效硼含量空间分布

为进一步了解湘西州植烟土壤有效硼含量的生态地理分布差异，采用ArcGIS 9软件绘制了湘西州植烟土壤有效硼含量空间分布图。由图2-57可知，湘西州植烟土壤有效硼含量总体上呈斑块状分布态势。以有效硼含量0.64~1.05mg/kg为主要分布面积。

在永顺县的西部为一个低值区，在永顺县的东部为一个植烟土壤有效硼含量高值区。

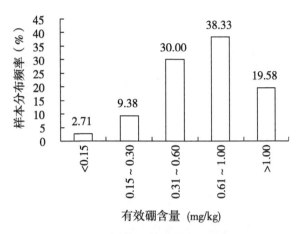

图 2-56　植烟土壤有效硼分布频率

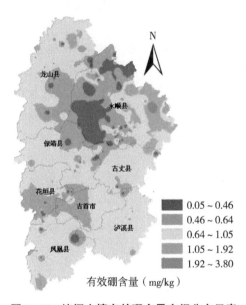

有效硼含量（mg/kg）

图 2-57　植烟土壤有效硼含量空间分布示意

（四）不同前茬作物对植烟土壤有效硼含量的影响

分别统计主要前茬（10 个样本以上）作物的植烟土壤有效硼含量的平均值和适宜样本比例，结果见图 2-58。7 个主要前茬作物的植烟土壤有效硼含量平均在 0.56 ~ 0.93mg/kg，按从高到低依次为：蔬菜>油菜>绿肥>烤烟>水稻>玉米>西瓜。方差分析结果表明，不同前茬作物的植烟土壤有效硼含量差异达极显著水平（F = 15.242；sig. = 0.000），经 Duncan 多重比较，蔬菜和油菜前茬的土壤有效硼含量极显著地高于其他前茬土壤，烤烟、绿肥和水稻前茬的土壤有效硼含量极显著高于西瓜和玉米前茬。油菜种植一般追施硼肥，而蔬菜种植一般追施含有微量元素的蔬菜专用复合肥，有可能导致这

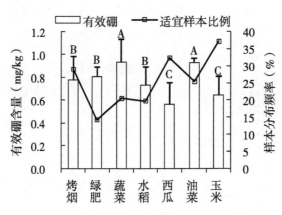

图2-58　不同前茬作物的植烟土壤有效硼含量

两种前茬作物的土壤有效硼含量高。在前茬为玉米或西瓜的土壤上种植烤烟要注意补施硼肥。7个主要前茬作物的植烟土壤有效硼含量适宜样本比例在14.28%~37.24%，不同前茬作物之间差异较大，按从高到低依次为：玉米>西瓜>烤烟>油菜>蔬菜>水稻>绿肥。

（五）土壤类型对植烟土壤有效硼含量的影响

分别统计主要植烟土壤类型的有效硼含量的平均值和适宜样本比例，结果见图2-59。6个主要植烟土壤类型的有效硼含量平均在0.54~0.94mg/kg，按从高到低依次为：黄棕壤>水稻土>黄壤>石灰土>红灰土>红壤。方差分析结果表明，不同植烟土壤类型的有效硼含量差异达极显著水平（F=7.332；sig.=0.000），经Duncan多重比较，黄棕壤土壤的有效硼含量极显著地高于红灰土和红壤土壤类型。6个主要植烟土壤类型的有效硼含量适宜样本比例在12.28%~45.45%，不同土壤类型之间差异较大，按从高到低依次为：红灰土>石灰土>红壤>水稻土>黄壤>黄棕壤。

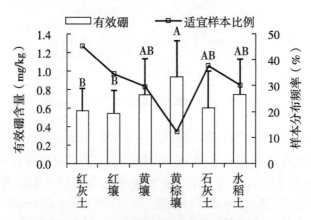

图2-59　不同植烟土壤类型有效硼含量

（六）海拔高度对植烟土壤有效硼含量的影响

将土壤样本采集地点的海拔按（-∞，400m）、[400m，600m)、[600m，800m)、

[800m, 1 000m)、[1 000m, +∞) 分为 5 个海拔高度组, 分别统计不同海拔高度组的植烟土壤有效硼含量的平均值和适宜样本比例, 结果见图 2-60。5 个海拔高度组的植烟土壤有效硼含量平均在 0.649~0.982mg/kg, 有随海拔高度的升高植烟土壤有效硼含量升高的趋势 (回归方程为 $\hat{y}_{有效硼} = 0.048x_{海拔} + 0.640, R^2 = 0.292^{**}$)。方差分析结果表明, 不同海拔高度的植烟土壤有效硼含量差异达极显著水平 (F = 6.930; sig. = 0.000), [1 000m, +∞) 海拔高度组植烟土壤有效硼含量显著高于其他各组, 而其他各组差异不显著。5 个海拔高度组的植烟土壤有效硼含量适宜样本比例在 10.00%~35.43%。不同海拔高度组之间差异较大, 以 [400m, 600m) 海拔高度组的土壤有效硼含量适宜样本比例最高, [1 000m, +∞) 海拔高度组的土壤有效硼含量适宜样本比例最低。

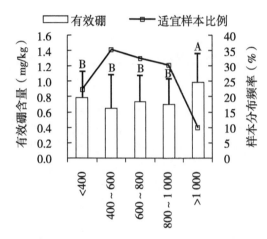

图 2-60　不同海拔植烟土壤有效硼含量

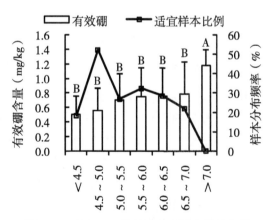

图 2-61　不同 pH 值的植烟土壤有效硼含量

（七）土壤 pH 值对植烟土壤有效硼含量的影响

将土壤样本的 pH 值按 (-∞, 4.5)、[4.5, 5.0)、[5.0, 5.5)、[5.5, 6.0)、[6.0, 6.5)、[6.5, 7.0)、[7.0, +∞) 分为 7 组, 分别统计不同 pH 值组的植烟土壤

有效硼含量的平均值和适宜样本比例，结果见图2-61。7个pH值组的植烟土壤有效硼含量平均在0.58~1.18mg/kg，有随pH值的升高植烟土壤有效硼含量升高的趋势（回归方程为$\hat{y}_{有效硼} = 0.090x_{pH} + 0.387$，$R^2 = 0.806^{**}$）。有效硼含量从高到低排序为：$[7.0, +\infty) > [6.5, 7.0) > [6.0, 6.5) > [5.5, 6.0) > [5.0, 5.5) > [4.5, 5.0) > (-\infty, 4.5)$。方差分析结果表明，不同pH值组的植烟土壤有效硼含量差异极显著（F=3.094；sig.=0.006），主要为$[7.0, +\infty)$pH值组的植烟土壤有效硼含量极显著高于其他组，而其他pH值组的植烟土壤有效硼含量差异不显著。7个pH值组的植烟土壤有效硼含量适宜样本比例在0~52.17%，不同pH值组之间差异较大，以$[4.5, 5.0)$pH值组的土壤组有效硼量适宜样本比例最高。

（八）土壤有机质对植烟土壤有效硼含量的影响

将土壤样本的有机质含量按$(-\infty, 1)$、$[1, 1.5)$、$[1.5, 2.0)$、$[2.0, 2.5)$、$[2.5, 3.0)$、$[3.0, 3.5)$、$[3.5, 4.0)$、$[4.0, 4.5)$、$[4.5, +\infty)$分为9组，分别统计不同有机质含量组的植烟土壤有效硼含量的平均值和适宜样本比例，结果见图2-62。

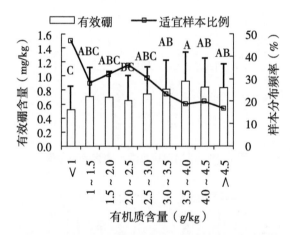

图2-62 湘西州不同有机质的植烟土壤有效硼含量

9个有机质含量组的植烟土壤有效硼含量平均在0.52~0.93mg/kg，有随有机质含量的升高植烟土壤有效硼含量升高的趋势（回归方程为$\hat{y}_{有效硼} = 0.037x_{有机质} + 0.562$，$R^2 = 0.723^{**}$）。方差分析结果表明，不同有机质含量组的植烟土壤有效硼含量差异极显著（F=3.650；sig.=0.000），主要为$[3.5, 4.0)$有机质含量组的植烟土壤有效硼含量及显著高于$(-\infty, 1)$和$[2.0, 2.5)$组，而其他有机质含量组的植烟土壤有效硼含量差异不显著。9个有机质含量组的植烟土壤有效硼含量适宜样本比例在16.66%~47.22%，不同有机质含量组之间差异较大，以$(-\infty, 1)$有机质含量组的土壤组有效硼量适宜样本比例最高。

四、讨论与结论

（1）土壤养分含量丰缺诊断是科学施肥的核心。陈江华等（2004）对全国主要烟区土壤养分丰缺评价中以土壤有效硼含量在 0.5~1.0mg/kg 为适宜，张颖（2011）认为福建植烟土壤有效硼含量以 0.4~1.0mg/kg 为适宜，罗建新（2005）认为湖南植烟土壤有效硼含量以 0.4~1.0mg/kg 为适宜。由此可见，不同烟区，由于土壤类型、气候等生态条件的差异，建立的植烟土壤养分丰缺指标体系也是不同的。湘西州植烟土壤有效硼含量平均值为 0.728mg/kg，无论采用何种标准，单从湘西州植烟土壤有效硼含量平均值看并不缺乏，但植烟土壤有效硼含量变幅较大，仍有 12.09% 的植烟土壤样本处于缺硼土壤。

（2）IDW 插值法属于确定性插值法，对空间尺度较小的局部地区来说，与 Kriging 插值法比较，样本点处的插值结果更好的接近样本点的实际有效硼含量，绘制的空间分布图可直观地描述湘西州主产烟区植烟土壤有效硼含量的分布格局，对湘西州植烟土壤有效硼含量进行估值的效果更佳。从整体上看，湘西州植烟土壤有效硼含量总体上呈斑块状分布态势，在永顺县的西部为一个低值区，在永顺县的东部为一个植烟土壤有效硼含量高值区。造成这种差异的主要原因同当地复杂的地形地貌特点、气候的立体差异性以及人类活动有直接的联系。

（3）湘西州不同前茬作物的植烟土壤有效硼含量差异达极显著水平。蔬菜和油菜前茬的土壤有效硼含量极显著地高于其他前茬土壤，烤烟、绿肥和水稻前茬的土壤有效硼含量极显著高于西瓜和玉米前茬。造成这种差异可能与不同作物对硼的选择性吸收不同，也可能与生产中的追肥种类有关。因此，要选择适宜的前茬，要根据不同前茬改进施肥方案。

（4）植烟土壤含硼量在一定程度上与成土母质和土壤类型有关。秦建成（2009）在对重庆市烟区土壤有效硼含量的研究结果以石灰土平均有效硼含量最高，水稻土最低；金立新（2005）在对成都地区土壤有效硼含量研究认为黄壤有效硼含量较高，高于水稻土和紫色土；本研究结果与秦建成的研究结果差异较大，而与金立新的研究结果比较接近。湘西州不同植烟土壤类型的有效硼含量差异达极显著水平。黄棕壤土壤的有效硼含量极显著地高于红灰土和红壤土壤类型。这可能与黄棕壤质地粘重，硼不易被淋失有关，也可能与黄棕壤的有机质含量较高有关。

（5）张春（2010）在对云南曲靖植烟土壤的研究中认为土壤有效硼含量随着海拔高度降低而逐渐降低的变化趋势，这与我们的研究结果相反。湘西州不同海拔高度的植烟土壤有效硼含量差异达极显著水平，有随海拔升高而升高的趋势。在湘西烟区的高海拔地区，一般为一年一熟，农业耕作较少，土壤环境基本上处于半封闭状态，各种动、植物残体在微生物作用下分解后基本在原地保存，土壤有机质基本未受到破坏。高海拔，有机质含量高，硼的淋失少。

（6）大多数研究报道指出土壤 pH 值是影响土壤硼有效性的一个最重要的因素，土壤有效硼含量与土壤溶液的 pH 值有较高的相关性。这主要是通过影响土壤对硼吸附和解吸行为而起的作用。国内外学者对于 pH 值影响硼有效性方面的结论也不完全相同。一般土壤的有效硼含量随土壤 pH 值增大而减少，有效硼在酸性土壤中含量比碱性土壤高，但金立新（2005）对成都地区、龚智亮（2009）对福建植烟土壤研究认为土壤 pH 值与有效硼含量之间呈极显著正相关，这也与我们的研究结果相似。造成这种差异的原因可能是影响硼的吸附和解吸的条件不同，例如不同地区降水量不同，各样品采集地的海拔高度、地形部位、成土母质类型和有机肥施用量不同等。湘西州植烟土壤有效硼含量在不同 pH 值组间存在着极显著差异，有随 pH 值的升高植烟土壤有效硼含量升高的趋势。在酸性土壤中有效硼含量虽然较高，但容易被淋洗，遭受损失。因此，酸性植烟土壤适当施用石灰有利于提高土壤中有效硼的含量，但不宜过高，否则钙离子会影响作物对硼的吸收。

（7）有机质对于土壤中硼的吸附和解吸及硼有效性的影响至今仍未完全搞清。有些研究者认为吸附在有机质上的硼的解吸有滞后现象即有机质的存在降低了硼的植物有效性，甚至认为在有些类型的土壤中有机质的大量存在是导致缺硼的原因；也有研究者认为土壤有机质分解产生的多聚糖化物在某种程度上能降低粘土对硼的吸附，使自身与硼结合的机会减少从而造成土壤溶液中有效硼含量的增加。本研究认为植烟土壤有效硼含量在不同有机质组间存在着极显著差异，有随有机质含量的升高植烟土壤有效硼含量升高的趋势。有机质含有多种微量元素，能与硼产生吸附、螯合等作用，并可通过微生物作用提高土壤中硼的有效性。因此，适当的补充有机肥料将对提高硼的有效性具有重要的作用。不仅能增加土壤中有机质含量，还能固定硼使其免受淋洗，矿化后又能将其释放，增加有效硼的含量，可以起到一举多得的效果。

（8）湘西州喀斯特烟区土地资源结构以石山坡地为主，母岩造壤能力差，在土壤受侵蚀不强烈的情况下，土壤发育良好，土层深厚，土壤有效硼含量较高，有利于优质烟叶生产。由于土壤资源缺乏，长期将烟叶生产发展的重点放在喀斯特洼地和谷地，这对承载力较低的喀斯特生态系统来说容易造成环境退化。部分土壤受到强烈侵蚀，各种物理性状变差，土层变薄，有机质含量降低，土壤中有效硼淋失严重，造成烟叶产量和质量降低，烟叶风格弱化，已制约烟叶生产可持续发展。因此，必须加大水土保持力度，提高土壤的抗蚀能力；同时，在少部分有效硼含量偏低的植烟土壤，在生产上要注意补充硼肥。通过土壤改良技术，改善土壤的化学行为、物理结果和微生物活动状况，使土壤硼的吸附—解附—解吸的过程向着有利于提高土壤有效硼含量的方向发展；通过改进施肥技术，实施生态经济施肥，提高硼素的利用效率；形成有利于生态环境改善与资源持续利用的发展机制，以促进湘西喀斯特地区烟叶生产和经济稳步发展。

第十二节　植烟土壤有效铁含量分布及其影响因素研究

一、研究目的

烟草生产崇尚的是优质适产，而这与土壤营养、空间营养和烟株营养密不可分，其中土壤营养是根本，土壤养分的供给状态直接影响烟株的生长发育。铁是绿色植物生长发育必需的微量元素之一，它不但参与光合作用和叶绿素的合成，而且参与体内氧化还原反应和电子传递，对作物的生长发育有着不可或缺的作用。有效铁能显著提高漂浮育苗中烟苗的出苗率，促进壮苗的培育。铁素营养水平可以直接影响烟株的生理代谢，间接影响烟株的抗性水平。目前，有关土壤有效铁对烟株的生长发育及烟叶品质影响的研究较少。相比较而言，包括铁素营养在内的微量元素的分布报道较多，但系统分析植烟土壤有效铁含量及变化规律的文献较少。研究湘西州植烟土壤有效铁含量区域分布特征，并在此基础上侧重分析了在土壤类型、海拔高度、空间分布上的变化规律，旨在为湘西州的植烟土壤改良和平衡施肥以及特色优质烟叶开发提供理论依据。

二、材料与方法

（一）样品采集

2011年，于湘西州的7个植烟县（永顺县、龙山县、凤凰县、保靖县、泸溪县、花垣县、古丈县）的81个乡镇中的烟叶专业村和具有烟叶种植发展潜力的375个村采集植烟土壤样品。种植面积在20hm²以下的采集1个土样，超过20hm²的取2个土样，每个村按照具有代表性、连片性好且远离公路的要求选择1~2个取样点。土壤样品的采集时间均统一定在烤烟移栽前的第2个月内完成，并避开雨季。样品采集的同时，用GPS确定采样点地理坐标和海拔高度，并进行耕地资源背景信息调查。取样时以GPS定点田块为中心田块，采用多点取样法，取样深度为20cm，用土钻钻取包括周边数个田块在内的土样。每个田块采用五点法，取5个小样点土壤，制成1个0.5kg左右的混合土样，共采集具有代表性的耕层土样488个。田间采样登记编号，经过风干、磨细、过筛、混匀等预处理后装瓶备用。室内样品检测在湖南农业大学资源环境学院进行。

（二）土壤测定方法

植烟土壤有效铁采用DTPA浸提-原子吸收分光光度法测定。土壤pH值测定采用pH计法（土水比为1.0∶2.5）；植烟土壤有机质采用重铬酸钾容量法测定。

（三）统计分析方法

（1）植烟土壤有效铁含量分级。在综合分析湖南烟区烟草生产实际后，参照相关研究，将植烟土壤有效铁含量分为缺乏（<2.50mg/kg）、偏低（2.50~4.50mg/kg）、适宜（4.51~10.00mg/kg）、偏高（10.01~60.00mg/kg）、丰富（>60.00mg/kg）5个等级。

（2）植烟土壤有效铁含量空间分布图绘制。用SPSS 17.0软件进行原始数据处理及分析，剔除异常离群数据；采用探索分析法（Explore）检测数据正态性；采用ArcGIS 9软件中的地统计学模块的Kriging插值方法绘制植烟土壤有效铁含量的空间分布图。

三、结果与分析

（一）植烟土壤有效铁含量总体分布特征

由表2-18可知，湘西州植烟土壤有效铁含量总体上属很高水平，平均值为83.97mg/kg，变幅为10.04~328.89mg/kg，变异系数为82.31%，属强变异。7个主产烟县植烟土壤有效铁含量平均在72.873~89.845mg/kg，按从高到低依次为：永顺县>古丈县>花垣县>龙山县>凤凰县>保靖县>泸溪县；7个县植烟土壤有效铁含量平均值都处于很高水平。方差分析结果表明，不同县之间的植烟土壤有效铁含量差异不显著（F=0.590；sig.=0.739）。7个县植烟土壤有效铁含量的变异系数为62.87%~125.50%，为中等强度变异至强变异，从大到小排序为：泸溪县>凤凰县>花垣县>古丈县>永顺县>龙山县>保靖县。其中，泸溪县植烟土壤有效铁含量变异系数在100%以上，属强变异。

表2-18　湘西州植烟土壤有效铁统计特征

区域	样本数（个）	均值	标准差	极小值	极大值	偏度	峰度	变异系数（%）
保靖	38	73.08a	45.95	12.18	267.12	2.14	7.52	62.87
凤凰	50	76.22a	76.00	10.04	259.63	1.21	0.21	99.71
古丈	62	88.37a	71.25	10.20	261.72	0.75	-0.53	80.63
花垣	42	84.01a	70.57	12.76	252.96	1.08	0.14	83.99
龙山	132	80.50a	63.34	10.35	249.69	0.93	0.06	78.69
泸溪	18	72.87a	91.46	13.56	328.89	1.88	2.81	125.50
永顺	146	89.49a	70.68	10.04	302.70	1.02	0.32	78.98
湘西州	488	83.97	68.48	10.04	328.89	1.09	0.43	82.31

（二）植烟土壤有效铁丰缺状况

由图2-63可知，从分布频率来看，有效铁含量只有2个分布区间，其中处于"偏高"水平的样本数为总样本数的48.98%，处于"丰富"水平的样本数为总样本数的51.02%。由此可见，湘西州植烟土壤有效铁比较富余，在烟叶大田生产过程中可不考虑铁肥的施入。

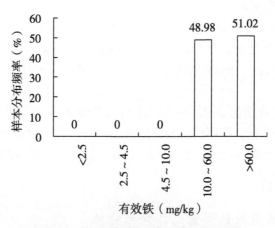

图2-63　湘西州植烟土壤有效铁分布频率

（三）植烟土壤有效铁空间分布

由图2-64可知，湘西州植烟土壤有效铁含量总体上呈斑块状分布态势。以有效铁含量89.9~184.0mg/kg为主要分布面积，主要分布湘西州的南部和北部地区；其次为有效铁含量56.1~89.9mg/kg的分布面积，主要分布在湘西州的中部地区。

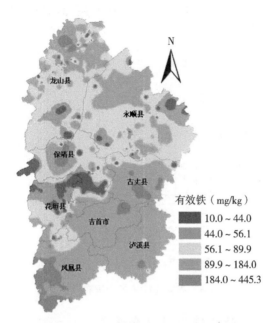

图 2-64　植烟土壤有效铁空间分布示意

（四）不同土壤类型有效铁差异

由图 2-65 可知，6 个主要植烟土壤类型的有效铁含量平均在 68.25～111.31mg/kg，按从高到低依次为：红灰土>石灰土>红壤>黄壤>水稻土>黄棕壤。方差分析结果表明，不同植烟土壤类型的有效铁含量差异达极显著水平（F = 4.204；sig. = 0.001），经 Duncan 多重比较，红灰土壤的有效铁含量极显著地高于黄棕壤土壤类型。6 个主要植烟土壤类型的有效铁含量适宜样本比例都为 0%。

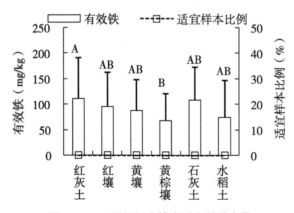

图 2-65　不同植烟土壤类型有效铁含量

（五）不同海拔土壤有效铁差异

由图 2-66 可知，5 个海拔高度组的植烟土壤有效铁含量平均在 61.68～91.84mg/kg，与海拔高度的关系不是很明显。方差分析结果表明，不同海拔高度的植烟土壤有效铁含量差异不显著（F=1.482；sig.=0.207）。5 个海拔高度组的植烟土壤有效铁含量适宜样本比例在 0%。

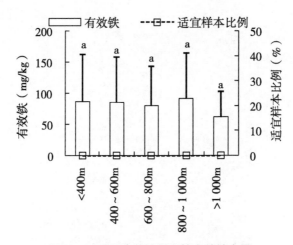

图 2-66　不同海拔植烟土壤有效铁含量

（六）不同 pH 值组的土壤有效铁含量差异

将土壤样本的 pH 值按（-∞，4.5）、[4.5，5.0)、[5.0，5.5)、[5.5，6.0)、[6.0，6.5)、[6.5，7.0)、[7.0，+∞）分为 7 组，分别统计不同 pH 值组的植烟土壤有效铁含量的平均值，结果见图 2-67。7 个 pH 值组的植烟土壤有效铁含量平均在 16.59~105.35mg/kg。方差分析结果表明，不同植烟土壤 pH 值组有效铁含量差异显著

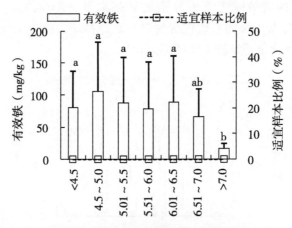

图 2-67　不同 pH 值组植烟土壤有效铁

（F=2.317；sig.=0.032），土壤 pH 值在 [7.0，+∞）组的土壤有效铁含量相对较低。土壤 pH 值与有效铁呈二次曲线关系（$\hat{y}=-4.313x^2+24.9x+61.71$，$R^2=0.858^{**}$）。7 个主要植烟土壤 pH 值组有效铁含量适宜样本比例为 0%。

（七）不同有机质组的土壤有效铁含量差异

将土壤样本的有机质含量按（-∞，1)、[1，1.5)、[1.5，2.0)、[2.0，2.5)、

[2.5，3.0)、[3.0，3.5)、[3.5，4.0)、[4.0，4.5)、[4.5，+∞)分为9组，分别统计不同有机质含量组的植烟土壤有效铁含量的平均值和适宜样本比例，结果见图2-68。9个有机质含量组的植烟土壤有效铁含量平均在48.69~109.02mg/kg。方差分析结果表明，不同植烟土壤有机质组有效铁含量差异极显著（F=3.139；sig.=0.002），土壤有机质在（-∞，1)组的土壤有效铁含量相对较高，在[3.5，4.0)、[4.0，4.5)和[4.5，+∞)组的土壤有效铁含量相对较低。植烟土壤有效铁有随土壤有机质升高而下降的趋势（$\hat{y}=-6.841x+112.5$，$R^2=0.839^{**}$）。9个主要植烟土壤有机质组有效铁含量适宜样本比例为0%。

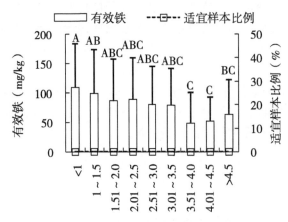

图2-68 不同有机质组植烟土壤有效铁

四、讨论与结论

湘西州植烟土壤有效铁含量总体水平较高，平均值83.20mg/kg，变幅10.04~328.89mg/kg，变异系数82.31%，属强变异。不同县之间的植烟土壤有效铁含量差异不显著，从大到小排序为：泸溪县、凤凰县、花垣县、古丈县、永顺县、龙山县、保靖县。从有效铁分布频率来看，湘西州烟区土壤有效铁含量都处于"偏高"和"丰富"水平，在烟叶大田生产过程中可不考虑铁肥的施入。

不同土壤类型土壤的有效铁含量差异极显著，从高到低依次为：红灰土、石灰土、红壤、黄壤、水稻土、黄棕壤。不同海拔高度的植烟土壤有效铁含量差异不显著，5个海拔高度组的植烟土壤有效铁含量平均在62.00~92.00mg/kg。

不同植烟土壤pH值组有效硫含量差异显著。土壤pH值与有效铁呈二次曲线关系（$\hat{y}=-4.313x^2+24.9x+61.71$，$R^2=0.858^{**}$）。

不同植烟土壤有机质组有效铁含量差异极显著。植烟土壤有效铁有随土壤有机质升高而下降的趋势（$\hat{y}=-6.841x+112.5$，$R^2=0.839^{**}$）。

植烟土壤有效铁含量Kriging插值图显示，湘西州植烟土壤有效铁含量总体上呈斑块状分布态势，以有效铁含量89.9~184.0mg/kg为主要分布面积，主要分布在湘西州的南部和北部地区。

第十三节 植烟土壤有效铜含量分布及其影响因素研究

一、研究目的

铜是烤烟生长发育必需的微量元素之一，也是多种酶的组成成分，它参与烟株体内氧化还原反应和呼吸作用。试验表明，烟株缺铜时，体内有游离氨基酸积累，特别是天门冬氨酸、谷氨酸和丙氨酸等显著增加，铜具有增强烟株抗性的作用（韩锦峰，2003）。当烟草缺铜时，其体内的可溶性含氮化合物增加，还原糖减少，抗病能力下降，且化学品质不协调，工业可用性降低；而铜含量过高则容易出现铜毒症状，在生长旺盛的叶片上出现红铜色的枯死斑点（韩锦峰等，1985；丁善容，1997）。铜可使烟草根系更加均匀和健壮，烟叶比对照产量高、香气质佳、香气量高、上等烟及上中等烟比例、产值、均价都提高（李绍志，1986）。鉴于此，分析湘西州植烟土壤有效铜含量区域分布特征，侧重分析在土壤类型、海拔、空间分布上的变化规律，为湘西州的植烟土壤改良和平衡施肥以及特色优质烟叶开发提供科学的理论依据。

二、材料与方法

（一）样品采集

植烟土壤样品的采集于 2011 年在湘西州主要烟区的 7 个植烟县（永顺县、龙山县、凤凰县、保靖县、泸溪县、花垣县、古丈县）、81 个乡镇中的烟叶专业村和具有烟叶种植发展潜力的 375 个村进行。室内样品检测在湖南农业大学资环学院进行。土壤样品的采集时间均统一定在烤烟移栽前的第 2 个月内完成，并避开雨季。样品采集的同时用GPS 确定采用点地理坐标和海拔高度，进行了耕地资源背景信息调查。种植面积在 $20hm^2$ 左右采集一个土样，以 GPS 定点田块为中心田块，采用多点取样法，用土钻钻取包括周边数个田块在内的混合土样。每个地块取 10~15 个小样点（即钻土样）土壤，取样深度为 20cm，制成 1 个 0.5kg 左右的混合土样，共采集具有代表性的耕层土样 488 个。田间采样登记编号，经过风干、磨细、过筛、混匀等预处理后，装瓶备用。

（二）土壤有效铜、pH 值和有机质的测定方法

植烟土壤有效铜采用 DTPA 浸提—原子吸收分光光度法测定。土壤 pH 值测定采用 pH 计法（土水比为 1.0∶2.5）；植烟土壤有机质采用重铬酸钾容量法测定。

（三）统计分析方法

（1）植烟土壤有效铜含量分级。在综合分析湖南烟区烟草生产实际和多年烟草施肥试验后，以烟叶优质适产为目标，以植烟土壤养分的生物有效性为核心，建立的湖南省植烟土壤养分丰缺状况分级体系，将植烟土壤有效铜含量分为缺乏（<0.20mg/kg）、偏低（0.20~0.50mg/kg）、适宜（0.51~1.00mg/kg）、偏高（1.01~3.00mg/kg）、丰富（>3.00mg/kg）等 5 级。

（2）植烟土壤有效铜含量空间分布图绘制。原始数据处理及分析采用 SPSS 17.0 软

件进行，探索分析法（Explore）剔除异常离群数据，K-S 法检测数据正态性，用 ArcGIS 9 软件中的地统计学模块的 Kriging 插值方法绘制植烟土壤有效铜含量的空间分布图。

三、结果与分析

（一）植烟土壤有效铜含量总体分布特征

由表 2-19 可以看出，湘西州植烟土壤有效铜含量总体上属偏高水平，平均值为 2.125mg/kg。7 个主产烟县植烟土壤有效铜含量平均在 1.77~3.95mg/kg，按从高到低依次为：凤凰县>花垣县>泸溪县>保靖县>古丈县>永顺县>龙山县；7 个县植烟土壤有效铜含量平均值都处于偏高水平。方差分析结果表明，不同县之间的植烟土壤有效铜含量差异达极显著水平（$F = 16.962$；sig. = 0.000），经 Duncan 多重比较，凤凰县植烟土壤有效铜含量极显著高于其他各县。

湘西州植烟土壤有效铜含量变幅为 0.024~7.840mg/kg，变异系数为 69.98%。7 个县植烟土壤有效铜含量的变异系数为 41.91%~78.22%，为中等强度变异至强变异，从大到小排序为：古丈县>龙山县>永顺县>保靖县>凤凰县>泸溪县>花垣县。其中，泸溪县和花垣县植烟土壤有效铜含量变异系数在 50% 以下，属中等强度变异。其他各县植烟土壤有效铜含量变异属强变异。

表 2-19　湘西州植烟土壤有效铜统计特征

区域	样本数（个）	均值	标准差	极小值	极大值	偏度	峰度	变异系数（%）
保靖	38	1.963B	1.157	0.285	5.477	0.834	1.205	58.96
凤凰	50	3.950A	2.037	0.938	7.840	0.091	-1.077	51.56
古丈	62	1.876B	1.468	0.161	7.828	2.120	6.806	78.22
花垣	42	2.586B	1.084	0.490	5.558	0.537	0.855	41.91
龙山	132	1.770B	1.249	0.065	7.571	2.039	6.060	70.60
泸溪	18	2.420B	1.194	0.353	4.784	0.201	-0.454	49.33
永顺	146	1.875B	1.281	0.024	7.704	1.467	3.972	68.35
湘西州	488	2.125	1.487	0.024	7.840	1.444	2.594	69.98

（二）植烟土壤有效铜丰缺状况

由图 2-69 可知，湘西州植烟土壤有效铜含量处于适宜范围内的样本占 13.81%，"偏低"的植烟土壤样本为 9.21%，"缺乏"的植烟土壤样本为 0.84%，"偏高"的样本为 57.32%，"丰富"的植烟土壤样本为 18.83%。由此可见，湘西州植烟土壤有效铜含量较高，但不同产区间差异较大，大部分植烟土壤有效铜含量充足而有余，可满足烤烟正常生长发育的需求，基本上可不考虑铜肥的施用。

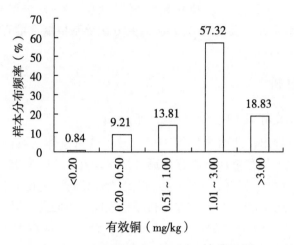

图 2-69　湘西州植烟土壤有效铜分布频率

（三）不同植烟土壤类型有效铜变化

由图 2-70 可知，6 个主要植烟土壤类型的有效铜含量平均在 1.46~2.76mg/kg，按从高到低依次为：水稻土>红灰土>黄棕壤>黄壤>红壤>石灰土。方差分析结果表明，不同植烟土壤类型的有效铜含量差异达极显著水平（F=18.745；sig.=0.000），经 Duncan 多重比较，水稻土的有效铜含量极显著地高于其他土壤类型。6 个主要植烟土壤类型的有效铜含量适宜样本比例在 5.33%~26.76%，不同土壤类型之间差异较大，按从高到低依次为：石灰土>黄棕壤>红壤>红灰土>黄壤>水稻土。

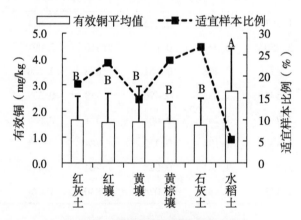

图 2-70　不同植烟土壤类型有效铜

（四）不同海拔高度植烟土壤有效铜变化

由图 2-71 可知，5 个海拔高度组的植烟土壤有效铜含量平均在 1.62~2.46mg/kg，中部海拔（600~800m）的植烟土壤有效铜含量平均值较高。方差分析结果表明，不同海拔高度的植烟土壤有效铜含量差异达显著水平（F=3.291；sig.=0.011），（600~800m）海拔高度组植烟土壤有效铜含量显著高于（1 000m，+∞）组，其他各海拔高度组土壤有效铜含量差异不显著。5个海拔高度组的植烟土壤有效铜含量适宜样本比例在11.49%~21.43%。不同海拔高度组之间差异较大，以（1 000m，+∞）海拔高度组的土壤有效铜含量适宜样本比例最高。

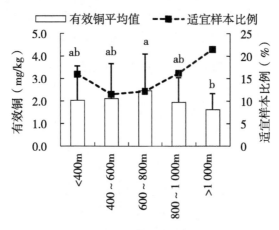

图2-71　不同海拔植烟土壤有效铜

（五）不同pH值组的土壤有效铜含量差异

将土壤样本的pH值按（-∞，4.5）、[4.5，5.0）、[5.0，5.5）、[5.5，6.0）、[6.0，6.5）、[6.5，7.0）、[7.0，+∞）分为7组，分别统计不同pH值组的植烟土壤有效铜含量的平均值，结果见图2-72。7个pH值组的植烟土壤有效铜含量平均在1.75~2.57mg/kg。方差分析结果表明，不同植烟土壤pH值组有效铜含量差异显著(F=2.302；sig.=0.034)，土壤pH值在[6.5，7.0)组的土壤有效铜含量相对较低。土壤有效铜含量有随土壤pH值升高而下降的趋势（$\hat{y}=-0.115x+2.615$，$R^2=0.720^*$）。7个主要植烟土壤pH值组有效铜含量适宜样本比例在6.38%~23.81%。不同pH值组之间差异较大，按从高到低依次为：[6.5，7.0）>[5.5，6.0）>[6.0，6.5）>[5.0，5.5）>（-∞，4.5）>[4.5，5.0）>[7.0，+∞）。

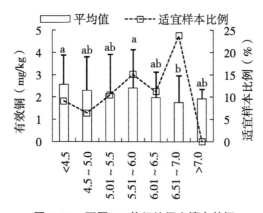

图2-72　不同pH值组植烟土壤有效铜

（六）不同有机质组的土壤有效铜含量差异

将土壤样本的有机质含量按（$-\infty$，1）、[1，1.5）、[1.5，2.0）、[2.0，2.5）、[2.5，3.0）、[3.0，3.5）、[3.5，4.0）、[4.0，4.5）、[4.5，$+\infty$）分为9组，分别统计不同有机质含量组的植烟土壤有效铜含量的平均值和适宜样本比例，结果见图2-73。9个有机质含量组的植烟土壤有效铜含量平均在1.45~2.87mg/kg。方差分析结

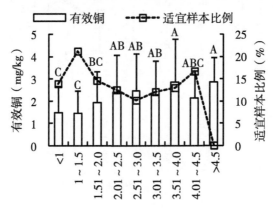

图2-73 不同有机质组植烟土壤有效铜

果表明，不同植烟土壤有机质组有效铜含量差异极显著（F=5.635；sig.=0.000），土壤有机质在[3.5，4.0）组的土壤有效铜含量相对较高，在（$-\infty$，1）和[1，1.5）组的土壤有效铜含量相对较低。植烟土壤有效铜有随土壤有机质升高而升高的趋势（$\hat{y}=0.154x+1.443$，$R^2=0.67^*$）。9个主要植烟土壤有机质组有效铜含量适宜样本比例在10.14%~21.13%，不同有机质组之间差异较大，以有机质在[1，1.5）组的适宜样本比例最高。

（七）植烟土壤有效铜空间分布变化

由图2-74可知，湘西州植烟土壤有效铜含量总体上呈斑块状分布态势，但有从南向北方向递减的分布趋势。以有效铜含量1.34~2.32mg/kg为主要分布面积，主要分布在湘西州北部的广大地区；其次为有效铜含量2.32~5.25mg/kg的分布面积，主要分布在湘西州南部的凤凰县和泸溪县；在凤凰县的南部是一个植烟土壤有效铜含量高值区。在龙山县、保靖县和永顺县各有一个植烟土壤有效铜含量低值区。

四、讨论与结论

湘西州植烟土壤有效铜含量总体上属偏高水平，平均值为2.125mg/kg，变幅为0.024~7.840mg/kg，变异系数为69.98%，处于适宜范围内的样本占13.81%。不同县之间的植烟土壤有效铜含量差异达极显著水平，按从高到低依次为：凤凰县>花垣县>泸溪县>保靖县>古丈县>永顺县>龙山县。应当注意的是，土壤有效铜含量分布不均，部分烟区还应适当增加铜肥的施入。

不同土壤类型土壤有效铜含量差异极显著，按从高到低依次为：水稻土>红灰土>黄棕壤>黄壤>红壤>石灰土。不同海拔高度的植烟土壤有效铜含量差异达显著水平，且

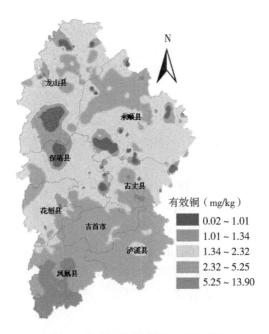

图 2-74　植烟土壤有效铜空间分布示意

以海拔〔600，800）的土壤有效铜含量最高。

不同植烟土壤 pH 值组有效铜含量差异显著，土壤有效铜含量有随土壤 pH 值升高而下降的趋势（$\hat{y} = -0.115x + 2.615$，$R^2 = 0.720^*$）。

不同植烟土壤有机质组有效铜含量差异极显著，植烟土壤有效铜有随土壤有机质升高而升高的趋势（$\hat{y} = 0.154x + 1.443$，$R^2 = 0.67^*$）。

植烟土壤有效铜含量 Kriging 插值图显示，湘西州植烟土壤有效铜含量总体上呈斑块状分布态势，但有从南向北方向递减的分布趋势。采用 Kriging 插值绘制的等值线图直观地描述了湘西州主产烟区植烟土壤有效铜含量的分布格局，这对烟田的分区管理和因地施肥具有重要的指导意义。

第十四节　植烟土壤有效锌含量分布及其影响因素研究

一、研究目的

锌是烤烟生长发育必需的微量元素之一，不但影响烤烟干物质形成和产量，而且对烤后烟叶可用性具有重要的影响（TSO，1990）；当植烟土壤有效锌含量过量时，会造成烤烟根系伤害，使根系生长受阻，烟叶也会出现褐色斑点和坏死（韩锦峰，2003）；当植烟土壤有效锌含量缺乏时，烟株生长缓慢而植株矮小，节间短、叶片小、顶叶簇生，下部叶会出现大量坏死斑（周毓华，2000）；只有当植烟土壤有效锌含量适宜时，才能够对烤烟光合产物的合成、代谢和运转起调节和促进作用，烟株长势健壮，烟叶分层落黄好且易烘烤，能够明显改善烟叶的香气质、香气量、杂气和余味（郭燕等，2009）。鉴于此，研究湘西州植烟土壤有效锌含量区域分布特征及其影响因素，以期为湘西州的植烟土壤改良和平衡施肥以及特色优质烟叶开发提供理论依据。

二、材料与方法

（一）样品采集

植烟土壤样品的采集于 2011 年在湘西州进行，室内样品检测在湖南农业大学资环学院进行。在湘西州主要烟区的 7 个植烟县（永顺县、龙山县、凤凰县、保靖县、泸溪县、花垣县、古丈县）、81 个乡镇中的烟叶专业村和具有烟叶种植发展潜力的 375 个村，采集具有代表性的耕作层土样 488 个。种植面积在 $20hm^2$ 左右采集一个土样。土壤样品的采集时间均统一选在烤烟移栽前的第 2 个月内完成，同时避开雨季。采用土钻钻取，采多点混合土样，取耕层土样深度为 20cm。每个地块一般取 10~15 个小样点（即钻土样）土壤，制成 1 个 0.5kg 左右的混合土样。田间采样登记编号，经过风干、磨细、过筛、混匀等预处理后，装瓶备测定分析用。样品采集的同时用 GPS 确定采用点地理坐标和海拔高度。

（二）土壤有效锌、pH 值和有机质的测定方法

植烟土壤有效锌采用 DTPA 浸提—原子吸收分光光度法测定。土壤 pH 值测定采用 pH 计法（土水比为 1.0∶2.5）；植烟土壤有机质采用重铬酸钾容量法测定。

（三）统计分析方法

（1）植烟土壤有效锌含量分级。在综合分析湖南烟区烟草生产实际和多年烟草施肥试验后，以烟叶优质适产为目标，以植烟土壤养分的生物有效性为核心，建立的湖南省植烟土壤养分丰缺状况分级体系，将植烟土壤有效锌含量分为缺乏（<0.50mg/kg）、偏低（0.50~1.00mg/kg）、适宜（1.01~2.00mg/kg）、偏高（2.01~4.00mg/kg）、丰富（>4.00mg/kg）5 级。

（2）植烟土壤有效锌含量空间分布图绘制。原始数据处理及分析采用 SPSS 17.0 软件进行，探索分析法（Explore）剔除异常离群数据，K-S 法检测数据正态性，用 ArcGIS 9 软件中的地统计学模块的 Kriging 插值方法绘制植烟土壤有效锌含量的空间分布图。

三、结果与分析

（一）植烟土壤有效锌含量总体分布特征

由表2-20可知，湘西州植烟土壤有效锌含量总体上略为偏高，平均值为2.08mg/kg，变幅为0.23~6.09mg/kg，变异系数为51.45%，属中等强度变异。湘西州植烟土壤有效锌处于适宜范围内的样本占28.69%，"缺乏"和"偏低"的植烟土壤样本分别为7.58%、10.25%，"偏高"的植烟土壤样本为49.39%，而"丰富"的植烟土壤样本仅只有4.10%。

表 2-20 湘西州植烟土壤有效锌含量

区域	样本数	均值±标准差（mg/kg）	变幅（mg/kg）	变异系数（%）	土壤有效锌含量分布频率（%）				
					(-∞, 0.5)	[0.5, 1.0)	[1.0, 2.0)	[2.0, 4.0]	(4.0, +∞)
保靖	38	1.83±0.94AB	0.24~3.42	51.64	13.16	7.89	31.58	47.37	0.00
凤凰	50	2.29±1.03A	0.25~3.76	44.81	14.00	4.00	12.00	70.00	0.00
古丈	62	1.75±0.89AB	0.23~3.50	50.94	11.29	11.29	35.48	41.94	0.00
花垣	42	2.02±0.95AB	0.27~3.56	46.97	9.52	7.14	28.57	54.76	0.00
龙山	132	2.20±1.27AB	0.25~4.81	57.86	8.33	15.91	19.70	45.45	10.61
泸溪	18	1.56±0.91B	0.30~3.40	58.36	5.56	16.67	55.56	22.22	0.00
永顺	146	2.18±0.99AB	0.44~6.09	45.16	1.37	7.53	35.62	51.37	4.11
湘西州	488	2.08±1.07	0.23~6.09	51.45	7.58	10.25	28.69	49.39	4.10

（二）不同植烟县土壤有效锌变化

由表 2-20 可知，7 个主产烟县植烟土壤有效锌含量平均在 1.56~2.29mg/kg，按从高到低依次为：凤凰县>龙山县>永顺县>花垣县>保靖县>古丈县>泸溪县；其中，保靖县、古丈县、泸溪县植烟土壤有效锌含量处于适宜水平，其他各县处于偏高水平。方差分析结果表明，不同县之间的植烟土壤有效锌含量差异达极显著水平（F=2.979；sig.=0.007），经 Duncan 多重比较，凤凰县植烟土壤有效锌含量极显著高于泸溪县，其他各县植烟土壤有效锌含量差异不显著。7 个县植烟土壤有效锌含量的变异系数为 44.81%~58.36%，各县植烟土壤有效锌含量的变异系数为中等强度变异，从大到小排序为：泸溪县>龙山县>保靖县>古丈县>花垣县>永顺县>凤凰县。7 个主产烟县植烟土壤有效锌含量适宜样本比例在 12.00%~55.56%，县际之间差异较大，按从低到高依次为：泸溪县>永顺县>古丈县>保靖县>花垣县>龙山县>凤凰县。

（三）不同植烟土壤类型有效锌变化

分别统计主要植烟土壤类型的有效锌含量的平均值和适宜样本比例，结果见表 2-21。8 个主要植烟土壤类型的有效锌含量平均在 1.75~2.74mg/kg，按从高到低依次为：灰黄棕土>浅灰黄泥>灰黄泥>红壤>水稻土>石灰土>灰黄土>黄壤；其中，石灰土、灰黄土、黄壤的有效锌含量属适宜水平，其他土壤类型的有效锌含量偏高。方差分析结果表明，不同植烟土壤类型的有效锌含量差异达显著水平（F=3.840；sig.=0.000），经 Duncan 多重比较，灰黄棕土的有效锌含量显著高于水稻土、石灰土、灰黄土、黄壤，其他土壤类型之间有效锌含量差异不显著。8 个主要植烟土壤类型的植烟土壤有效锌含量的变异系数在 37.48%~84.42%，为中等强度变异，以黄壤的有效锌含量变异系数最大。8 个主要植烟土壤类型的有效锌含量适宜样本比例在 8.70%~45.45%，按从低到高依次为：红壤>石灰土>水稻土>黄壤>灰黄土>灰黄泥>浅灰黄泥>灰黄棕土；其中红壤、石灰土、水稻土的有效锌含量适宜比例在 30% 以上。

表 2-21　不同植烟土壤类型有效锌含量

土壤类型	样本数	均值± 标准差 (mg/kg)	变幅 (mg/kg)	变异系数 (%)	土壤有效锌含量分布频率（%）				
					(−∞, 0.5)	[0.5, 1.0)	[1.0, 2.0)	[2.0, 4.0]	(4.0, +∞)
红壤	22	2.09± 0.78AB	0.79~ 3.90	37.48	0.00	9.09	45.45	45.45	0.00
黄壤	19	1.75± 1.48B	0.24~ 6.09	84.42	15.79	21.05	26.32	31.58	5.26
灰黄泥	42	2.23± 1.05AB	0.25~ 3.93	46.94	9.52	7.14	23.81	59.52	0.00
灰黄土	52	1.79± 1.01B	0.30~ 4.30	56.32	13.46	15.38	25.00	44.23	1.92
灰黄棕土	46	2.74± 1.45A	0.32~ 4.81	53.08	6.52	15.22	8.70	47.83	21.74
浅灰黄泥	35	2.26± 0.92AB	0.29~ 3.76	40.82	8.57	5.71	17.14	68.57	0.00
石灰土	48	1.99± 0.99B	0.44~ 5.25	49.57	4.17	8.33	43.75	39.58	4.17
水稻土	139	2.01± 0.93B	0.23~ 5.41	46.36	3.60	10.07	34.53	49.64	2.16

（四）不同海拔高度植烟土壤有效锌变化

将土壤样本采集地点的海拔按（−∞，400m）、[400m，600m)、[600m，800m)、[800m，1 000m)、[1 000m，+∞）分为 5 个海拔高度组，分别统计不同海拔高度的植烟土壤有效锌含量的平均值和适宜样本比例，结果见表 2-22。5 个海拔高度的植烟土壤有效锌含量平均在 1.72~2.74mg/kg，有随海拔高度的升高而有效锌含量增高的趋势。方差分析结果表明，不同海拔高度的植烟土壤有效锌含量差异达极显著水平（F=6.607；sig.=0.000），[1 000m，+∞）海拔高度组植烟土壤有效锌含量极显著高于其他 4 个海拔高度组。5 个海拔高度组植烟土壤有效锌含量的变异系数在 46.33%~55.79%，为中等强度变异，以 [1 000m，+∞）海拔高度组的土壤组有效锌含量变异系数最大。5 个海拔高度组的植烟土壤有效锌含量适宜样本比例在 9.52%~40.30%，不同海拔高度组之间差异较大，以 [1 000m，+∞）海拔高度组的土壤组有效锌含量适宜样本比例最小；[−∞，400m）海拔高度组的土壤组有效锌含量适宜样本比例最高。

表 2-22 不同海拔植烟土壤有效锌含量

海拔分组 (m)	样本数	均值± 标准差 (mg/kg)	变幅 (mg/kg)	变异系数 (%)	土壤有效锌含量分布频率（%）				
					(-∞, 0.5)	[0.5, 1.0)	[1.0, 2.0)	[2.0, 4.0]	(4.0, +∞)
(-∞, 400)	67	1.72± 0.90B	0.23~ 3.97	52.35	7.46	13.43	40.30	38.81	0.00
[400, 600)	178	2.01± 1.00B	0.25~ 5.41	49.56	6.15	8.94	37.99	44.13	2.79
[600, 800)	131	2.16± 1.00B	0.24~ 6.09	46.33	8.40	7.63	19.08	61.83	3.05
[800, 1 000)	69	2.03± 1.02B	0.33~ 4.26	50.18	10.14	11.59	23.19	53.62	1.45
[1 000, +∞)	43	2.74± 1.53A	0.32~ 4.81	55.79	7.14	16.67	9.52	42.86	23.81

（五）不同 pH 值组的土壤有效锌变化

将土壤样本的 pH 值按 (-∞, 4.5)、[4.5, 5.0)、[5.0, 5.5)、[5.5, 6.0)、[6.0, 6.5)、[6.5, 7.0)、[7.0, +∞) 分为 7 组，分别统计不同 pH 值组的植烟土壤有效锌含量的平均值和适宜样本比例，结果见表 2-23。7 个 pH 值组的植烟土壤有效锌含量平均在 1.83~2.50mg/kg。方差分析结果表明，不同植烟土壤 pH 值组有效锌含量差异不显著（F=1.260；sig.=0.275）。7 个主要植烟土壤 pH 值组有效锌含量变异系数在 41.32%~63.01%，均属于强变异。7 个主要植烟土壤 pH 值组有效锌含量适宜样本比例在 18.18%~50.00%；不同 pH 值组之间差异较大，按从高到低依次为：[7.0, +∞) ＞ [4.5, 5.0) ＞ [5.5, 6.0) ＞ [5.0, 5.5) ＞ [6.0, 6.5) ＞ [6.5, 7.0) ＞ (-∞, 4.5)。

表 2-23 不同 pH 值组的植烟土壤有效锌含量

pH 分组	样本数	均值± 标准差 (mg/kg)	变幅 (mg/kg)	变异系数 (%)	土壤有效锌含量分布频率（%）				
					(-∞, 0.5)	[0.5, 1.0)	[1.0, 2.0)	[2.0, 4.0]	(4.0, +∞)
(-∞, 4.5)	11	2.33± 0.96a	0.38~ 3.51	41.32	9.09	0.00	18.18	72.73	0.00
[4.5, 5.0)	47	2.13± 1.00a	0.42~ 4.73	47.15	2.13	8.51	46.81	36.17	6.38
[5.0, 5.5)	70	1.83± 0.96a	0.23~ 4.70	52.21	10.00	12.86	27.14	48.57	1.43
[5.5, 6.0)	137	2.13± 0.96a	0.24~ 4.45	45.26	5.84	7.30	32.12	51.82	2.92
[6.0, 6.5)	133	2.14± 1.09a	0.27~ 4.81	51.14	6.77	12.78	24.81	51.13	4.51

（续表）

pH 分组	样本数	均值±标准差（mg/kg）	变幅（mg/kg）	变异系数（%）	土壤有效锌含量分布频率（%）				
					(-∞, 0.5)	[0.5, 1.0)	[1.0, 2.0)	[2.0, 4.0]	(4.0, +∞)
[6.5, 7.0)	84	1.93±1.11a	0.25~4.71	57.76	11.90	14.29	23.81	46.43	3.57
[7.0, +∞)	2	2.50±1.57a	1.38~3.61	63.01	0.00	0.00	50.00	50.00	0.00

（六）不同有机质组的土壤有效锌变化

将土壤样本的有机质含量按（-∞，1）、[1，1.5）、[1.5，2.0）、[2.0，2.5）、[2.5，3.0）、[3.0，3.5）、[3.5，4.0）、[4.0，4.5）、[4.5，+∞）分为9组，分别统计不同有机质含量组的植烟土壤有效锌含量的平均值和适宜样本比例，结果见表2-24。9个有机质含量组的植烟土壤有效锌含量平均在1.66~2.48mg/kg。方差分析结果表明，不同植烟土壤有机质组有效锌含量差异极显著（F=3.244；sig.=0.001）；从多重比较结果看，主要是土壤有机质在[4.5，+∞）组的土壤有效锌含量相对较高，在（-∞，1）和[1，1.5）组的土壤有效锌含量相对较低。分析植烟土壤有机质与土壤有效锌的关系，有随土壤有机质升高而土壤有效锌升高的趋势（$\hat{y}=0.022x+1.554$，$R^2=0.856^{**}$）。9个主要植烟土壤有机质组有效锌含量的变异系数在45.32%~51.94%，属于强变异。9个主要植烟土壤有机质组有效锌含量适宜样本比例在10.53%~44.44%，不同有机质组之间差异较大，以有机质在（-∞，1）组的适宜样本比例最高。

（七）植烟土壤有效锌空间分布变化

为进一步了解湘西州植烟土壤有效锌含量的生态地理分布差异，采用ArcGIS 9软件绘制了湘西州植烟土壤有效锌含量空间分布图，见图2-75。湘西州植烟土壤有效锌含量呈有规律地分布，总体上是从北部和西南部分别向中部递减。在龙山县和永顺县的北部，以及凤凰县的西南部是高值区。

表2-24　不同有机质组的植烟土壤有效锌含量

有机质分组（g/kg）	样本数	均值±标准差（mg/kg）	变幅（mg/kg）	变异系数（%）	土壤有效锌含量分布频率（%）				
					(-∞, 0.5)	[0.5, 1.0)	[1.0, 2.0)	[2.0, 4.0]	(4.0, +∞)
(-∞, 1.0)	36	1.66±0.79C	0.44~3.50	47.42	5.56	22.22	44.44	27.78	0.00
[1.0, 1.5)	70	1.75±0.91BC	0.30~3.97	51.94	8.57	12.86	44.29	34.29	0.00
[1.5, 2.0)	102	1.99±0.9ABC	0.25~4.53	45.32	4.90	11.76	30.39	50.98	1.96
[2.0, 2.5)	72	2.01±0.97ABC	0.32~4.29	48.36	5.56	9.72	33.33	48.61	2.78

（续表）

有机质 分组 （g/kg）	样本数	均值± 标准差 （mg/kg）	变幅 （mg/kg）	变异系数 （%）	土壤有效锌含量分布频率（%）				
					（-∞， 0.5）	[0.5， 1.0）	[1.0， 2.0）	[2.0， 4.0]	（4.0， +∞）
[2.5， 3.0）	69	2.15± 1.07ABC	0.24~ 4.73	49.91	8.70	8.70	23.19	55.07	4.35
[3.0， 3.5）	63	2.35± 1.2AB	0.23~ 4.71	51.22	11.11	6.35	17.46	57.14	7.94
[3.5， 4.0）	33	2.41± 1.17AB	0.25~ 4.81	48.57	9.09	6.06	18.18	57.58	9.09
[4.0， 4.5）	19	2.25± 1.14ABC	0.29~ 4.08	50.81	5.26	15.79	15.79	57.89	5.26
[4.5， +∞）	19	2.48± 1.18A	0.27~ 4.63	47.71	10.53	5.26	10.53	68.42	5.26

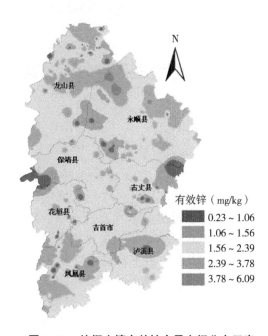

图 2-75　植烟土壤有效锌含量空间分布示意

四、讨论与结论

　　湘西州植烟土壤有效锌含量总体上略偏高，平均值为 2.08mg/kg，变幅为 0.23~6.09mg/kg，变异系数为 51.45%，处于适宜范围内的样本占 28.69%，偏高的样本为49.39%。不同县之间的植烟土壤有效锌含量差异达极显著水平，按从高到低依次为：凤凰县>龙山县>永顺县>花垣县>保靖县>古丈县>泸溪县。单从湘西州及各县植烟土壤有效锌含量平均值看并不缺乏，但有 7.58% 植烟土壤有效锌含量缺乏，在烟叶生产过程中须采用土壤增施有机肥改善土壤理化性状促进有效锌的释放，或者采用叶面喷施的方法直接增加锌。

不同土壤类型土壤有效锌含量差异极显著，变化规律是：灰黄棕土>浅灰黄泥>灰黄泥>红壤>水稻土>石灰土>灰黄土>黄壤。不同海拔高度的植烟土壤有效锌含量差异达极显著水平，有随海拔高度的升高而有效锌含量增高的趋势。低海拔烟区复种指数高，作物从土壤中携走的锌数量不断增加，又因大量的施用 N、P、K 肥而土壤锌素得不到有效补充。因此，低海拔烟区应注意补施锌肥。

不同 pH 值组的植烟土壤有效锌含量平均在 1.83～2.50mg/kg，差异不显著。不同有机质含量组的植烟土壤有效锌含量平均在 1.66～2.48mg/kg，差异极显著，主要是土壤有机质在 [4.5, +∞) 组的土壤有效锌含量相对较高，在 (-∞, 1) 和 [1, 1.5) 组的土壤有效锌含量相对较低。有随土壤有机质升高而土壤有效锌升高的趋势（$\hat{y} = 0.022x + 1.554$，$R^2 = 0.856^{**}$）。

植烟土壤有效锌含量 Kriging 插值图显示，湘西州植烟土壤有效锌含量呈有规律的分布，总体上是从北部和西南部分别向中部递减。采用 Kriging 插值绘制的等值线图直观地描述了湘西州主产烟区植烟土壤有效锌含量的分布格局，这对烟田的分区管理和因地施肥具有重要的指导意义。

第十五节　植烟土壤水溶性氯含量分布及其影响因素研究

一、研究目的

普遍认为烟草是"忌氯"作物，但氯是烟草生长发育所必需的营养元素，烟叶氯含量是其质量的重要指标。当烟叶氯含量>1%时，会影响烟叶燃烧性，导致熄火（曹志洪等，1990）；当烟叶氯含量<0.3%时，烟叶吸湿能力较差，烟叶弹性差、易破碎，质量下降。烟叶含氯量的高低主要受土壤、施肥和灌溉水含氯量的影响，而土壤中氯素的含量状况，直接影响土壤的供氯水平，是烟叶氯含量的重要来源（陈朝阳等，2012）。我国大多数土壤不缺氯，烟草又很容易吸收土壤中的氯并在烟叶中过量积累，因而防止过量氯对烟叶质量的不利影响是人们过去一直研究并关注的话题。严格限制施氯和部分烟区降水量大等原因，导致烟区土壤和烟叶含氯量普遍偏低，个别地方烟叶氯含量低已成为影响烟叶质量和工业可用性的限制因子（邓小华，2008）。鉴此，研究湘西州植烟土壤水溶性氯含量分布状况及空间分布特征，分析了前茬作物、土壤类型、海拔高度、pH 值、有机质等因素对植烟土壤水溶性氯含量的影响，以期为湘西州的植烟土壤养分管理及特色优质烟叶开发提供理论依据。

二、材料与方法

（一）样品采集

植烟土壤样品的采集于2011年在湘西州进行，室内样品检测在湖南农业大学资环学院进行。在湘西州主要烟区的7个植烟县（永顺县、龙山县、凤凰县、保靖县、泸溪县、花垣县、古丈县）、81个乡镇中的烟叶专业村和具有烟叶种植发展潜力的375个村，采集具有代表性的耕作层土样488个。种植面积在20hm²左右采集一个土样。土壤样品的采集时间均统一选在烤烟移栽前的第2个月内完成，同时避开雨季。采用土钻钻取，采多点混合土样，取耕层土样深度为20cm。每个地块一般取10~15个小样点（即钻土样）土壤，制成1个0.5kg左右的混合土样。田间采样登记编号，经过风干、磨细、过筛、混匀等预处理后，装瓶备测定分析用。样品采集的同时用GPS确定采用点地理坐标和海拔高度，记录土壤类型、前茬作物类型等。

（二）土壤水溶性氯、pH值及有机质测定方法

植烟土壤水溶性氯采用硝酸银容量法测定。同时，采用重铬酸钾容量法测定植烟土壤有机质，采用pH计法（土水比为1.0∶2.5）测定pH值。

（三）统计分析方法

（1）植烟土壤水溶性氯含量分级。在综合分析湘西州烟草生产实际和多年烟草施肥试验后，以烟叶优质适产为目标，以植烟土壤养分的生物有效性为核心，建立植烟土壤养分丰缺状况分级体系，将植烟土壤水溶性氯含量分为极低（<5.00mg/kg）、低（5.00~10.00mg/kg）、适宜（10.01~30.00mg/kg）、高（30.01~40.00mg/kg）、很高（>40.00mg/kg）等5级。

（2）植烟土壤水溶性氯含量空间分布图绘制。原始数据处理及分析采用SPSS 17.0软件进行，探索分析法（Explore）剔除异常离群数据。采用ArcGIS 9软件的地统计学模块（Geostatistical analyst），以IDW法（Inverse distance weighting，反距离加权插值）插值为基本工具，对植烟土壤水溶性氯含量空间分布进行图形绘制。

三、结果与分析

（一）湘西植烟土壤水溶性氯含量总体分布特征

由表2-25可知，湘西州植烟土壤水溶性氯含量总体适宜，平均值为23.81mg/kg，变幅为0.24~59.77mg/kg，变异系数为72.47%，属强变异。

表2-25　湘西州植烟土壤水溶性氯含量分布

区域	样本数（个）	均值±标准差（mg/kg）	变幅（mg/kg）	变异系数（%）	土壤水溶性氯含量分布频率（%）				
					(-∞, 5)	[5, 10)	[10, 30)	[30, 40)	[40, +∞)
保靖	38	17.09±16.23C	1.36~56.50	94.95	43.24	8.11	18.92	21.62	8.11

（续表）

区域	样本数（个）	均值±标准差（mg/kg）	变幅（mg/kg）	变异系数（%）	土壤水溶性氯含量分布频率（%）				
					$(-\infty, 5)$	$[5, 10)$	$[10, 30)$	$[30, 40)$	$[40, +\infty)$
凤凰	50	24.53±20.51BC	1.02~58.84	83.61	36.96	4.35	8.70	17.39	32.61
古丈	62	29.94±17.78AB	1.62~58.96	59.38	18.33	6.67	15.00	28.33	31.67
花垣	42	25.31±15.61ABC	0.31~54.79	61.66	19.05	2.38	28.57	30.95	19.05
龙山	132	19.29±16.71C	0.24~59.62	86.64	35.43	11.81	20.47	17.32	14.96
泸溪	18	35.11±21.13A	2.39~59.77	60.19	25.00	0.00	12.50	6.25	56.25
永顺	146	25.03±15.06ABC	1.70~56.96	60.19	8.97	18.62	27.59	26.90	17.93
湘西州	488	23.81±17.25	0.24~59.77	72.47	24.10	10.99	21.14	22.83	20.93

湘西州植烟土壤水溶性氯处于适宜范围内的样本占21.44%；"低"和"极低"的植烟土壤样本之和为35.09%，生长在这些土壤的烟株有可能出现烟叶氯含量不足的现象；"高"和"很高"的植烟土壤样本之和为43.76%，在这些土壤上可能会出现烟叶氯含量超标现象，影响烟叶的燃烧性。7个主产烟县植烟土壤水溶性氯含量平均在17.09~35.11mg/kg，按从高到低依次为：泸溪县>古丈县>花垣县>永顺县>凤凰县>龙山县>保靖县；其中，泸溪县被检测土壤水溶性氯含量平均值在30mg/kg以上，要引起重视；古丈县被检测土壤水溶性氯含量平均值接近30mg/kg，也不能忽视。方差分析结果表明，不同县之间的植烟土壤水溶性氯含量差异达极显著水平（F = 5.252；sig. = 0.000），经Duncan多重比较，泸溪县和古丈县植烟土壤水溶性氯含量极显著高于保靖县、凤凰县和龙山县。7个县植烟土壤水溶性氯含量的变异系数为60.19%~94.95%，为强变异。7个主产烟县植烟土壤水溶性氯含量适宜样本比例在8.70%~28.57%，县际之间差异较大，按从低到高依次为：花垣县>永顺县>龙山县>保靖县>古丈县>凤凰县>泸溪县。

（二）植烟土壤水溶性氯含量空间分布特征

为进一步了解湘西州植烟土壤水溶性氯含量的生态地理分布差异，采用ArcGIS 9软件绘制了湘西州植烟土壤水溶性氯含量空间分布图。由图2-76可知，湘西州植烟土壤水溶性氯含量总体上有从西向东方向递增的分布趋势。各县都有一个水溶性氯含量大于40mg/kg的高值区，特别是在泸溪县，有一大片水溶性氯含量大于40mg/kg的高值区。从总体上看，以水溶性氯含量30~40mg/kg和20~30mg/kg为主要分布面积。

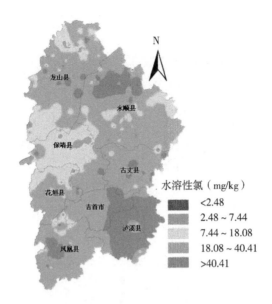

图 2-76　植烟土壤水溶性氯含量空间分布示意

（三）前茬作物对植烟土壤水溶性氯含量的影响

分别统计主要前茬作物（10 个样本以上）的植烟土壤水溶性氯含量的平均值和适宜样本比例，结果见图 2-77。7 个主要作物前茬的植烟土壤水溶性氯含量平均在

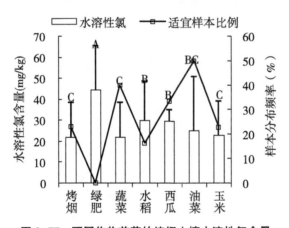

图 2-77　不同作物前茬的植烟土壤水溶性氯含量

21.81~44.21mg/kg，按从高到低依次为：绿肥>水稻>西瓜>油菜>玉米>蔬菜>烤烟。方差分析结果表明，不同作物前茬的植烟土壤水溶性氯含量差异达极显著水平（F = 3.243；sig. = 0.004），经 Duncan 多重比较，前茬为烤烟、蔬菜和玉米的土壤水溶性氯含量极显著的低于其他作物前茬土壤。绿肥前茬的土壤水溶性氯含量较高，有可能与取样有关，所取样本全部来自泸溪县。水稻田和西瓜地水溶性氯含量高，这可能与它们在种植过程中施入的含氯化肥较多有关。7 个主要前茬作物的植烟土壤水溶性氯含量适宜样本比例在 0~50.00%，不同作物前茬之间差异较大，按从高到低依次为：油菜>蔬菜>

西瓜>烤烟>玉米>水稻>绿肥。

（四）土壤类型对植烟土壤水溶性氯含量的影响

分别统计主要植烟土壤类型的水溶性氯含量的平均值和适宜样本比例，结果见图2-78。6个主要植烟土壤类型的水溶性氯含量平均在17.40~27.67mg/kg，按从高到

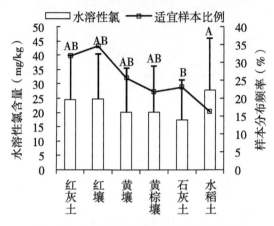

图2-78 不同植烟土壤类型水溶性氯含量

低依次为：水稻土>红壤>红灰土>黄棕壤>黄壤>石灰土。方差分析结果表明，不同植烟土壤类型的水溶性氯含量差异达极显著水平（F=5.645；sig.=0.000），经Duncan多重比较，水稻土壤的水溶性氯含量极显著地高于石灰土壤类型。6个主要植烟土壤类型的水溶性氯含量适宜样本比例在16.30%~34.62%，不同土壤类型之间差异较大，按从低到高依次为：水稻土>黄棕壤>石灰土>黄壤>红灰土>红壤。

（五）海拔高度对植烟土壤水溶性氯含量的影响

将土壤样本采集地点的海拔按（-∞，400m）、[400m，600m）、[600m，800m）、[800m，1 000m）、[1 000m，+∞）分为5个海拔高度组，分别统计不同海拔高度组的植烟土壤水溶性氯含量的平均值和适宜样本比例，结果见图2-79。5个海拔高度组的植烟土壤水溶性氯含量平均在18.95~28.93mg/kg，有随海拔高度的升高而水溶性氯含量降低的趋势（回归方程为$\hat{y}_{水溶性氯}=-1.976x_{海拔}+29.58$，$R^2=0.757^{**}$）。方差分析结果表明，不同海拔高度的植烟土壤水溶性氯含量差异达显著水平（F=2.389；sig.=0.050），（-∞，400m）海拔高度组土壤水溶性氯含量显著高于[600，800）、[1 000m，+∞）海拔高度组植烟土壤水溶性氯含量。5个海拔高度组的植烟土壤水溶性氯含量适宜样本比例在18.75%~24.64%。不同海拔高度组之间差异不大。

（六）土壤pH值对植烟土壤水溶性氯含量的影响

将土壤样本的pH值按（-∞，4.5）、[4.5，5.0）、[5.0，5.5）、[5.5，6.0）、[6.0，6.5）、[6.5，7.0）、[7.0，+∞）分为7组，分别统计不同pH值组的植烟土壤水溶性氯含量的平均值和适宜样本比例，结果见图2-80。7个pH值组的植烟土壤水溶性氯含量平均在4.05~35.15mg/kg，有随pH值的升高植烟土壤水溶性氯含量降低的趋

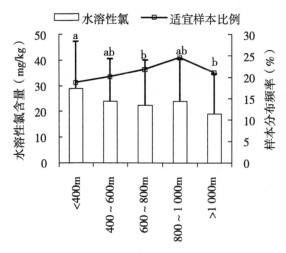

图 2-79 不同海拔植烟土壤水溶性氯含量

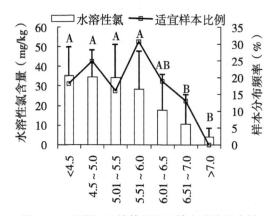

图 2-80 不同 pH 值的植烟土壤水溶性氯含量

势（回归方程为 $\hat{y}_{\text{水溶性氯}} = -5.632 x_{\text{pH}} + 45.1$，$R^2 = 0.910^{**}$）。水溶性氯含量从高到低排序为：$(-\infty,\ 4.5) > [4.5,\ 5.0) > [5.0,\ 5.5) > [5.5,\ 6.0) > [6.0,\ 6.5) > [6.5,\ 7.0) > [7.0,\ +\infty)$。方差分析结果表明，不同 pH 值组的植烟土壤水溶性氯含量差异极显著（F=27.678；sig.=0.000），主要为 $(-\infty,\ 4.5)$、$[4.5,\ 5.0)$、$[5.0,\ 5.5)$、$[5.5,\ 6.0)$ pH 值组的植烟土壤水溶性氯含量极显著高于 $[6.5,\ 7.0)$、$[7.0,\ +\infty)$ 组。其中，$(-\infty,\ 4.5)$、$[4.5,\ 5.0)$、$[5.0,\ 5.5)$ pH 值组的植烟土壤水溶性氯含量在 30mg/kg 以上，属于水溶性氯含量高的土壤。7 个 pH 值组的植烟土壤水溶性氯含量适宜样本比例在 0%~30.77%，不同 pH 值组之间差异较大，以 $[5.5,\ 6.0)$ pH 值组的土壤组水溶性氯适宜样本比例最高；$[7.0,\ +\infty)$ pH 值组的水溶性氯含量较低，适宜样本数为 0。

（七）土壤有机质对植烟土壤水溶性氯含量的影响

将土壤样本的有机质含量按 $(-\infty,\ 1)$、$[1,\ 1.5)$、$[1.5,\ 2.0)$、$[2.0,\ 2.5)$、$[2.5,\ 3.0)$、$[3.0,\ 3.5)$、$[3.5,\ 4.0)$、$[4.0,\ 4.5)$、$[4.5,\ +\infty)$ 分为 9 组，分别

统计不同有机质含量组的植烟土壤水溶性氯含量的平均值和适宜样本比例，结果见图 2-81。9 个有机质含量组的植烟土壤水溶性氯含量平均在 18.76~26.38mg/kg。方差分析结果表明，不同有机质含量组的植烟土壤水溶性氯含量差异不显著（F = 0.649；sig. = 0.737）。9 个有机质含量组的植烟土壤水溶性氯含量适宜样本比例在 0%~41.67%，不同有机质含量组之间差异较大，（-∞，1）有机质组的水溶性氯含量适宜样本数最多。

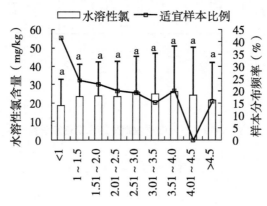

图 2-81　不同有机质的植烟土壤水溶性氯含量

四、讨论与结论

（1）土壤养分含量丰缺诊断是科学施肥的核心，是烤烟优质适产的基础。在不同烟区，由于土壤类型、气候等条件的差异，建立的烤烟土壤养分丰缺指标是不同的。罗建新（罗建新等，2005）认为湖南植烟土壤水溶性氯含量以 10.00~20.00mg/kg 为适宜；《全国烟草种植区划报告》规定，当土壤水溶性氯含量≤30mg/kg 时最适宜种植烟草，当土壤水溶性氯含量> 45mg/kg 时，不适宜种植烟草；陈朝阳等（2012）认为南平烟区植烟土壤氯适宜含量指标为 25.00~35.00mg/kg。结合上述分析，初步认为湘西州植烟土壤氯含量指标为 10~30mg/kg 为适宜。湘西州植烟土壤水溶性氯含量平均值为 23.81mg/kg，变幅为 0.24~59.77mg/kg，单从湘西州植烟土壤水溶性氯含量平均值看并不缺乏，但植烟土壤水溶性氯含量变幅较大，仍有 35.09% 的植烟土壤样本处于氯含量不足状态。因此，在少部分水溶性氯含量偏低的植烟土壤，在生产上可以有计划地在肥料配方中掺配氯化钾，使烤烟种植当季土壤氯含量提高到适宜水平，满足优质烟叶生产需要。

（2）运用 IDW 法对湘西州植烟土壤水溶性氯含量进行估值，绘制的空间分布图直观地描述了湘西州主产烟区植烟土壤水溶性氯含量的分布格局，这对烟田的分区管理和因地施肥具有重要的指导意义。从整体上看，湘西州植烟土壤水溶性氯含量总体上有从西向东方向递增的分布趋势。在泸溪县有一大片水溶性氯含量大于 40mg/kg 的高值区要引起重视。

（3）湘西州不同作物前茬的植烟土壤水溶性氯含量差异达极显著水平。前茬为烤烟、蔬菜和玉米的土壤水溶性氯含量极显著的低于其他作物前茬土壤。绿肥前茬的土壤水溶性氯含量较高，有可能与取样有关，所取样本全部来自泸溪县，但具体是何原因，还有待进一步研究。水稻田和西瓜地水溶性氯含量高，这可能与它们在种植过程中施入的含氯化肥较多有关。

（4）湘西州不同植烟土壤类型的水溶性氯含量差异达极显著水平。水稻土壤的水溶性氯含量极显著地高于石灰土壤类型。这可能与种植杂交水稻大量施用氯化钾有关。

（5）湘西州不同海拔高度的植烟土壤水溶性氯含量差异达显著水平，有随海拔升高而降低的趋势。在湘西烟区的高海拔地区，一般为一年一熟的旱地作物，人工补施化肥和施用有机肥很少，有可能是高海拔烟区土壤含氯量低的主要原因。

（6）植烟土壤水溶性氯含量在不同 pH 值组间存在着极显著差异，有随 pH 值的升高植烟土壤水溶性氯含量降低的趋势。这可能与酸化土壤的氯离子含量较高有关。因此，对于酸化的土壤，特别是 pH 值在 5.5 以下的土壤，可以通过施用石灰，减少土壤酸化程度，减少土壤氯含量。

（7）植烟土壤水溶性氯含量在不同有机质组间差异不显著。有机质本身含有一定的氯素，其在分解过程中可释放部分氯。但有机质含量低的土壤，pH 值一般也较低，土壤易酸化。因此，有关湘西州植烟土壤有机质与氯的关系还有待进一步研究。

植烟土壤中的氯主要来源于土壤矿物风化释放，有机质中所含氯的分解，以及施用有机肥、无机肥、农药所及降水、灌溉水、地下水带入的氯等。湘西州部分植烟土壤含氯量较低可能与烟草栽培过程中禁止施用含氯肥料、轮作模式、降水量大等有关。因此，在比较分析湘西州植烟土壤氯素养分特征的基础上，有必要开展相关配套试验，深入研究在氯含量较低的植烟土壤中含氯肥料施用量、施用时期、施用方式对烤烟产质量，特别是对烟叶品质的影响，以进一步提高湘西州烟叶的工业可用性和烤烟种植效益。

第十六节　湘西植烟土壤芽孢细菌区域分布特征及其与土壤 pH 值的相关性

一、研究目的

芽孢细菌是一类好氧或兼性厌氧、产芽孢的革兰氏阳性菌，对人畜无毒无害，不污染环境，能产生多种抗生素和酶，具有广谱抗菌活性和极强的抗逆能力，不仅可以在土壤、植物根际体表等外界环境中广泛存在，同时还是植物体内常见的内生细菌。芽孢细菌是从表面消毒的植物组织中分离或从植物内部获得的、能够定殖在健康植物细胞间隙或细胞内，并未使植物的表型特征和功能发生改变的细菌。芽孢细菌由于与植物有特殊的紧密联系，近年来成为研究的热点，但土壤芽孢细菌分布特征与土壤 pH 值的相关性研究却很少见报道。笔者特进行湘西州植烟土壤芽孢细菌分布特征与土壤 pH 值的相关性研究，以期为湘西州植烟土壤 pH 值失调机制及阻控技术研究提供科学依据与改良措施。

二、材料与方法

（一）土壤采样地点与数量

土样于 2013 年在湘西州 6 个烤烟主产县采集，采样数量见表 2-26。室内检测在湖南省农业科学院土壤肥料研究所进行。

（二）采样方法

按土种取样，取耕层 0~20cm 深度的土样。采用管形不锈钢土钻人工钻取，按梅花采样法采集 5 点的混合土样。共取具有代表性的混合新鲜土样 105 份，每份土样代表植烟面积 10~20hm²。

（三）土壤测定与分析

土壤芽孢细菌采用常规平板检测法，土壤 pH 值采用 pH 计法（土水比为 1.0 : 2.5）测定。数据用 Excel 与 DPS 14.5 及 SPSS 16 软件进行统计分析。

三、结果与分析

（一）植烟土壤的芽孢细菌总体特征

1. 土壤芽孢细菌基本统计特征

由表 2-26 可知，湘西州植烟土壤芽孢细菌数量含量平均值为 44.03×10⁴cfu/g，变幅为 6.04×10⁴~97.27×10⁴cfu/g，变异系数为 51.07%。根据变异系数的划分等级标准，属强变异。偏度检验和峰度检验表明，土壤芽孢细菌数量的测定数据均符合近似正态分布的要求（表 2-26）。6 个主产烟县植烟土壤芽孢细菌数量平均在 33.63×10⁴~58.29×10⁴cfu/g。方差分析表明，不同县之间的植烟土壤芽孢细菌数量差异未达显著水平(F = 0.776 0；sig. = 0.569 3)，变异系数为 24.39%~57.19%，龙山县>永顺县>凤凰县>泸溪县>保靖县>花垣县。除永顺县是左偏态分布外，其他县均为右偏态分布，所有县指标偏离中心不远（偏度系数的绝对值小于 2），其中以泸溪县样本值偏离中心最远，凤凰县偏离中心最近；永顺县、泸溪县为常态峰（峰度系数大于 1 小于 3），数据分布较集中，其他县为低阔峰（峰度系数小于 1），数据分布比较分散。

表 2-26　湘西州植烟土壤芽孢细菌统计特征

区域	样本数	均值 （×10⁴ cfu/g）	标准差	极小值 （×10⁴ cfu/g）	极大值 （×10⁴ cfu/g）	偏度	峰度	变异系数 （%）
保靖	15	43.85	13.09	22.55	67.16	0.085	-0.500	31.77
凤凰	15	36.59	16.12	6.04	67.61	0.037	0.069	44.05
花垣	15	33.63	8.2	21.75	49.39	0.734	-0.230	24.39
龙山	15	37.86	21.65	12.38	84.28	0.776	-0.120	57.19
泸溪	15	39.71	14.16	19.58	74.54	1.005	1.480	35.67

（续表）

区域	样本数	均值（×10⁴ cfu/g）	标准差	极小值（×10⁴ cfu/g）	极大值（×10⁴ cfu/g）	偏度	峰度	变异系数（%）
永顺	30	58.29	30.24	12.26	97.27	-0.23	-1.680	51.89
湘西州	105	44.03	22.49	6.04	97.27	0.768	-0.310	51.07

2. 芽孢细菌分布频率

按 20 的组距将 105 个样本的芽孢细菌数量分为 6 组：>90，70.1~90，50.1~70，30.1~50，10.1~30 和<10，统计各组样本芽孢细菌数量及其对应的分布频率。由图 2-82可知，测定数据基本符合正态分布规律。湘西州植烟土壤芽孢细菌 40%样本分布在 30.1~50 范围内，30.48%样本分布 10.1~30 范围内，<10 与>90 的样本分布频率较低，分别为 1 个与 3 个样本。

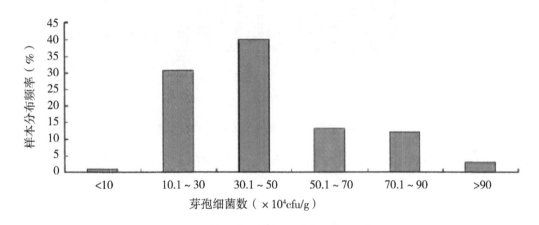

图 2-82　湘西州植烟土壤芽孢细菌分布频率

（二）湘西各县植烟土壤的芽孢细菌区域分布特征

按 10 的组距将 105 个样本的芽孢细菌数分为 10 组：90.1~100，80.1~90，70.1~80，60.1~70，50.1~60，40.1~50，30.1~40，20.1~30，10.1~20 和 0~10。统计各组样本数量及其对应的分布频率。由图 2-83 可见，湘西州芽孢细菌总体上分布呈右偏态低阔单峰近似正态分布，分布相对靠前，主要分布区间在 20.1~50 范围，累计分布频率为 57.15%，跨度达 30 点。其中永顺县分布呈左偏态常态单峰近似正态分布，分布相对靠后，主要分布区间在 80.1~90 与 20.1~30 范围，累计分布频率为 8.57%，跨度达 60 点；泸溪县分布呈右偏态常态单峰近似正态分布，分布相对靠前，主要分布区间在 20.1~50 范围，累计分布频率为 11.42%，跨度达 30 点；龙山县呈右偏态低阔单峰近似正态分布，分布相对靠前，主要分布区间在 10.1~30 与 40.1~50 范围，累计分布频率为 10.48%，跨度达 40 点；凤凰县呈右偏态低阔单峰近似正态分布，分布相对靠前，主要分布区间在 30.1~60 范围，累计分布频率为 9.52%，跨度达 30 点花垣县呈右偏态低阔单峰近似正态分布，分布相对靠前，主要分布区间在 20.1～50 范围，累计分布频率为 14.29%，跨度达 30 点；保靖县呈右偏态低阔单峰近似正态分布，分布相对靠前，主要分布区间在 20.1～50 范围，累计分布频率为 10.8%，跨度达 30 点。芽孢细菌数大于 80 的高值区主要分布在永顺与龙山，分布频率分别为 6.9% 与 0.5%，小于 20 的低值区主要分布在龙山、凤凰、泸溪与永顺，分布频率分别为 3.1%、2.5%、0.5% 与 0.5%。

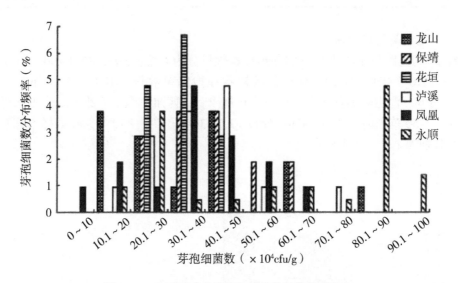

图 2-83　湘西州各县植烟土壤芽孢细菌分布特征

（三）湘西各县植烟土壤的芽孢细菌数与 pH 值的相关性分析

1. 芽孢细菌数与 pH 值的回归分析

各县 pH 平均值在 6.2～7.1，湘西州总平均值为 6.7，变幅为 4.8～8.2，变异系数为 11.13%，变异较小。回归分析表明，土壤芽孢细菌数与土壤 pH 值正相关性接近 1% 极显著水平，相关系数为 0.425 0，回归方程为 $y = 0.020\,2x + 5.809\,8$。

2. 芽孢细菌数与 pH 值的相关性分析

由图 2-84 可见，土壤 pH 值随着芽孢细菌数的增加而升高，两者呈近似极显著（F = 3.311，P = 0.010 9）正相关近似直线关系。目前湘西州有 26.84% 的酸化土壤，而且有加重之势，增加土壤芽孢细菌数是改良和防控湘西州土壤酸化的重要措施之一。

四、讨论与结论

（1）湘西州植烟土壤芽孢细菌数量平均值为 44.03×10⁴cfu/g，变幅为 6.04×10⁴ ～ 97.27×10⁴cfu/g，变异系数为 51.07%，40% 样本分布在 30.1～50（×10⁴cfu/g）范围内，30.48% 样本分布在 10.1×10⁴～30×10⁴cfu/g 范围内，总体上分布呈右偏态低阔单峰近似正态分布，分布相对靠前，主要分布区间在 20.1×10⁴～50× 10⁴cfu/g 范围，累计分布频率为 57.15%，跨度达 30 点；与 pH 值呈近似极显著（F = 3.311，P = 0.010 9）正相关近似直线关系。国内外已经在多种植物中分离到了不同种属的芽孢细菌。田间应用研究

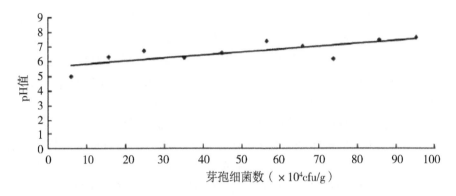

图 2-84　湘西州植烟土壤芽孢细菌与 pH 值的相关性

已经证实，芽孢杆菌生防菌剂在稳定性与化学农药相容性和在不同植物不同年份防效的一致性等方面，明显优于非芽孢杆菌和真菌生防菌。但由于各地研究的统计分析方法或其回归系数与决定系数不同，也影响了定性分析的结果（如 LSD 法最易显著，TUKEY 法显著性就较严格），导致本研究结果与前人部分研究并未完全吻合。

（2）芽孢细菌有很大的开发潜力，通过土壤分离提取培育并对该菌株进行分子标记与数量监测，可进行微生态学研究，如监测其在不同生物、化学、环境因子的土壤中及宿主体内的定殖动态、在根际与其他微生物特别是病原菌的互作情况等，因为掌握其在环境中的定殖能力是进行生产应用的前提。

（3）本研究认为"湘西州植烟土壤芽孢细菌与 pH 值呈近似极显著正相关近似直线关系"对土壤改良与维护有重要意义。建议湘西烟区重视芽孢细菌与 pH 值的关系，通过阻控土壤酸化与治理，减少病虫害发生，提高肥料利用率，从而有利于烟叶生产的持续发展及土壤治理与修复。

第十七节　植烟土壤养分适宜性综合评价

一、研究目的

土壤是影响烟叶质量的重要因素之一，适宜的土壤条件是生产优质烤烟的重要基础。土壤肥力的高低决定了烤烟的生产潜力，是衡量植烟土壤生产力的综合指标。关于土壤肥力的概念目前还缺乏统一的认识，早期的欧美土壤学家以养分多少探讨土壤的肥力；近年来人们逐渐倾向于土体—植物—环境整体性的土壤肥力概念，将环境因子（地貌、水文、气候、植物等）和社会因子（人类活动等）作为土壤肥力系统组分。美国土壤学会认为土壤肥力是指在内外界因素（光照、温度与土壤物理条件等）都适合特定植物生长时，土壤以适当的量和平衡的比例向这种植物供应养分的能力。中国土壤界从土壤学角度出发，认为土壤肥力应包括土壤的养分状况（包括有机质、大量营养元素以及必需的微量营养元素等）以及土壤在供应植物生理所需物质时所处的环境条件（包括物理、化学和生物环境条件三个方面）。土壤肥力评价就是对土壤肥力高低的评判和鉴定，评价方法很多，在指标选择上也存在着很大的差异。近年来，研究者们将多元统计分析、聚类分析、因子分析、主成分分析和模糊数学等应用于土壤综合评价，得出反映土壤肥力高低的综合性指标。GIS 技术的兴起，能够有效提供空间查询与量算、空间变化、叠加分析、缓冲区分析、地形因子分析、空间统计分析等功能，使土壤适宜性评价愈加向着综合化、定量化、精确化的方向发展。

不同利用方式的土壤适宜性评价是针对作物的产量和品质而提出的土壤质量概念。植烟土壤养分适宜性评价是指对烤烟在某区域内土壤养分的适宜性程度进行综合性评价，是评价土壤生产优质烤烟的能力，在评价因素的选择、评价因素的分级及分值的确定、评价因素的权重等方面都具有其特异性。不同生态区的土壤养分状况存在较大的差异，给发展特色优质烤烟带来了一定的影响。因此，以湘西烟区土壤为研究对象，通过对烟区土壤养分普查，制定养分等级标准，并结合植烟土壤的实际状况，根据模糊数学原理，采用主成分分析法估算不同指标的权重，将 GIS 技术、统计模型和评价方法有机结合对湘西烟区土壤养分状况进行综合评价，按其土壤质量对土壤养分适宜性程度划分为若干相对等级，使土壤养分适宜性评价趋于标准化和定量化，为湘西烟区土壤和烟草营养诊断提供科学依据。

二、评价的方法与步骤

（一）土壤样品采集与检测

（1）土壤样品的采集。时间均统一选在前茬作物收获后，烟草尚未施用底肥和移栽以前完成，以反映采样地块的真实养分状况和供肥能力，同时避开雨季。要求采集地点应具有代表性，使用 GPS 定位技术。每一点土样保证深度一致、上下土体一致、数量一致。取样时，以直接耕种的自然田块为采样单元，挑选当地主要代表性地块进行采样，地势较平坦的区域采样面积适当放大，地形复杂的山区采样面积适当缩小。为了保证微量元素结果分析的准确性，取样层次为耕作层，根据土种是否相同取耕层土壤 20cm 深度的土样。采样方法为人工钻取，取土钻统一采用管形不锈钢土钻。在同一采样单元内每 8~10 个点的土样构成 1 个 0.5kg 左右的混合土样。从田间采来的土样经登记编号后进行预处理，经过风干、磨细、过筛、混匀、装瓶后备测定分析之用。在土壤样品采集的同时，记录地形、成土母质、土壤类型等。共取具有代表性的混合土样 488 份，每份土样代表植烟面积 $10 \sim 20 \text{hm}^2$。

（2）土壤养分测定。土壤 pH 值采用 pH 计法（土水比为 1.0：2.5）测定；有机质含量采用重铬酸钾滴定法测定；全氮含量采用开氏法测定；全磷含量采用氢氧化钠熔融—钼蓝比色法测定；全钾含量采用氢氧化钠熔融—火焰光度法测定；碱解氮含量采用碱解扩散法测定；有效磷含量采用 Olsen 法测定；速效钾含量采用乙酸铵浸提—火焰光度法测定；水溶性氯含量采用硝酸银容量法测定。

（二）评价指标的选择

评价因子是指参与评定土壤养分的一种可度量或可测定的土壤属性，对某一区域内植烟土壤，不同因素对土壤养分的影响程度差异很大，选择评价因子的合适与否直接影响土壤养分适宜性评价划分结果的科学性。为了计算的高效和简便，需要在土壤养分因子中进行必要的筛选。评价因子的选择应遵循以下原则：

①针对性原则：必须是经过试验研究和生产实践检验确实对烤烟质量有影响的土壤养分指标。

②主导性原则：对烤烟生长和品质有比较大影响的因子。

③稳定性原则：对烤烟具有长期稳定影响的因子，而不是短期易变的因子。

④可量化原则：尽可能选择可量化的评价因子，以减少主观成分对评价结果的影响。

⑤易获得性原则：考虑现有的资料和技术水平，充分利用现有的资源，避免因子选择过于详细而影响信息采集，增加工作量。

本研究根据湘西州烟草种植区的实际情况，通过广泛收集资料、实地调研，并征求各有关部门专家和技术人员的意见，最终确定以植烟土壤 pH 值、有机质、全氮、全磷、全钾、碱解氮、有效磷、速效钾和水溶性氯等作为评价因子。

（三）评价指标的权重确定

不同土壤养分评价指标各自具有相对重要性，应对其赋予不同的权重。确定各单项土壤养分指标的权重系数，是土壤养分综合评价中的一个关键问题。一般采用专家咨询方法、层次分析法、相关系数法等。为避免人为主观因素的干扰，本研究运用主成分分析法，提取累积贡献率≥85%的 5 个主成分，计算得到各养分指标的权重值（表2-26）

（四）隶属函数的建立和隶属度的计算

不同土壤养分指标的最适值范围不一致，量纲也存在差异，运用模糊数学理论中的隶属函数计算各土壤养分指标的隶属度，使各土壤养分指标的原始数据转换为 0.1～1 的数值，以消除量纲影响。常用于综合评价的隶属函数类型主要有 3 种：反 S 型、S 型和抛物线型。

植烟土壤的 pH 值、有机质、全氮、碱解氮、有效磷、速效钾、水溶性氯等指标的隶属函数为抛物线型，函数表达式为：

$$f(x) = \begin{cases} 0.1 & x < x_1;\ x > x_2 \\ 0.9(x - x_1)/(x_3 - x_1) + 0.1 & x_1 \leq x < x_3 \\ 1.0 & x_3 \leq x \leq x_4 \\ 1.0 - 0.9(x - x_4)/(x_2 - x_4) & x_4 < x \leq x_2 \end{cases}$$

植烟土壤全磷、全钾含量的隶属函数为 S 型，函数表达式为：

$$f(x) = \begin{cases} 1.0 & x \geq x_2 \\ 0.9(x - x_1)/(x_2 - x_1) + 0.1 & x_1 < x < x_2 \\ 0.1 & x \leq x_1 \end{cases}$$

式中 x 为各土壤养分指标的实际值，x_1、x_2、x_3、x_4 分别代表各土壤养分指标的下临界值、上临界值、最优值下限、最优值上限。各土壤养分因子所属的隶属度函数曲线类型及转折点见表2-27。

表 2-27　土壤养分指标的隶属函数拐点和权重值

| 土壤养分指标 | 隶属函数类型 | 拐点 | | | | 权重（%） |
		下临界值 x_1	最优值下限 x_3	最优值上限 x_4	上临界值 x_2	
pH 值	抛物线	5.00	5.50	7.00	7.50	9.34
有机质（g/kg）	抛物线	15.00	25.00	35.00	45.00	13.17
全氮（g/kg）	抛物线	0.50	1.00	2.00	2.50	11.11
碱解氮（mg/kg）	抛物线	60.00	110.00	180.00	240.00	12.69
有效磷（mg/kg）	抛物线	5.00	10.00	15.00	20.00	10.36
速效钾（mg/kg）	抛物线	80.00	160.00	240.00	350.00	8.52
水溶性氯（mg/kg）	抛物线	5.00	10.00	30.00	40.00	8.92
全磷（g/kg）	S	0.50			1.50	13.00
全钾（g/kg）	S	10.00			20.00	12.89

（五）植烟土壤养分适宜性指数的计算

本研究运用隶属函数模型与指数和法来分析湘西州主烟区的土壤适宜性。设有 m 个取样点（$m = 1, \cdots, j$），每个取样点有 n 个土壤养分指标（$n = 1, \cdots, i$），N_{ij} 和 W_{ij} 分别表示第 j 个取样点、第 i 个土壤养分指标的隶属度值和权重系数，其中 $0 < N_{ij} \leq 1$，$0 < W_{ij} \leq 1$，且满足 $\sum_{j=1}^{m} W_{ij} = 1$，则各取样点的土壤养分适宜性指数（Soil Feasibility Index）可表示为：$SFI = \sum_{j=1}^{m} N_{ij} \times W_{ij}$。

（六）植烟土壤养分适宜性指数等级划分

将 SFI 值按 1 级（$SFI \geq 80\%$）、2 级（$60\% \leq SFI < 80\%$）、3 级（$40\% \leq SFI < 60\%$）、4 级（$20\% \leq SFI < 40\%$）、5 级（$SFI < 20\%$）的标准划分土壤适宜性等级。

三、结果与分析

（一）土壤适宜性指数等级评定

由表2-28可知，湘西州植烟土壤适宜性指数平均值为53.14，属3级；从各级比例看，主要集中在3级，占61.07%；其次是2级，占26.02%。在4、5级的植烟土壤样本也少（近占12.09%）。

从各植烟县的土壤适宜性指数平均值看，以凤凰县和花垣县植烟土壤的适宜性指数较高，属2级，50%以上的土壤 SFI 值在60分以上；其他各县植烟土壤大体属3级。

从平均值看，SFI 值从小到大依次排序为：花垣县>凤凰县>龙山县>保靖县>古丈县>泸溪县>永顺县。从 2 级土壤所占比例看，从小到大依次排序为：凤凰县>花垣县>龙山县>保靖县>古丈县>永顺县>泸溪县。从 3 级土壤所占比例看，从小到大依次排序为：泸溪县>保靖县>古丈县>龙山县>永顺县>凤凰县>花垣县。

表 2-28　湘西州各植烟县土壤适宜性指数（SFI）及等级评定

| 烟区 | 各级比例（%） | | | | | 变幅 | 平均值 | 标准差 | 变异系数（%） |
	SFI≥80（1级）	60≤SFI<80（2级）	40≤SFI<60（3级）	20≤SFI<40（4级）	SFI<20（5级）				
保靖	—	23.68	71.05	5.26	—	31.89~77.43	53.20	9.68	18.19
凤凰	—	54.00	42.00	4.00	—	35.65~79.03	60.62	9.79	16.15
古丈	—	20.97	66.13	12.90	—	29.43~77.44	52.09	11.14	21.38
花垣	4.76	57.14	38.10	—	—	42.46~85.21	62.46	10.38	16.62
龙山	0.76	27.27	65.91	6.06	—	28.14~84.43	54.60	9.77	17.89
泸溪	5.56	5.56	83.33	5.56	—	31.69~80.92	51.58	10.30	19.97
永顺	—	11.64	62.33	25.34	0.68	18.98~69.82	47.20	9.47	20.07
湘西州	0.82	26.02	61.07	11.89	0.20	18.98~85.21	53.14	11.05	20.80

（二）土壤适宜性指数空间分布

为进一步了解湘西州各植烟县植烟土壤适宜性指数空间分布状况，利用 ArcGIS 软件，采用 IDW 插值方法绘制了湘西州植烟土壤适宜性指数空间分布图（图 2-85）。由左图可知，从 SFI 值的分布趋势看，有从东北方向向西南递增的趋势。以 SFI 值在 50~60 范围的分布面积最大，其次是 SFI 值在 40~50 范围的分布面积。由右图可知，从植烟土壤分级的分布看，以 3 级土壤的分布面积最大，占 80% 以上；2 级植烟土壤主要分布在凤凰县的大部、花垣县的南部、保靖县的南部以及龙山县的北部。

四、讨论与结论

土壤养分适宜性评价主要涉及土壤取样、评价养分指标选取和评价方法等 3 个关键。取样方法直接影响到评价结果的客观性。评价指标选取影响评价结果的科学性。评价方法不仅影响计算的高效和简便，而且还影响评价结果的适用性。不同烟区在研究中选取的评价指标存在一定差异，这可能与不同烟区土壤养分状况差异较大有一定的关系。土壤适宜性评价方法较多，其优劣尚无定论。不同评价方法的主要差别是选择指标不同、权重不同，以及评价指标的隶属函数和拐点值有差异。

将模糊综合评价模型与 GIS 技术有效集成，实现评价结果的可视化，既节约了时间提高了效率，又提高了精度，使结果更为客观。GIS 技术和评价模型的有效结合可以发挥评价模型在数据计算、数据分析方面的优势，又可利用 GIS 技术将数据计算和分析的结果快速、精确地进行空间定位和可视化显示，也减少了评价过程的主观判断的参与，使结果更为客观。

研究结果表明，湘西州植烟土壤适宜性指数平均值为 53.14，各县排序为：花垣县>凤凰县>龙山县>保靖县>古丈县>泸溪县>永顺县。土壤适宜性指数有从东北方向向西南递增的趋势，以 3 级土壤的分布面积最大，占 80% 以上；2 级植烟土壤主要分布在凤凰县的大部、花垣县的南部、保靖县的南部以及龙山县的北部。综合评价得出的结果仅代表湘西州烟草种植区内潜在的生产能力，还应该将气候、地貌和社会经济状况等因素综合加以分析，才能表示土壤的现实生产能力。

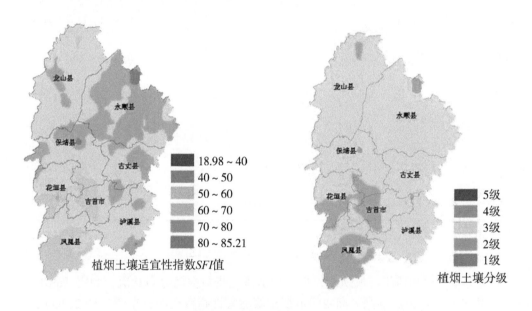

植烟土壤适宜性指数*SFI*值　　　　　植烟土壤分级

图 2-85　湘西州土壤适宜性指数（*SFI*）空间分布示意

第十八节　基于烤烟生产的湘西植烟土壤质量综合评价

一、研究目的

土壤是发展优质烤烟的必要条件。土壤质量是土壤肥力质量、土壤环境质量和土壤健康质量的综合量度，而就作物生产而言其关键是土壤肥力质量。开展土壤质量评价可为植烟土壤的合理利用、科学管理和土壤养分丰缺诊断提供依据。评价方法及其指标选取都会影响土壤质量评价结果。目前，与土壤定性评价、土壤质量模型及土壤相对质量法等评价手段相比，土壤质量指数评价法易于量化，是目前最为常用方法。对于特定区域，鉴于土壤属性数据获取的成本及属性间的共线性等因素，不可能获取所有指标的数据，而只能从候选参数数据集中选出能最大限度地代表所有候选参数的指标。于是，Larson 和 Pierce（1991）提出了最小数据集概念已广泛应用于土壤质量的评价。

农田生态系统中良好的土壤质量是维持作物生产和可持续发展的保证，因而作物生产状况是反映和评价土壤质量的重要指标。研究发现作物产质量与土壤质量指数显著相关，可在土壤质量评价过程中进行应用。通过土壤属性指标与作物产量或效益的相关性构建最小数据集，并用于土壤质量评价，已在水稻、小麦、玉米等农作物以及果树（脐橙）上成功应用。烤烟作为产量与质量并重的嗜好类作物，对土壤的要求更为严格。但目前针对植烟土壤质量评价的研究，多数仍局限于基于统计方法（聚类分析、主成分分析和模糊数学等）直接构建数据集。本研究以湘西为例，从烤烟生产应用的角度出发，系统调查植烟土壤质量因子和烟叶生产状况，在分析土壤属性与烤烟生产关系的基础上，找出影响烤烟产质量的土壤因素，构建植烟土壤质量评价体系，以期为烟区规划以及优化烟草栽培技术提供更好的科学依据。

二、材料与方法

（一）研究区概况

湘西土家族苗族自治州（简称湘西州、湘西自治州）位于湖南省西北部的武陵山区，地处东经 109°10′~110°23′，北纬 27°44′~29°38′，属亚热带季风性湿润气候区，气候温和、四季分明，降水丰沛、雨量集中，光、热、水同季，是湖南省第三大烟叶产区。该区常年产烟产量达 24 000t。

（二）土壤样品采集与分析

于 2014 年 12 月，在湖南湘西州下辖的龙山、永顺、凤凰、花垣、保靖、古丈、泸溪 7 县开展植烟土壤采集。根据烤烟种植情况，成片性好的地块 5~10hm² 为一取样点，山丘地形区 1~5hm² 为一取样点。用土钻在每个样点中按梅花采样法取耕层土样（0~20cm），采集 10~15 个采样点混成一个土壤样品，去除植物根系和石块后带回实验室分析。共采集具有代表性的土样 1 242 个，其中龙山烟区采集 300 个样点、永顺烟区 360 个、凤凰烟区 155 个、花垣烟区 160 个、保靖烟区 102 个、古丈烟区 95 个、泸溪烟区 70 个。

土壤样品经风干，磨碎，过筛后测定土壤 pH 值、有机质、全氮、全磷、全钾、碱解氮、有效磷、速效钾、交换性钙、交换性镁、有效硫、水溶性氯、有效铁、有效锰、有效铜、有效锌、有效硼、有效钼、阳离子交换量、土壤颗粒组成等 20 项性状。根据采样点经纬度信息，参考湖南省第二次土壤普查资料，并结合现场地形地貌观察和典型区域土壤剖面，对样区土壤母质类型进行区分。同时，调查每个样点近 3 年烤烟上等烟叶及中等烟叶的产量，单位收益为每公顷烤烟产量乘以当年收购单价而得。指标测定采用方法如下：土壤 pH 值采用玻璃电极法，土壤有机质采用重铬酸钾氧化法，土壤全氮采用开氏定氮法，土壤全磷和有效磷采用钼锑抗比色法，土壤全钾和速效钾采用火焰光度法，土壤碱解氮采用碱解扩散法，土壤有效钙、有效镁、有效硫、有效铁、有效锰、有效锌和有效铜采用 DTPA 混合溶液浸提原子吸收分光光度计法，土壤有效硼采用甲亚胺比色法，土壤有效钼采用极谱法，土壤水溶性氯采用硝酸银电位滴定法测定，阳离子交换量用乙酸钠—火焰光度法测定，土壤颗粒组成采用湿筛—吸管法。

（三）植烟土壤质量评价过程

1. 最小数据集的建立

土壤质量评价必须依据一定的标准先从大量土壤性状中选取对土壤质量敏感的评价指标构成最小数据集（Minimum Data Set，MDS）。用于烤烟土壤质量评价的最初总数据集包含 pH 值、有机质、全氮、全磷、全钾、碱解氮、有效磷、速效钾、交换性钙、交换性镁、有效硫、水溶性氯、有效铁、有效锰、有效铜、有效锌、有效硼、有效钼、阳离子交换量、黏粒（<0.002mm）、粉砂（0.02~0.002mm）和砂粒（2~0.02mm）。首先，基于各样点烟叶单位效益，依据土壤性状与烤烟效益之间的 Pearson's 相关性分析结果，筛选出用于后续 MDS 构建的基础数集；然后采用主成分分析（Principal Component Analysis，PCA）法开展数据集冗余分析，并筛选显著指标以最终构建 MDS。指标筛选标准：选择特征值>1 的所有主成分，进入 MDS 的构建；每个主成分（PC）中，因子荷载值最高及其荷载值 10% 以内的所有因子进入 MDS。当一个主成分高因子载荷指标只有一个时，则该指标进入 MDS。当一个主成分高因子载荷指标不止一个时，对其分别做相关性分析（Pearson's 相关）；若相关系数低（$r<0.6$）时，各高因子载荷指标均被选入 MDS；若相关性高（$r \geqslant 0.6$），则最大的高因子载荷指标被选入 MDS。

2. 指标隶属度值和权重的计算

土壤质量评价指标的隶属度值由隶属度函数计算。隶属度函数是指所要评价的肥力参数与作物生长效应曲线之间关系的数学表达式，它可以将肥力评价参数标准化，转变成范围为 0~1 的无量纲值。据作物效应曲线将隶属度函数分为 S 型和抛物线型（图 2-86），用于本研究所选中的 MDS 因子的转换。

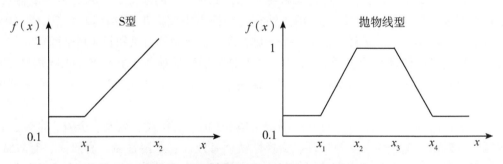

图 2-86　S 型和抛物线型隶属函数的折线图

（1）抛物线型隶属度函数

$$f(x) = \begin{cases} 0.1 & x \leqslant x_1,\ x \geqslant x_4 \\ 0.1 + 0.9(x - x_1)/(x_2 - x_1) & x_1 < x \leqslant x_2 \\ 1.0 & x_2 < x \leqslant x_3 \\ 1 - 0.9(x - x_3)/(x_4 - x_3) & x_3 < x \leqslant x_4 \end{cases}$$

（2）S 型隶属度函数

$$f(x) = \begin{cases} 0.1 & x \leqslant x_1 \\ 0.1 + 0.9(x - x_1)/(x_2 - x_1) & x_1 < x \leqslant x_2 \\ 1.0 & x_2 \geqslant x_2 \end{cases}$$

3. 土壤质量综合评价

土壤质量指数法是目前应用最广的一种土壤综合质量评价方法。MDS 指标权重值均由主成分分析获取。对各指标转化后做主成分分析，获得各个指标的公因子方差，各指标公因子方差占公因子方差和的比例即为数据集指标的权重值。采用加权求和模型计算评价单元的土壤质量指数（Soil Quality Index，SQI），其数学表达式为：

$$SQI = \sum_{i=1}^{p} W_i \times S_i$$

式中，SQI 为土壤质量指数，W_i 为第 i 项土壤指标的权重，S_i 为第 i 项土壤指标的标准得分，p 为所有参评指标总数。

根据隶属度函数曲线中转折点的相应取值，结合相关文献资料分类标准 [3, 24, 26]，将得出的土壤质量指数分为 5 个等级，并对研究区植烟土壤质量状况进行评价分级，即优Ⅰ {FI (0.8, 1]}，良Ⅱ {FI (0.6, 0.8]}，中等Ⅲ {FI (0.4, 0.6]}，较差Ⅳ {FI (0.2, 0.4]} 和差Ⅴ {FI (0, 0.2]}。

（四）数据统计分析

利用 SPSS 软件的 Descriptive Statistics 描述统计、Factor Analysis 因子分析和 Pearson's 相关分析以及 Excel 软件对试验数据进行统计分析处理。

三、结果与分析

（一）湘西植烟土壤性状指标描述性统计分析

对湖南湘西植烟土壤 1 242 个土壤样点的统计分析表明，除有效锌和有效硫外，其他土壤属性服从正态分布/对数正态分布（表 2-29）。变异系数（CV）是表示观察值变异程度或离散程度的统计变量，CV ≤ 10% 时为弱变异性，10% < CV ≤ 100% 为中等变异性，CV > 100% 时为强变异性。变异系数最小为土壤 pH 值和粉砂，为 18%，属中等变异强度；而变异系数较大的因子为一些中微量元素，如有效锰、有效锌、有效钼和有效硫，变异强度较高，远高于其他肥力指标。研究区上等和中等烤烟的平均产量分别为 1254.3kg/hm²、809.1kg/hm²，变异系数为 0.16，其中最高产量是最低产量的 4 倍；烤烟单位效益平均值为 59 077元/hm²，变异系数为 17%，呈正态分布。

（二）湘西植烟土壤质量最小数据集的确定

通过相关分析得出（表 2-30），土壤碱解氮、有效磷、速效钾、全氮、全钾、有机质、有效铁、有效锰、有效钼、砂粒、粉砂等土壤性状与烤烟生产效益呈显著性相关（$P < 0.05$），被筛选出用于基础数据集的构建。在此基础上对参选指标进行主成分分析，选择特征值大于 1 的组分（表 2-31），然后根据每个主成分中评价参数的载荷值和参数的相关性进行分析，确定组成最小数据集的评价指标。由各评价因子在各主成分中特征向量

可知（表 2-31），PC1 解释了 24.3% 的变异，其因子荷载值最高及其荷载值 10% 以内的因子分别是有机质和碱解氮，且有机质和碱解氮呈较高相关性（$r=0.71$，$P<0.01$），因此有机质选入最小数据集。PC2 解释了 15.6% 的变异，其因子荷载值最高的因子为砂粒，而其他因子都在其荷载值 10% 以外，所以只有砂粒选入最小数据集。PC3 解释 11.9% 的变异，其因子荷载值最高及其 10% 以内的因子分别是速效钾和有效磷，但它们的相关系数小于 0.6，所以速效钾和有效磷进入最小数据集。PC4 解释 10.4% 的变异，其因子荷载值最高及其 10% 以内的因子分别是全钾和有效钼，相关分析发现全钾和有效钼相关性较差（$r=0.09$），所以全钾和有效钼选入最小数据集。因此，组成研究区植烟土壤质量评价的最小数据集包含有机质、砂粒、速效钾、有效磷、全钾和有效钼。

表 2-29　湘西植烟土壤各属性指标及其产量、效益的描述性统计特征

指标	单位	均值	最小值	最大值	标准差	变异系数	偏度	峰度	分布类型
pH 值		6.11	4.17	8.17	1.13	18%	0.18	-1.32	正态
碱解氮	mg/kg	148.08	29.90	366.80	44.34	30%	0.37	0.67	正态
有效磷	mg/kg	38.99	0.84	234.00	34.84	89%	1.78	3.82	对数正态
速效钾	mg/kg	223.99	28.00	1 296.90	148.74	66%	1.67	4.55	正态
全氮	g/kg	1.74	0.39	4.47	0.62	35%	0.76	1.22	正态
全磷	g/kg	0.77	0.15	3.23	0.33	43%	1.96	7.66	正态
全钾	g/kg	19.64	8.33	61.30	7.48	38%	1.48	2.38	正态
有机质	g/kg	28.84	4.94	91.30	10.77	37%	1.02	2.36	正态
有效铁	mg/kg	71.92	3.66	432.90	63.36	88%	1.43	2.10	对数正态
有效锰	mg/kg	39.61	1.79	343.50	41.51	105%	2.68	10.16	对数正态
有效铜	mg/kg	1.85	0.03	14.60	1.47	80%	2.04	7.79	对数正态
有效锌	mg/kg	3.49	0.06	82.90	4.69	134%	9.33	136.80	/
有效硼	mg/kg	0.65	0.10	3.30	0.41	63%	2.51	8.92	正态
有效钼	mg/kg	0.19	0.01	3.29	0.25	133%	5.88	57.49	对数正态
有效硫	mg/kg	36.03	4.59	555.15	46.08	128%	3.84	24.73	/
交换性钙	cmol/kg	10.21	0.25	37.21	7.61	75%	1.61	2.43	正态
交换性镁	cmol/kg	1.82	0.02	7.53	1.50	82%	1.36	1.29	正态
阳离子交换量	cmol/kg	18.74	4.20	46.60	6.39	34%	0.78	0.72	正态
砂粒	%	25.76	6.39	69.57	9.39	36%	0.85	0.95	正态
粉砂	%	43.94	3.14	64.17	7.72	18%	-0.55	0.91	正态
黏粒	%	30.30	10.04	77.98	9.16	30%	0.84	1.49	正态
产量（上等烟）	kg/hm²	1 239.3	453.75	1 815	206.55	16%	-0.35	1.69	正态
产量（中等烟）	kg/hm²	809.1	296.25	1 185	134.85	16%	-3.25	21.65	/
效益*	元/hm²	59 077	21 630	86 520	9 849.23	17%	-0.88	3.33	正态

注：* 上等烟平均收购价为 32 元/kg，中等烟为 24 元/kg

表2-30　参选评价指标的相关性分析

参选指标	效益	pH值	碱解氮	有效磷	速效钾	全氮	全磷	全钾	有机质	有效铁	有效锰	有效铜	有效锌	有效硼	有效钼	有效硫	交换性钙	交换性镁	阳离子交换量	砂粒	粉砂	黏粒
效益	1.00																					
pH值	-0.01	1.00																				
碱解氮	0.07	-0.06	1.00																			
有效磷	0.08	-0.03	0.26	1.00																		
速效钾	0.10	0.05	0.13	0.55	1.00																	
全氮	0.23	0.07	0.59	0.14	0.14	1.00																
全磷	0.02	0.07	0.37	0.70	0.37	0.25	1.00															
全钾	-0.07	-0.16	0.08	0.01	-0.08	-0.03	0.05	1.00														
有机质	0.14	0.14	0.71	0.19	0.11	0.74	0.31	-0.08	1.00													
有效铁	0.07	-0.56	0.33	0.17	-0.14	0.27	0.14	0.24	0.28	1.00												
有效锰	0.10	-0.34	0.00	0.04	0.20	-0.03	0.03	-0.04	-0.13	-0.01	1.00											
有效铜	0.00	-0.16	0.40	0.06	-0.17	0.36	0.19	0.40	0.39	0.66	-0.14	1.00										
有效锌	0.00	-0.02	0.24	0.46	0.31	0.15	0.38	0.02	0.21	0.10	0.04	0.16	1.00									
有效硼	0.03	0.03	0.25	0.68	0.69	0.13	0.49	0.01	0.19	-0.03	0.09	-0.05	0.45	1.00								
有效钼	-0.14	-0.21	0.01	-0.08	-0.06	-0.07	0.02	0.09	-0.07	0.06	0.14	0.23	0.11	-0.07	1.00							
有效硫	0.04	-0.39	0.07	0.26	0.51	0.07	0.11	-0.04	0.04	0.12	0.18	-0.05	0.16	0.46	0.08	1.00						
交换性钙	0.03	0.78	0.11	0.04	0.06	0.25	0.11	-0.18	0.35	-0.35	-0.23	-0.05	0.05	0.04	-0.21	-0.22	1.00					
交换性镁	-0.02	0.63	0.01	0.17	0.28	0.13	0.25	-0.20	0.15	-0.37	-0.15	-0.10	0.08	0.27	-0.17	-0.11	0.33	1.00				
阳离子交换量	0.06	0.19	-0.06	0.02	0.22	0.02	0.10	-0.12	-0.05	-0.23	0.16	-0.18	0.00	0.04	-0.02	0.02	0.16	0.31	1.00			
砂粒	-0.14	0.16	-0.12	0.03	-0.13	-0.15	-0.10	0.06	-0.10	-0.11	-0.18	-0.07	0.04	-0.01	-0.08	-0.18	0.12	0.16	-0.43	1.00		
粉砂	0.21	0.07	0.33	0.10	-0.02	0.19	0.10	-0.01	0.31	0.11	0.03	0.16	0.05	0.10	-0.04	-0.05	0.10	-0.11	-0.08	-0.44	1.00	
黏粒	-0.03	-0.22	-0.15	-0.11	0.15	-0.01	0.03	-0.06	-0.16	0.11	0.16	-0.06	-0.09	-0.07	0.11	0.23	-0.21	0.13	0.51	-0.65	-0.39	1.00

注：下划线系数表示有显著相关（P<0.05）；加粗系数表示有极显著相关（P<0.01）

表 2-31　湘西植烟土壤性状的主成分分析结果

土壤性状	PC1	PC2	PC3	PC4
有机质	0.897	−0.032	0.088	−0.106
全氮	0.819	0.044	0.109	−0.076
全钾	0.001	−0.105	0.016	0.643
碱解氮	0.823	0.023	0.169	0.150
有效磷	0.217	−0.073	0.829	0.051
速效钾	0.047	0.209	0.860	−0.144
有效铁	0.428	−0.214	−0.032	0.569
有效锰	−0.162	0.512	0.285	0.284
有效钼	−0.130	0.188	−0.070	0.597
阳离子交换量	−0.120	0.662	0.152	−0.292
砂粒	−0.252	−0.843	0.062	−0.021
粉砂	0.501	0.455	−0.163	0.040
特征值	2.92	1.88	1.42	1.24
方差贡献率（%）	24.32	15.64	11.85	10.35

　　注：表中加粗数字表示每个主成分中进入最小数据集的潜在指标；下划线数字表示对应指标选入最小数据集

（三）指标隶属度值和权重的计算

　　根据已有研究资料以及研究区域土壤肥力特征，确定了各因子在折线函数中拐点的取值（表 2-32）。然后对各指标转换后的隶属度值进行主成分分析，确定最小数据集中各指标的权重系数，其中砂粒、速效钾和有机质的权重较高，分别为 0.213、0.177 和 0.175（表 2-32）。

表 2-32　最小数据集各指标权重及其隶属度函数转折点取值

土壤性状	转折点（X1）	转折点（X2）	转折点（X3）	转折点（X4）	公因子方差	权重
速效钾	100	250	/	/	0.159	0.177
有效钼	0.1	0.3	/	/	0.146	0.163
全钾	15	30	/	/	0.103	0.115
有效磷	15	60	/	/	0.141	0.158
有机质	15	25	35	45	0.156	0.175
砂粒	15	30	45	60	0.191	0.213

（四）湘西植烟土壤质量指数计算及分布

经过统计得到各评价指标的权重值以及标准化的指标得分，计算出各个土壤质量指数（图2-87）。由图2-87可知，植烟区土壤综合质量指数介于0.1~1，其中有5.6%的土壤质量指数达到0.80以上，属于优等土壤；达到良和中等的植烟土壤占比高，分别为31.8%和43.8%；而差等土壤占比低，为2.0%（图2-88）。进一步通过相关分析发现植烟土壤质量状况与烤烟生产效益呈极显著相关性（图2-89）。从不同县区的植烟土壤质量分布看，花垣和龙山的良等以上土壤占比高，分别为51.3%和52.0%，凤凰和永顺的中等土壤比例较高，而差等以下土壤主要分布在古丈和泸溪。

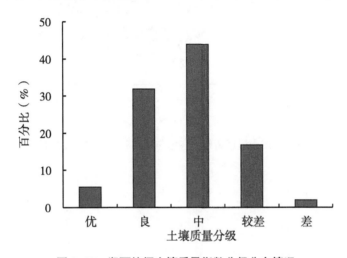

图2-87 湘西植烟土壤质量指数分级分布情况

四、讨论与结论

（1）本研究取样点根据基本烟田的分布情况布置，考虑到区域内基本烟田的空间分布和烤烟生产布局。与已有关于土壤质量评价研究相比，本研究取样密度较大，基本覆盖了研究区植烟土壤分布，为后续全面评价烟区土壤质量状况奠定基础。研究区植烟土壤pH值和粉砂变异强度中等，而其他肥力因子（如微量元素和土壤速效养分）变异强度较强，与这些肥力因子指标易受栽培、施肥等影响相关。土壤质量的评价指标选取应全面、综合地反映土壤质量的各个方面，即土壤的养分贮存、养分释放和理化性状等。本研究同时将微量元素纳入土壤质量评价指标体系，使反映土壤质量的指标更为全面。本研究先后通过土壤属性与烤烟生产效益的相关性分析和主成分分析，得出用于评价植烟土壤质量的最小数据集，包括有机质、砂粒、速效钾、有效磷、全钾和有效钼，因此这些指标是基于烤烟生产的植烟土壤质量评价的关键因子。

（2）在第一主成分中，与其他土壤性状相比有机质权重最高，说明土壤有机质是决定研究区植烟土壤质量状况的第一要素。研究区植烟土壤有机质平均含量（28.8g/kg）适宜烤烟种植，但其变幅较大，有一定比例（22.5%）的植烟土壤有机质含量高于35g/kg，此情况下可能会出现土壤氮素供应过量，造成烟叶生长后期贪青晚

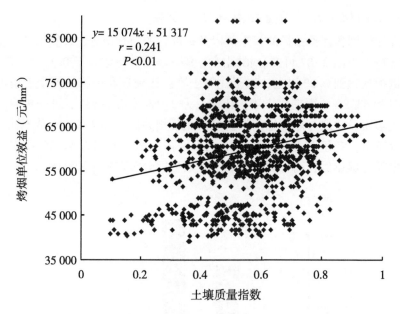

图 2-88　植烟土壤质量综合指数与烤烟单位效益的相关性分析

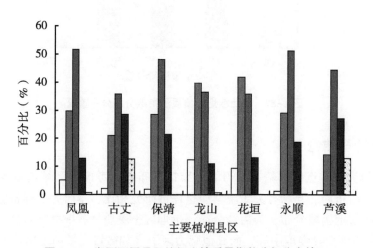

图 2-89　湘西不同县区植烟土壤质量指数分级分布情况

熟，影响烟叶品质。进一步分析发现土壤碱解氮在第一主成分得分也较高，其含量与土壤有机质呈极显著正相关（$r = 0.74$），这与 Tong 等（2009）研究结果一致。第二主成分中土壤砂粒的权重远高于其他土壤性状，说明土壤物理性质好坏也是决定烤烟生长的重要因素。研究区土壤砂粒含量处于适宜范围（30%~45%）样品占比中等（26.7%），但有一定比例（9.8%）植烟土壤砂粒含量低于 15%，此情况下会出现土壤通透性不良，不利于烟株前期生长发育。研究区土壤有效钼平均含量（0.19mg/kg）低于植烟土壤有效钼临界值（0.2mg/kg），其中有效钼缺乏土壤样点占比达 67.7%，这与近年来报道一些烟区烤烟都表现出不同程度的缺钼症状的结果一致。研究区植烟土壤偏酸性，由于土壤中的铁铝氧化物和高岭石等对钼有固定和吸附作用，导致酸性土壤钼的有效性很低，再加上生产上没有施钼肥的习惯。因此，加强钼肥施用是提升烟区烤烟生产的重要措施之一。

（3）烤烟生产对土壤钾素水平要求较高，土壤对烟株持续有效而且充足的钾供应是提高烟叶品质的关键。施用钾肥可明显提高土壤速效钾和全钾含量，同时能较好地调节烟叶正常的生理代谢，改善烤烟品质。分析得出速效钾和全钾均进入了最小数据集，说明土壤钾素是影响研究区烤烟生产的重要因素。然而，研究区土壤速效钾含量较高（均值为 223.99mg/kg），说明目前烤烟生产中盲目增施钾肥的现象较普遍，造成土壤中钾的积累。研究区植烟土壤全磷含量偏低（均值为 0.77g/kg），其中 83.0%土壤样点全磷含量属缺乏状态（<1g/kg），而土壤有效磷含量适宜（39mg/kg），这与烤烟生产中重视磷肥施用有一定关系。因此，烤烟生产中应进一步深入研究磷、钾肥施用量及施用方式，维持土壤磷、钾素营养平衡，提高其生理效率和农学效率。

（4）目前，多数针对植烟土壤肥力、质量评价的研究结果表明植烟土壤肥力水平较高，肥力较低土壤占比很低（<10%）。然而，这些研究得出的土壤肥力质量状况一般仅是一种潜在肥力，缺少结合烤烟生产的实际状况对土壤质量的评价。作物产量及效益是土壤实际生产力的外在表现，一定程度上能够确切反映土壤质量水平。本研究中，烤烟产值兼顾了烤烟产量和质量，筛选出与烤烟产值有显著相关的土壤性状，以进一步构建最小数据集。检验发现植烟土壤质量指数与烤烟产值呈极显著正相关性（$P<0.01$），说明本研究对植烟土壤质量状况的评价结果代表了当地烤烟的实际生产状况。研究区植烟土壤质量指数均值为 0.54，其中 72.8%的植烟土壤质量指标处于中等以上水平，差等土壤占比较低（2.0%），表明研究区植烟土壤质量状况总体可满足生产优质烟叶的需要。这与近年来烟区重视烟草生产，加大肥料投入以提升烟草生产效率不无关系。

（5）研究区植烟土壤 pH 值和砂粒等特性变异中等，而一些微量元素和速效养分含量变异较强。土壤 pH 值、有机质、砂粒含量、全氮、全钾和有效硫适宜，碱解氮、有效磷和速效钾含量偏高，而土壤全磷和一些微量元素（钼、硼）缺乏。结合研究区烤烟生产状况，采用相关性分析、主成分分析法确定了参评土壤质量的最小数据集指标体系，包含有机质、砂粒、速效钾、有效磷、全钾和有效钼，说明这些指标是基于烤烟生产实际的植烟土壤质量评价的关键因子。对此，加强烟区钼肥施用和适宜调控磷、钾肥用量及施用方式是提升烟草生产的重要措施。进一步计算出植烟土壤质量指数，发现研究区植烟土壤质量状况总体较好，可满足生产优质烟叶的需要。研究结果为科学、有效地评价湘西植烟土壤质量状况提供了参考依据，并通过系统评价植烟土壤质量状况，对当地烟草生产具有一定的指导意义。须指出的是，随着农业生产的发展和对土壤质量研究的深入，参评指标的筛选、隶属度函数的转折点取值和权重系数的确定等都将得到进一步完善，因而在提出 MDS 的基础上，应对植烟土壤质量评价及时更新。

第三章　山地烤烟轻简高效施肥技术研究

第一节　施用中微量元素肥对烤烟产质量的影响

一、研究目的

烟草生长、养分吸收和叶内成分受多种环境条件的影响，中微量元素肥是烟草生长的条件之一。湘西山地烟叶产区，地形地势复杂，植烟土壤养分条件也参差不齐，部分地块存在大量元素不协调、中微量元素不足、保水保肥条件差等问题，不仅影响烟叶品质，甚至影响烟株生长。大量研究表明中微肥施用可使烟叶化学成分更加协调，烟叶内在质量及产值均有所提高。基于湘西山地植烟土壤中微量元素含量状况，研究钼肥、镁肥及其组合施用对烤烟产质量的影响，为提高山地特色烟叶品质及制定山地烟区中微肥平衡施用方法提供依据。

二、材料与方法

（一）试验地点与供试材料

试验在古丈县岩头寨镇岩头寨村进行。试验地肥力中等，肥力分布均匀，光照及排灌条件良好，近两年未进行过肥料试验，能代表该区域主要土壤类型的非病区酸化（pH 值<5.5）旱土。钼酸铵、硝酸钙镁、硝酸钙与当地烟叶生产使用的烟草专用肥为商品肥。硝酸钙含氮 11%~13%，硝酸钙镁含氮 13%~15%，钼酸铵含钼 35%~39%。供试品种为当地主栽品种云烟 87。

（二）试验设计

采用 4 因素 3 水平正交回归 L9（3^4）最优化设计。9 个处理见表 3-1。A 因素，常规施肥，1、2、3 水平分别为减施氮肥 10%、5%、0%（减施基肥中的氮肥）；B 因素，施钼酸铵，1、2、3 水平分别为钼酸铵施用量 675kg/hm²、750kg/hm²、825kg/hm²（喷施浓度为 0.04%~0.06%），总氮同常规生产不减氮；C 因素，施硝酸钙镁，1、2、3 水平分别为硝酸钙镁施用量 15kg/hm²、22.5kg/hm²、30kg/hm²（喷施浓度为 0.5%~1.0%），总氮同常规生产不减氮，但在基肥中相应扣除硝酸钙镁中的氮量；D 因素，施硝酸钙，1、2、3 水平分别为硝酸钙施用量 22.5kg/hm²、30kg/hm²、37.5kg/hm²（喷施浓度为 1.0%~1.2%），总氮同常规生产，但在基肥中相应扣除硝酸钙中的氮量。常规施肥中施氮量为 108.00kg/hm²，施磷量为 129.00kg/hm²，施钾量为 299.25kg/hm²；

基肥和追肥比例为 7：3。试验设三次重复，共 27 个小区，随机区组排列。

（三）中微肥施用方法及大田管理

烟田于 4 月 28 日移栽。在团棵期、旺长中期与打顶后分别按 35%、40% 与 25% 用量在开片的顶叶叶面（正反两面）喷施钼酸铵，用 0.04%~0.06% 的钼酸铵溶液，在傍晚或早晨喷施 1~3 次；在移栽后 35~40d 与 45~50d 分别按 40% 量与 60% 量在开片的顶叶叶面（正反两面）喷施硝酸钙镁，用 0.5%~1.0% 的硝酸钙镁溶液，在傍晚或早晨喷施 1~3 次；在移栽后 35~40d 与 45~50d 分别按 40% 量与 60% 量在开片的顶叶叶面（正反两面）喷施硝酸钙，用 1.0%~1.2% 的硝酸钙溶液，在傍晚或早晨喷施 1~3 次。喷雾时烟叶不应有雾状液滴（浓度不应过大），若有应清洗。其他农事操作，按《2015 年烤烟标准化生产技术方案》执行。

表 3-1　L9（3^4）正交表

列号	A	B	C	D	水平组合
1	1	1	1	1	A1B1C1D1
2	1	2	2	2	A1B2C2D2
3	1	3	3	3	A1B3C3D3
4	2	1	2	3	A2B1C2D3
5	2	2	3	1	A2B2C3D1
6	2	3	1	2	A2B3C1D2
7	3	1	3	2	A3B1C3D2
8	3	2	1	3	A3B2C1D3
9	3	3	2	1	A3B3C2D1

（四）主要测定项目及方法

（1）农艺性状：在烤烟圆顶期，每个小区取有代表性烟株 10 株，按《烟草农艺性状调查测量方法》（YC/T 142—2010）测定有效叶片数、茎围、节距和第 5、第 10、第 15 叶的长与宽等农艺性状，叶面积计算方法为叶长×叶宽×0.6345。

（2）经济性状：小区烟叶单采单烤，测定单叶重、烟叶等级比例、产量及产值。

三、结果分析

（一）对烤烟田间农艺性状的影响

由表 3-2 可以知道，从 A 因素看，减施基肥氮后的烟叶长和宽均较低，一定程度上说明减施基肥氮影响烟叶生长发育和开片；烟株茎围及节距没有较大的差异。从 B 因素来看，以钼酸铵施用量中等水平的烟叶生长相对较好；这与钼元素对氮代谢作用有关，它是作物氮素代谢过程中所需酶的重要组分，而没有这些酶，植物的氮素代谢是无法完成的。C 因素也有类似的规律，以硝酸钙镁施用量中等水平的烟叶生长相对较好；

这可能是因为硝酸钙镁中镁元素同叶片光合作用有关，适当增施镁元素有利于烟株生长发育和干物质积累，从而烟株整体长势较好，烟株茎秆粗壮，叶片开片度较好。相比其他处理，D 处理差异不明显，说明钙元素的施入对烟株影响不大，这可能与植烟土壤原本钙元素较充足有关。

从表 3-2 的极差分析结果可知，下部烟叶和中部烟叶的生长以 C 因素的影响最大；上部烟叶的生长以 A 因素的影响最大；D 因素对生长的影响相对较小。由此可见，减施基肥氮可能抑制烤烟生长，特别是对上部烟叶的影响较大；叶面喷施硝酸钙镁和钼酸铵会促进烤烟生长，特别是促进下部烟叶和中部烟叶的生长的效果较好；叶面喷施硝酸钙对烤烟生长影响最小。

表 3-2　圆顶期烟株大田农艺性状及其直观分析

处理组合	第 5 片叶			第 10 片叶			第 15 片叶			叶数（片）	茎围（cm）	节距（cm）
	长（cm）	宽（cm）	面积（cm²）	长（cm）	宽（cm）	面积（cm²）	长（cm）	宽（cm）	面积（cm²）			
A1B1C1D1	70.5	27.3	1 221.2	64.1	29.0	1 179.5	60.2	24.5	935.8	18.0	11.0	5.9
A1B2C2D2	74.2	29.4	1 384.1	69.0	29.3	1 282.8	62.3	27.0	1 067.3	19.0	11.1	6.0
A1B3C3D3	69.8	28.5	1 262.2	68.5	20.3	882.3	57.3	19.5	709.0	19.0	10.8	5.9
A2B1C2D3	70.0	34.0	1 510.1	69.8	26.5	1 173.6	61.6	21.3	832.5	20.0	11.0	6.0
A2B2C3D1	71.0	28.0	1 261.4	71.8	22.0	1 002.0	62.0	17.4	684.5	19.0	11.0	5.9
A2B3C1D2	69.8	28.5	1 262.2	77.4	25.9	1 272.0	61.0	18.8	727.6	18.0	11.0	5.9
A3B1C3D2	72.3	29.4	1 348.7	73.0	25.6	1 185.8	64.3	20.7	844.5	18.0	10.9	6.0
A3B2C1D3	74.0	25.7	1 206.7	78.0	26.0	1 286.8	68.4	26.2	1 137.1	20.0	11.0	6.0
A3B3C2D1	73.6	30.0	1 401.0	76.6	28.8	1 399.8	76.0	23.5	1 133.2	19.0	11.0	5.7
A1	71.5	28.4	1 289.2	67.2b	26.2	1 114.9	59.9b	23.7	904.0	18.7	11.0	5.9
A2	70.3	30.2	1 344.6	73.0ab	24.8	1 149.3	61.5b	19.2	748.2	19.0	11.0	5.9
A3	73.3	28.4	1 318.8	75.9a	26.8	1 290.8	69.6a	23.5	1 038.6	19.0	11.0	5.9
B1	70.9	30.2	1 360.0	69.0	27.0	1 179.6	62.0	22.2	870.9	18.7	11.0	6.0
B2	73.1	27.7	1 284.1	72.9	25.8	1 190.6	64.2	23.5	963.0	19.3	11.0	6.0
B3	71.1	29.0	1 308.5	74.2	25.0	1 184.7	64.8	20.6	856.6	18.7	10.9	5.8
C1	71.4	27.2	1 230.0b	73.2	27.0a	1 246.1	63.2	23.2	933.5	18.7	11.0	5.9
C2	72.6	31.1	1 431.7a	71.8	28.2a	1 285.4	66.6	23.9	1 011.0	19.3	11.0	5.9
C3	71.0	28.6	1 290.8b	71.1	22.6b	1 023.5	61.2	19.2	746.0	18.7	10.9	5.9
D1	71.7	28.4	1 294.5	70.8	26.6	1 193.0	66.1	21.8	917.8	18.7	11.0	5.8
D2	72.1	29.1	1 331.7	73.1	26.9	1 246.9	62.5	22.2	879.8	18.3	11.0	6.0
D3	71.3	29.4	1 326.3	72.1	24.3	1 114.2	62.4	22.3	892.9	19.7	10.9	6.0

（续表）

处理组合	第5片叶			第10片叶			第15片叶			叶数（片）	茎围（cm）	节距（cm）
	长（cm）	宽（cm）	面积（cm²）	长（cm）	宽（cm）	面积（cm²）	长（cm）	宽（cm）	面积（cm²）			
A极差	3.0	1.8	55.4	4.8	2.0	175.9	9.7	4.5	290.1	0.3	0.0	0.0
B极差	2.2	2.5	75.9	5.2	2.0	11.0	2.8	2.9	106.4	0.6	0.1	0.2
C极差	1.6	3.9	201.7	2.1	5.4	261.9	5.4	4.7	265.0	0.6	0.1	0.0
D极差	0.8	1.0	37.2	2.7	2.6	132.7	3.7	0.3	38.0	1.4	0.1	0.2

（二）对单叶重的影响

由表3-3可知，各处理下部烟叶单叶重为7.2~7.9g，平均为7.5g/片；中部烟叶单叶重在8.7~9.7g范围，平均为9.3g/片；上部烟叶单叶重在10.6~11.4g差异不大，平均为10.9g/片。从不同处理组合看，A1B1C1D1的下部烟叶单叶重最大，A2B3C1D2和A3B2C1D3的中部烟叶单叶重最大，A3B2C1D3的上部烟叶单叶重最大。

从极差分析结果看，下部烟叶单叶重以A因素影响最大，中部烟叶和上部烟叶单叶重以B因素影响最大。由此可见，减施基肥氮可能影响下部烟叶单叶重；叶面喷施钼酸铵会提高烤烟中上部烟叶的单叶重。

对下部烟叶单叶重，A因素最佳水平A1；B因素最佳水平是B2；C因素最佳水平是C1；D因素最佳水平是D1，其最佳组合是A1B2C1D1，试验中没有设置。对中部烟叶单叶重，A因素最佳水平A1或A3；B因素最佳水平是B3；C因素最佳水平是C1；D因素最佳水平是D2，其最佳组合是A1B3C1D2或A3B3C1D2，试验中没有设置。对上部烟叶单叶重，A因素最佳水平A1或A3；B因素最佳水平是B2；C因素最佳水平是C1；D因素最佳水平是D1或D3，其最佳组合是A1B2C1D1或A1B2C1D3或A3B2C1D1或A3B2C1D3，试验中只有A3B2C1D3处理有设置，其他处理没有设置。

（三）对烟叶等级结构的影响

烟叶等级结构不仅可以反映烟叶内在质量，而且与烟叶经济效益有关，同烟农收入具有直接关系。从表3-3可以看出，上等烟比例在50%以上的处理组合有：A2B2C3D1、A2B1C2D3、A2B3C1D2、A3B1C3D2、A1B2C2D2、A3B2C1D3，以A2B2C3D1处理的上等烟比例最高。从极差分析结果看，对上等烟比例和中等烟比例影响最大的是A因素（减施基肥氮），其次是B因素（喷施钼酸铵）。基肥氮减施量过大（减施基肥氮10%）上等烟比例最低，以基肥氮减施5%的处理上等烟比例最高。喷施钼酸铵以中等水平处理（750kg/hm²）的上等烟比例最高。因此，适当减施基肥氮用量和喷施钼酸铵肥可提高上等烟比例。

对烟叶上等烟比例，A因素最佳水平A2；B因素最佳水平是B2；C因素最佳水平是C2和C3；D因素最佳水平是D2，其最佳组合是A2B2C2D2或A2B2C3D2，试验中没有设置。对烟叶中等烟比例，A因素最佳水平A1；B因素最佳水平是B3；C因素最佳水平是C1；D因素最佳水平是D3，其最佳组合是A1B3C1D3，试验中没有设置。

（四）对产量和产值的影响

由表 3-3 可知，不同处理组合以 A3B2C1D3 的产量最高，以 A1B3C3D3 的产值最高。从极差分析结果看，不同因素对产量的影响大小排序为：C>B>D>A；对产值的影响大小排序为：A>B>C>D。可见，减施基肥氮主要影响产值，而对产量影响不大；喷施钼酸铵和硝酸钙镁不仅影响产量，也影响产值。

对烟叶产量，A 因素最佳水平 A3；B 因素最佳水平是 B2；C 因素最佳水平是 C1；D 因素最佳水平是 D1，其最佳组合是 A3B2C1D1，试验中没有设置。对烟叶产值，A 因素最佳水平 A1；B 因素最佳水平是 B2；C 因素最佳水平是 C3；D 因素最佳水平是 D1，其最佳组合是 A1B2C3D1，试验中没有设置。

表 3-3　烤烟经济性状及其直观分析

处理组合	下部烟叶重（g）	中部烟叶重（g）	上部烟叶重（g）	产量（kg/hm²）	产值（元/hm²）	上等烟比例（%）	中等烟比例（%）
A1B1C1D1	7.9	9.5	10.9	2 449.5	49 039.5	47.63	48.09
A1B2C2D2	7.8	9.5	10.8	2 400.0	48 984.0	52.31	43.12
A1B3C3D3	7.2	9.5	11.2	2 391.0	50 259.0	45.84	49.74
A2B1C2D3	7.2	8.7	10.5	2 362.5	44 833.5	54.47	41.75
A2B2C3D1	7.3	8.8	11.0	2 443.5	50 220.0	57.48	39.44
A2B3C1D2	7.2	9.7	10.7	2 461.5	48 615.0	53.56	43.12
A3B1C3D2	7.3	9.2	10.6	2 359.5	45 633.0	52.77	43.52
A3B2C1D3	7.6	9.7	11.4	2 473.5	47 763.0	50.48	45.78
A3B3C2D1	7.6	9.6	11.1	2 442.0	45 226.5	49.28	47.05
A1	7.6	9.5	11.0	2 413.5	49 427.5	48.6b	47.0a
A2	7.2	9.1	10.7	2 422.5	47 889.5	55.2a	41.4b
A3	7.5	9.5	11.0	2 425.0	46 207.5	50.8ab	45.5ab
B1	7.5	9.1	10.7	2 390.5	46 502.0	51.6	44.5
B2	7.6	9.3	11.1	2 439.0	48 989.0	53.4	42.8
B3	7.3	9.6	11.0	2 431.5	48 033.5	49.6	46.6
C1	7.6	9.6	11.0	2 461.5	48 472.5	50.6	45.7
C2	7.5	9.3	10.8	2 401.5	46 348.0	52.0	44.0
C3	7.3	9.2	10.9	2 398.0	48 704.0	52.0	44.2
D1	7.6	9.3	11.0	2 445.0	48 162.0	51.5	44.9
D2	7.4	9.5	10.7	2 407.0	47 744.0	52.9	43.3
D3	7.3	9.3	11.0	2 409.0	47 618.5	50.3	45.8

（续表）

处理组合	下部烟叶重（g）	中部烟叶重（g）	上部烟叶重（g）	产量（kg/hm²）	产值（元/hm²）	上等烟比例（%）	中等烟比例（%）
A 极差	0.4	0.4	0.3	11.5	3 220.0	6.6	5.6
B 极差	0.3	0.5	0.4	48.5	2 487.0	3.8	3.8
C 极差	0.3	0.4	0.2	63.5	2 356.0	1.4	1.7
D 极差	0.3	0.2	0.3	38.0	543.5	2.6	2.5

四、讨论与结论

在烤烟生产上平衡施用中微肥对烤烟生长发育具有较好的促进作用，烟叶单产及中上等烟比例均有所提高，中微肥施用还可以减少基肥氮的施用。因而在烤烟生产过程中，可根据植烟地块的土壤特性和养分特点，适当的增施中微肥。一方面可促进土壤养分协调，更易于优质烟叶的形成；另一方面中微肥分阶段性的施用，可减少雨水的淋溶造成的养分流失，也易于烟株对养分的均衡吸收。

本研究中，对于烟叶单叶重的最佳组合，试验中大多没有设置；对于烟叶上等烟比例、中等烟比例、产量和产值的最佳处理组合，试验中也没有设置。就烤烟生产来说，评价指标的选择不仅要考虑产量，更要考虑烟叶质量。因此，对以上这些评价指标，重点考虑上等烟比例和产值两个指标，但从上等烟比例和产值的最佳组合来看，两者的差异较大。从试验设置中已有的组合进行选择，综合考虑，以 A2B2C3D1 组合相对较好。其选择理由为：A2B2C3D1 组合的上等烟比例最高（57.48%），产值（50 220.0元/hm²）仅次于 A1B3C3D3（50 259.0元/hm²），但 A1B3C3D3 的上等烟比例是最低的（只有 45.84%）。从 A2B2C3D1 组合看，适当减施基肥氮和喷施钼酸铵、硝酸钙镁可提升烟叶质量，提高烟叶产值。

第二节　施用高磷肥料对土壤化学性状及烤烟生长的影响

一、研究目的

磷对植物生长有较大影响。研究不同磷肥对土壤化学性状及烤烟生长的影响，探索土壤生产力及烤烟精准施肥方法，对特色优质烟叶生产具有重要意义。缺磷会使烤烟生长发育受阻，叶片窄小，推迟开花，成熟不正常，不仅影响烟叶产量，而且影响烟叶质量。石灰性土壤固磷强烈，磷肥利用率低一直是土壤营养化学研究的热点之一。相关研究表明，作物产量和品质与磷素营养状况密切相关，施用磷肥能显著提高草坪景观质量；水溶性磷肥施入土壤后，可很快与土壤固、液相发生一系列物理化学反应，转化为另一种形态的磷酸盐，土壤有效磷含量和碱解氮分别提高 33.02%、211.53%，大大提高了土壤的肥力水平（张吉立，2012）；磷肥的有效性不仅与磷肥本身组成、形态有关，而且取决于磷肥与土壤反应产物的形态与有效性。因此，磷肥施入土壤后的形态转化特点就成了人们普遍关注和研究的内容。土壤磷形态不仅反映土壤的供磷能力，也反映土壤磷的环境风险。湘西烟区喀斯特地貌发育良好，具有典型的岩溶性土壤类型，属亚热带季风性湿润气候区，有关高磷肥料在喀斯特地区的烤烟生产应用还缺乏报道。鉴于此，采用大田试验，研究高磷肥料施用对土壤化学性状及烤烟生长的影响，为湘西州植烟土壤的养分管理及特色优质烟叶开发提供科学参考。

二、材料与方法

（一）供试品种与肥料

品种为烤烟云烟87。肥料为高磷型烟草专用基肥Ⅱ型、高磷提苗肥和高磷型烟草专用基肥Ⅰ型，由湖南金叶众望科技股份有限责任公司生产并提供。常规施肥处理用的烟草专用追肥、烟草专用基肥、提苗肥、K_2SO_4、KNO_3等由县烟草公司提供（湖南金叶众望科技股份有限责任公司生产）。

（二）试验地点

试验设在凤凰县千工坪试验基地（海拔452m，经度109.30°E，纬度28.01°N）进行，供试土壤为石灰岩母质发育的黄壤稻田土，前作为水稻。其烤烟生产主要依靠天然降水和土壤自身蓄水。

（三）试验设计

试验采用随机区组田间试验设计，各处理施氮量均为111.75kg/hm²，设以下4个处理。常规施肥（CK），烟草专用基肥750kg/hm²，发酵枯饼225kg/hm²，专用追肥300kg/hm²，硫酸钾375kg/hm²，提苗肥75kg/hm²；高磷基肥Ⅱ型，高磷烟草专用基肥Ⅱ型750kg/hm²，发酵枯饼225kg/hm²，专用追肥300kg/hm²，硫酸钾375kg/hm²，提苗肥93.75kg/hm²；高磷提苗肥，烟草专用基肥750kg/hm²，发酵枯饼225kg/hm²，专用追肥300kg/hm²，硫酸钾375kg/hm²，高磷提苗肥136.5kg/hm²；高磷基肥Ⅰ型，高磷烟草专用基肥Ⅰ型750kg/hm²，发酵枯饼225kg/hm²，专用追肥300kg/hm²，硫酸钾375kg/hm²，提苗肥75kg/hm²。每个处理设3次重复，共12个小区，采取随机区组排列；小区面积50.4m²（7.2m×7m），行株距为1.2m×0.5m，栽烟84株。四周设保护行，按试验田肥力变化方向设置重复的小区，各小区烟苗及农事操作的一致。

（四）大田管理

采用漂浮育苗，于2013年2月21日播种，4月30日移栽，6月29日开始采烤，9月3日采烤结束。田间管理遵循"最适"和"一致"的原则，与大面积生产一致，各处理各项管理措施保持一致，符合生产要求，由专人在同一天内完成。除高磷型肥料的使用按照厂家说明要求外，其他大田培管措施按照《2013年度湘西自治州烤烟标准化生产技术方案》执行。

（五）调查测定项目与取样化验方法及统计分析

1.土壤取样化验

分别于施肥前及烤烟收获后，五点取样法采集烟垄上2株烟正中位置0~20cm土层的土样 1kg。置于阴凉处风干后，敲碎过 1mm 筛备用。由湖南省农业科学院农化检测中心检测。

2. 冠层结构指标测定

在移栽后的团棵期、现蕾期利用植物冠层分析仪［Accu PAR LP-80，USA，科技集团合肥办事处经销，精度 1mol/（m²·s）］测定群体叶面积指数（LAI）；测定冠层上部的光合有效辐射（PAR）。测定时间为 9：00—11：00。在仪器的探头中含有 80 个 PAR 光量子传感器，用来接收环境光照中 PAR 的变化，仪器可以计算天顶角，通过设置叶角分布参数（X）和测量的上、下冠层 PAR 的比率，计算冠层的 LAI 值。

3. 叶绿素测定

应用叶绿素仪（SPAD-502Plus，柯尼卡美能达公司生产，精度±1.0 SPAD 单位）。在移栽后的团棵期、旺长中期、成熟期测定叶绿素相对含量。

4. 烤后烟叶物理特性测定

主要测定含梗率、单叶重、叶片厚度、平衡含水率、叶质重、开片率。在测定之前平衡水分到 16%~18%，然后随机抽取 50 片烟叶制备鉴定样品。

（1）含梗率。随机抽取 20 片烟叶，平衡含水率到（16.5±0.5）%，抽梗，然后用 1/100 天平分别称烟片和烟梗的重量。

$$含梗率（\%）=（烟梗重量/烟叶重量）×100 \qquad (1)$$

（2）单叶重和叶质重（叶面积质量）。单叶重是指一片叶的重量。随机抽取 10 片烟叶，每片烟叶任取一个半叶，沿着半叶的叶尖、叶中及叶基部等距离取 5 个点，用圆形打孔器打 5 片直径（D）为 15mm 的圆形小片，将 50 片圆形小片放入水分盒中，在 100℃条件下烘 2h，冷却 30min 后称重，根据公式计算叶质重。

$$叶质重（g/m^2）=（烘后重量-水分盒重量）/［50\pi(D/2)^2］ \qquad (2)$$

（3）叶片厚度。随机抽取 10 片烟叶，用电动厚度仪分别测量每片烟叶叶尖、叶中及叶基的厚度，以 30 个点的厚度平均值作为该样品的厚度。

（4）平衡含水率（吸湿性）。随机抽取 10 片烟叶，每叶沿主脉剪开成 2 个半叶，每片烟叶任取 1 个半叶，切成宽度不超过 5mm 的小片，在标准空气条件下［温度（22±1）℃，相对湿度（60±3）%］平衡 7d。混匀后用已知干燥重量的样品盒称取试样 5g，记下称得的试样重量。去盖后放入温度（100±2）℃的烘箱内，自温度回升至 100℃时算起，烘 2h，加盖，取出，放入干燥器内，冷却至室温，再称重。

$$平衡含水率（\%）=［（试样重量-烘后重量）/试样重量］×100 \qquad (3)$$

（5）开片率（度）。叶片长度逐片测量，不足 1cm 按 1cm 计算，叶片长度的平均数为该样品的长度；叶片宽度逐片测量，不足 0.5cm 按 0.5cm 计算，叶片宽度的平均数为该样品的宽度。开片率（度）是指叶宽与叶长的百分比。

5. 根系测定

在烤烟采收完毕时，每处理用土铲挖取 3 株烤烟的整个根系，所挖土坑大小和深度以烟株大小而定，尽量不伤根，并在土壤中检尽肉眼可见的根系，洗净观察主侧根生长状况，并测定根幅、主根和侧根重量。

6. 统计方法

采用 Excel 2003，以及 DPS 14.50 数据分析软件与 SPSS 16.0 数据分析软件进行数据处理与分析，正态分布检验及 Duncan 法多重比较。

三、结果与分析

（一）高磷肥料对土壤化学性状的影响

1. 对土壤碱解氮的影响

由图 3-1 可见，土壤碱解氮含量以高磷提苗肥处理最高（125.32mg/kg），最低为移栽施肥前土样（103.18mg/kg），各土样碱解氮含量大小次序为高磷提苗肥>高磷基肥Ⅱ型>高磷基肥Ⅰ型>常规施肥方法>移栽施肥前。经方差分析及 Duncan 多重比较，除高磷基肥Ⅱ型外，高磷提苗肥与其他处理样本有显著差异，高磷基肥Ⅱ型与常规施肥方法和移栽施肥前有显著差异，高磷提苗肥与常规施肥方法和移栽施肥前有极显著差异，高磷基肥Ⅱ型与移栽施肥前有极显著差异。说明高磷提苗肥与高磷基肥Ⅱ型能显著提高土壤碱解氮含量。

2. 对土壤有机质的影响

图 3-1 显示，土壤有机质含量以高磷提苗肥处理最高（22.81g/kg），最低为高磷基肥Ⅱ土样（13.91g/kg），各土样大小次序为高磷提苗肥>高磷基肥Ⅰ型>常规施肥方法>移栽施肥前>高磷基肥Ⅱ型。经方差分析及 Duncan 多重比较，高磷提苗肥和高磷基肥Ⅰ型与高磷基肥Ⅱ型有显著差异。说明高磷提苗肥和高磷基肥Ⅰ型有利提高土壤有机质含量。

3. 对土壤有效磷的影响

由图 3-1 看出，土壤有效磷含量以高磷提苗肥处理最高（14.37mg/kg），最低为移栽施肥前土样（9.79mg/kg），各土样大小次序为高磷提苗肥>高磷基肥Ⅰ型>高磷基肥Ⅱ型>常规施肥>移栽施肥前。经方差分析及 Duncan 多重比较，高磷提苗肥与其他处理样本有显著差异，高磷提苗肥与移栽施肥前样本有极显著差异。说明高磷提苗肥能显著提高土壤有效磷含量。

4. 对土壤速效钾的影响

由图 3-1 可得出，土壤速效钾含量以高磷提苗肥最高（172.14mg/kg），最低为移栽施肥前土样（96.88mg/kg），各土样大小次序为高磷提苗肥>高磷基肥Ⅱ型>常规施肥方法>高磷基肥Ⅰ型>移栽施肥前。经方差分析及 Duncan 多重比较，高磷提苗肥和高磷基肥Ⅱ型与其他处理样本有显著差异，高磷提苗肥与高磷基肥Ⅱ型和移栽施肥前有极显著差异。说明高磷提苗肥和高磷基肥Ⅱ型能显著提高土壤速效钾含量。

5. 对土壤 pH 值的影响

由图 3-1 可见，土壤 pH 值以高磷提苗肥处理最高（5.96），最低为高磷基肥Ⅱ型土样（5.66），各土样大小次序为高磷提苗肥>常规施肥方法>高磷基肥Ⅰ型>移栽施肥前>高磷基肥Ⅱ型。经方差分析及 Duncan 多重比较，高磷提苗肥和常规施肥方法与移栽施肥前和高磷基肥Ⅱ型处理样本有显著差异，高磷提苗肥和常规施肥方法与高磷基肥Ⅱ型处理样本有显著差异。说明高磷基肥Ⅱ型能显著降低土壤 pH 值，高磷基肥Ⅱ型是防控土壤碱化的有效措施之一。

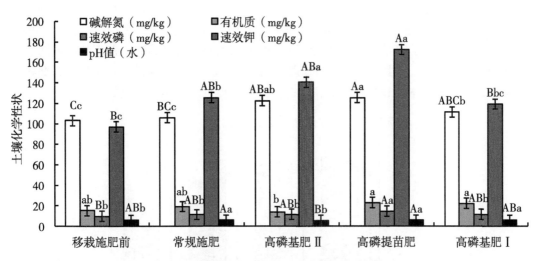

图 3-1　高磷肥料施用对土壤化学性状的影响

（二）高磷肥料对烤烟生长的影响

1. 对烤烟根系的影响

由图 3-2 可知，从根幅看，高磷提苗肥与高磷基肥Ⅱ型的烤烟根系明显长于常规施肥，高磷基肥Ⅰ型的烤烟根系明显短于常规施肥。根系分布宽度以常规施肥最大，但不同处理间差异无统计学意义。根系分布深度以高磷基肥Ⅰ型烤烟根系最大，其他较常规施肥根系深度分布小，但不同处理间差异无统计学意义。从侧根数量看，仅有高磷提苗肥烤烟侧根数量比常规施肥多，但不同处理间差异无统计学意义。高磷提苗肥、高磷基肥Ⅱ型烤烟侧根鲜重和干重以及主根鲜重和干重显著高于常规施肥。以上分析表明，高磷提苗肥、高磷基肥Ⅱ型有利烤烟根系生长。

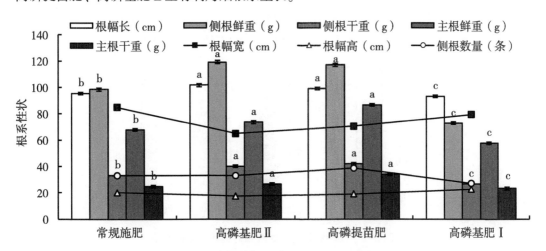

图 3-2　高磷肥料施用对烤烟根系的影响

2. 对烟叶 SPAD 值的影响

SPAD 值可反映烟叶的叶绿素含量，与叶绿素含量成正比。由图 3-3 可知，在团棵期和旺长期不同处理的 SPAD 值差异不显著，其中团棵期时高磷基肥 I 型处理的 SPAD 值最大，而在旺长期所有高磷肥料的烟叶 SPAD 值均高于常规施肥；在烟叶成熟期。经方差分析及 Duncan 多重比较，不同处理的烟叶 SPAD 值差异显著，中部和上部烟叶均是常规施肥处理的 SPAD 值最大。说明高磷肥料可促进烤烟生长与成熟。

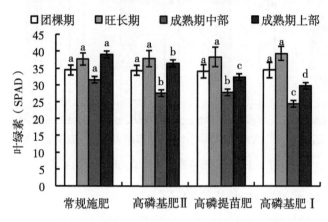

图 3-3　高磷肥料施用对烟叶 SPAD 值的影响

3. 对烤烟叶面积指数的影响

叶面积指数（LAI）可反映植物冠层密度和生物量。由图 3-4 可知，在烤烟的团棵期和旺长期，叶面积指数差异不显著，其中团棵期时高磷提苗肥与高磷基肥 II 型处理均大于常规施肥，旺长期与成熟期时所有高磷肥料处理均大于常规施肥。经方差分析及 Duncan 多重比较，高磷提苗肥和高磷基肥 II 型与常规施肥在成熟期有显著差异。说明高磷肥料可提高烤烟旺长期与成熟期的叶面积指数 1.26%~31.69%，高磷提苗肥和高磷基肥 II 型显著提高烤烟成熟期的叶面积指数。

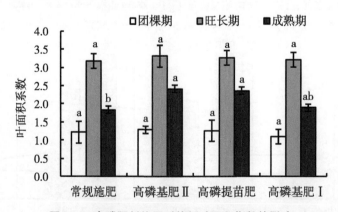

图 3-4　高磷肥料施用对烤烟叶面积指数的影响

4. 对烤烟冠层指标的影响

光合有效辐射是植物生命活动、有机物质合成和产量形成的能量来源。由图 3-5

可知，在烤烟的团棵期和旺长期，光合有效辐射差异不显著，最高值分别为高磷提苗肥和高磷基肥Ⅱ型处理；在烤烟的成熟期所有高磷肥料处理均高于常规施肥。经方差分析及 Duncan 多重比较，高磷提苗肥与常规施肥光合有效辐射差异显著。说明所有高磷肥料均能提高烤烟成熟期光合有效辐射，高磷提苗肥能显著提高烤烟成熟期光合有效辐射 2.04%～11.51%。

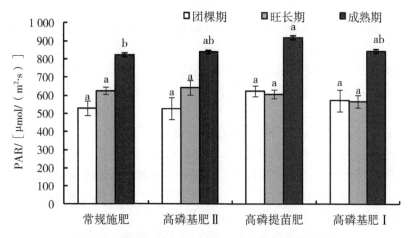

图 3-5 高磷肥料施用对烤烟光合有效辐射的影响

（三）对烟叶物理性状的影响

由表 3-4 可知，从上部烟叶看，高磷提苗肥处理的平衡含水率较高，叶质重适宜。从中部烟叶看，高磷提苗肥处理的平衡含水率较高，烟叶厚薄适中，叶质重适宜。表明高磷提苗肥有利于提高烟叶物理特性。

表 3-4 高磷肥料施用对烟叶物理特性的影响

部位	处理	叶长（cm）	叶宽（cm）	开片率（%）	叶厚（μm）	单叶重（g）	含梗率（%）	平衡含水率（%）	叶质重（g/m²）
上部烟叶	常规施肥	67.23	21.48	31.33	172.50	12.42	31.26	14.64	84.73
	高磷基肥Ⅱ	71.12	21.92	30.23	151.92	13.30	31.28	14.37	83.71
	高磷提苗肥	70.55	21.88	30.40	138.19	12.42	32.33	15.98	79.27
	高磷基肥Ⅰ	66.40	20.36	30.03	155.84	11.96	33.15	11.82	81.28
中部烟叶	常规施肥	70.60	24.03	33.37	133.62	11.96	33.07	14.57	77.79
	高磷基肥Ⅱ	70.96	22.18	30.69	118.59	10.12	34.37	15.26	65.95
	高磷提苗肥	73.60	24.01	31.99	114.02	10.59	34.30	15.04	60.77
	高磷基肥Ⅰ	69.36	25.26	35.68	98.99	8.72	37.47	15.56	47.73

四、讨论与结论

（1）影响土壤化学性状与烤烟生长的因素很多，磷肥不是唯一影响因素。不同形态氮肥与磷肥共施，铵态氮肥促进小麦根际磷耗竭的作用大于硝态氮肥，而酰胺态氮介于两者之间（Kleinman 等，2002）；0~20cm 土壤 Olsen-P 和全磷增加量与磷肥用量呈显著正相关（Sims 等，2000）；Kleinman 等提出用土壤水溶性作为评价土壤径流流失磷的监测指标。更多的报道则提出用土壤有效磷评价农田土壤磷的径流流失风险。在过量施用有机肥的土壤上，用 Mehlich-3-P 评价土壤磷径流流失风险比用土壤水溶性磷小（沈善敏，1985）。叶片是杉木幼苗重要的养分贮存库（于钦民等，2014），氮、磷肥的施用提高了杉木幼苗各器官的氮、磷含量，对幼苗的养分分配和营养平衡有一定影响（徐永刚等，2011）。在高、中、低肥力土壤条件下，苎麻最高产量的磷肥施用量分别为 57.00kg/hm^2、81.6kg/hm^2、67.59kg/hm^2（蒋上志等，2014）；由于土壤中磷素的淋失量很少、烟叶对磷的当季利用率较低，被植物吸收的磷通常被认为是有效磷。有机磷和无机磷都是植物吸收利用的重要磷源，两种磷源对植物吸磷量的贡献大小主要取决于土壤、植物、肥料本身性状等因素等，故上述研究结论在其他地区会有差异。

（2）磷肥促进植株叶绿素含量和叶面积指数的提高。岳寿松等（1994）认为施磷可提高开花期、灌浆期的群体光合作用，在一定的范围内，叶片的叶绿素含量与光合速率呈正相关关系，在重氮轻磷或土壤有效磷含量低的地区，施用磷肥有明显的增产效果。本研究认为高磷肥料均可促进烤烟生长与成熟，提高烤烟旺长期与成熟期的叶面积指数，提高烤烟成熟期光合有效辐射，这对石灰性土壤或缺磷土壤烤烟生产有重要指导意义。建议湘西烟区土壤重视高磷肥料的施用，使之既可提高土壤养分的有效性与平衡性，又可促进烤烟生长与成熟。

（3）高磷提苗肥能显著提高土壤碱解氮、速效钾、有效磷含量，提高烤烟的叶面积指数与烤烟成熟期光合有效辐射，提高土壤有机质含量，有利烤烟根系生长，提高烟叶物理特性。高磷基肥Ⅱ型能显著提高土壤碱解氮含量与烤烟的叶面积指数，有利烤烟根系生长。高磷基肥Ⅰ型能提高土壤有机质含量。上述高磷肥料均可促进烤烟生长与成熟，提高烤烟旺长期与成熟期的叶面积指数，提高烤烟成熟期光合有效辐射。

（4）磷肥引起土壤 pH 值小幅降低（赵晶等，2010）；施磷肥对小麦籽粒产量有显著影响，但施用量过高对小麦产量有抑制作用（郭战玲等，2015）；磷素的缺乏或过量会使旗叶的净光合速率、蒸腾速率、气孔导度和气孔限制值降低（于钦民等，2014）。这些与本研究结论不同，本研究认为高磷提苗肥可防控土壤酸化，氮高磷基肥Ⅱ型可能降低土壤 pH 值，这与湘西州较多土壤缺磷及石灰土有关。

第三节　不同种类肥料对土壤肥力及烤烟生长的影响

一、研究目的

中国目前氮肥、磷肥与钾肥的当季利用率分别为 30%~35%、10%~20%、35%~

50%，消耗了大量的能源。新型肥料是指通过新材料、新方法或新工艺制备的具有新功能的肥料。低碳农业是生物多样性农业，生物肥料是一类微生物活体制品，有机无机肥料就是将有机废弃物集中进行工厂化处理后的有机–无机复混肥。应用新型肥料来提高肥料的利用率越来越被重视。因此，研究生物肥与有机中微肥等新型肥料在湘西山地烤烟上施用效果，为烤烟平衡施肥和高效施肥提供参考。

二、材料与方法

（一）供试品种与肥料

试验品种为烤烟云烟 87。肥料 a：液态生物肥——"萨派德"增效肥料，由北京盛大龙腾科技发展有限公司提供；肥料 b：液态有机中微量肥——"天赐宝"有机液肥，由湖南天赐宝农业科技有限公司提供；肥料 c. 固态生物肥——"九业"牌追肥，由湖南泰谷生物科技股份有限公司供应；肥料 d. 烟草专用追肥、烟草专用基肥、提苗肥、K_2SO_4 等常规施肥，由当地县烟草公司供应。

（二）试验地点及土壤基础肥力

试验地在凤凰县千工坪乡岩板井村。试验田为旱地黄灰土，土壤 pH 值 6.23，碱解氮 38.20mg/kg，有效磷为 9.80mg/kg，速效钾为 108.80mg/kg，有机质为 10.50g/kg。

（三）试验设计

采用大田小区试验，4 个处理，3 次重复，共 12 个小区。小区面积 129.6m²，栽烟216 株，行株距为 1.2m×0.5m，种植密度 16 665株/hm²。常规施肥：作为对照，参照湘西烟区优质烟叶生产规程；液态生物肥：施液态生物肥 7.5kg/hm² 代替 7.5kg/hm² 常规提苗肥，其他相同；液态有机中微肥：施液态有机中微量肥 150kg/hm² 代替烟草专用追肥 45kg/hm²，其他相同；固态生物肥：施固态生物肥 600kg/hm² 代替烟草专用追肥300kg/hm²，其他相同。

（四）大田管理

于 2014 年 2 月 21 日播种，漂浮育苗，4 月 25 日移栽。常规施肥施用硫酸钾 300kg/hm²、发酵饼肥 225kg/hm²、提苗肥 75kg/hm²、烟草专用基肥 750kg/hm²、专用追肥 300kg/hm²，总氮量 111.75kg/hm² 纯氮。固态生物肥分别以 50%作基肥与追肥施用。液态生物肥与液态有机中微量肥作追肥喷施，选择在晴天上午或傍晚施用。2014 年 7 月 13 日开始采烤，9 月 6 日采烤结束。

（五）测定项目与方法

（1）土壤样品检测：在施肥前与烤烟采收完后分别采集各小区 0~20cm 土层的土样 1kg，送湖南省农业科学院农化检测中心，按土壤分析技术规范标准检验。

（2）冠层结构指标：于团棵期、旺长中期、成熟期的 9：00—11：00，用植物冠层分析仪（LP-80，USA）测定群体叶面积指数（LAI）与冠层上部的光合有效辐射（PAR）。

（3）SPAD 值测定：于团棵期、旺长期、成熟期用 SPAD-502 叶绿素仪检测。

（4）烟叶物理性状测定：叶质重、单叶重、含梗率、叶片厚度、开片率、平衡含水率等指标按常规方法测定。

（5）根系测定：在烤烟收获结束时，用土铲每小区挖取 5 株烤烟的整个根系，以不伤根为佳，测算主、侧根重量与根幅。

（六）统计与分析

利用 Excel 2003 与 DPS 14.50 软件进行数据处理与分析。

三、结果与分析

（一）对土壤碱解氮的影响

由图 3-6 可见，土壤碱解氮含量以液态有机中微量肥处理最高，为 126.58mg/kg，移栽施肥前土样最低，为 104.22mg/kg，各土样碱解氮含量大小次序为液态有机中微量肥>液态生物肥>固态生物肥>常规施肥>移栽施肥前。经方差分析，液态有机中微量肥与其他处理间差异显著，液态生物肥与常规施肥方法和移栽施肥前间差异显著，液态有机中微量肥与常规施肥和施肥前呈极显著差异性，施肥前与液态生物肥呈极显著差异性。以上说明液态有机中微量肥与液态生物肥能显著增加土壤碱解氮含量。

（二）对土壤有机质的效应

图 3-6 可见，有机质的含量以液态有机中微量肥处理最高为 23.04g/kg，最低为液态生物肥土样为 14.05g/kg，各土样大小次序为液态有机中微量肥>固态生物肥>常规施肥方法>移栽施肥前>液态生物肥。经方差分析，液态有机中微量肥和固态生物肥与液态生物肥有显著差异。以上说明液态有机中微量肥和固态生物肥可增加土壤有机质含量。

（三）对土壤有效磷的效应

图 3-6 显示，有效磷含量以液态有机中微量肥处理最高为 14.51mg/kg，最低为移栽施肥前土样为 9.89mg/kg，其大小次序为液态有机中微量肥>常规施肥方法>液态生物肥>固态生物肥>移栽施肥前。经方差分析及多重比较，液态有机中微量肥与其他处理样本有显著差异，液态有机中微量肥与固态生物肥和移栽施肥前样本有极显著差异。上述说明液态有机中微量肥能显著增加有效磷含量。

（四）对土壤速效钾的效应

由图 3-6 可知，速效钾含量以液态有机中微量肥最高，为 173.87mg/kg，施肥前土样最低，为 97.86mg/kg，土壤速效钾含量大小依次为液态有机中微量肥>液态生物肥>常规施肥方法>固态生物肥>移栽施肥前。经方差分析及多重比较，液态有机中微量肥与其他处理间有显著差异，液态生物肥与移栽施肥前间有显著差异，液态有机中微量肥与固态生物肥和移栽施肥前呈极显著差异。以上说明液态有机中微量肥能显著增加土壤速效钾含量。

（五）对土壤 pH 值的效应

由图 3-6 可见，土壤 pH 值以液态有机中微量肥处理最高，为 pH 值 6.02，液态生物肥最低，为 pH 值 5.71，土壤 pH 值大小依次为液态有机中微量肥>常规施肥方法>固态生物肥>移栽施肥前>液态生物肥。经方差分析及多重比较，液态有机中微量肥和常规施肥与施肥前和液态生物肥处理间呈显著差异，液态有机中微量肥和常规施肥方法与液态生物肥处理样本间呈显著差异。以上说明液态生物肥能显著降低土壤 pH 值，液态有机中微量肥是防控土壤酸化的有效措施之一。

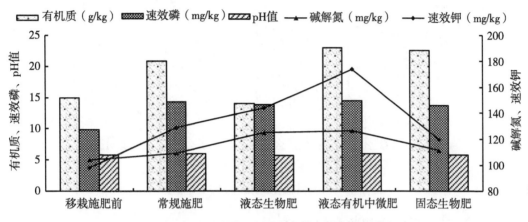

图 3-6　不同肥料施用对植烟土壤化学性状的影响

（六）对烤烟根系的效应

表 3-5 显示，液态有机中微量肥与液态生物肥的烤烟根系明显长于常规施肥处理，固态生物肥的烤烟根系则相反；根系分布宽度以常规施肥最大，但各处理间差异不显著。根系分布深度以固态生物肥烤烟根系最深，但处理间差异不显著；侧根数量中有液态有机中微量肥高于常规施肥，但处理间差异不显著。液态有机中微量肥、液态生物肥烤烟主根鲜重与干重、侧根鲜重与干重显著高于常规施肥，但固态生物肥的处理相反。上述表明，液态有机中微量肥、液态生物肥有利促进烤烟根系生长发育，但固态生物肥的烤烟根系生长要差于常规施肥处理。

表 3-5　不同肥料施用对烤烟根系生长的影响

处理	根幅长（cm）	根幅宽（cm）	根幅高（cm）	侧根数量（条）	侧根鲜重（g）	侧根干重（g）	主根鲜重（g）	主根干重（g）
常规施肥	95.95b	88.21a	20.08a	39.09a	99.21b	34.83b	66.11b	24.68b
液态生物肥	98.78a	70.03a	19.99a	39.05a	119.89a	44.93a	75.36a	38.42a
液态有机中微肥	99.96a	71.88a	20.19a	39.15a	120.03a	45.25a	89.22a	38.87a
固态生物肥	95.28b	85.02a	20.21a	38.93a	69.45c	30.26c	63.56b	24.33b

（七）对烤烟叶绿素的效应

SPAD 值与叶绿素含量成正比，能反映烟叶的叶绿素含量。由图 3-7 可知，在团棵期和旺长期各处理 SPAD 值差异不显著，但在旺长期新型肥料处理的烤烟 SPAD 值均高于常规施肥；在烟叶成熟期，不同处理的烟叶 SPAD 值差异显著，中部烟叶和上部烟叶均是常规施肥处理的 SPAD 值最大。上述说明新型肥料可促进烤烟生长与成熟。

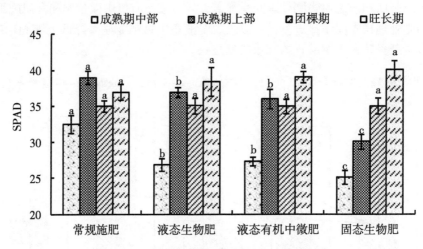

图 3-7　不同肥料施用对烟叶 SPAD 值的影响

（八）对烤烟叶面积指数的效应

叶面积指数（LAI）可反映植物冠层密度和生物量。由图 3-8 可知，旺长期与成熟期时所有新型肥料处理均大于常规施肥，处理液态有机中微量肥、液态生物肥与常规施肥处理间差异达显著水平。可见液态有机中微量肥和液态生物肥有助于提高烤烟的叶面积指数。

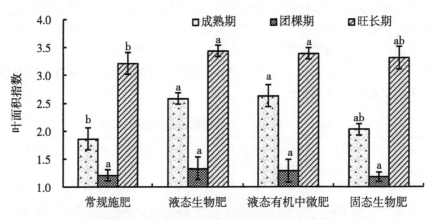

图 3-8　不同肥料施用对烤烟叶面积指数的影响

（九）不同新型肥料对烤烟光合有效辐射的影响

太阳辐射中能被绿色植物用来进行光合作用的那部分能量成为光合有效辐射，简称 PAR。图 3-9 显示，在烤烟的成熟期所有新型肥料处理光合有效辐射均高于常规施肥，其中液态有机中微量肥与常规施肥处理差异显著。可见液态有机中微量肥能显著增加烤烟成熟期光合有效辐射。

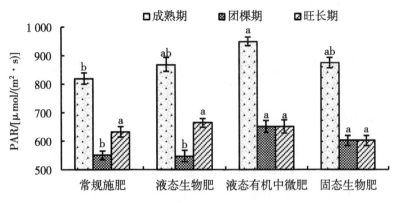

图3-9　不同肥料施用对烤烟光合有效辐射的影响

（十）对烤烟物理性状的效应

由表3-6不同肥料处理对烤后烟叶物理特性影响可知，液态有机中微量肥处理的上部烟叶平衡含水率较高，叶质重适宜；其中部烟叶平衡含水率较高，烟叶厚薄适中，叶质重适宜，有利于提高烟叶物理性状。

表3-6　不同肥料施用对烟叶物理特性的影响

部位	处理	长（cm）	宽（cm）	开片率（%）	厚（μm）	单叶重（g）	含梗率（%）	平衡含水率（%）	叶质重（g/m²）
上部烟叶	常规施肥	67.90	21.70	31.65	174.24	12.54	31.57	14.79	85.59
	液态生物肥	71.83	22.14	30.53	153.45	13.43	31.60	14.51	84.56
	液态有机中微肥	71.26	22.10	30.71	139.59	12.54	32.66	16.14	80.07
	固态生物肥	67.07	20.56	30.33	157.41	12.08	33.48	11.94	82.10
中部烟叶	常规施肥	71.34	24.27	33.71	134.97	12.08	33.40	14.72	78.58
	液态生物肥	71.68	22.40	31.00	119.79	10.23	34.72	15.41	66.62
	液态有机中微肥	74.34	24.26	32.31	115.17	10.69	34.65	15.20	61.38
	固态生物肥	70.06	25.51	36.04	99.99	8.81	37.85	15.72	48.21

四、讨论与结论

提高有机废弃物资源利用水平是新型肥料研究的方向。施用有机无机复混肥料能提高肥料利用率并增加作物产量。大多数研究认为，有机无机复混肥有增产效果，且氮肥利用率得到提高。研究结果表明，液态有机中微量肥能显著提高土壤速效钾、有效磷、碱解氮含量及烤烟叶面积指数与成熟期光合有效辐射，可增加土壤有机质含量，改良酸化土壤，提高烟叶物理特性，促进烤烟根系生长发育。液态生物肥能显著提高烤烟的叶面积指数与土壤碱解氮含量，促进烤烟根系生长发育。固态生物肥能提高土壤有机质含量，但烤烟根系要劣于常规施肥。上述新型肥料均可促进烤烟生长与成熟，提高烤烟成熟期光合有效辐射，提高烤烟旺长期与成熟期的叶面积指数。

第四节 新型肥料连续施用对土壤真菌群落及烤烟产质量的影响

一、研究目的

作物的产量和品质受遗传、栽培措施与环境的多重影响。土壤微生态环境恶化，致使烟叶产量低而不稳。施肥是烤烟生产关键栽培技术之一，而轻简高效栽培技术是烟叶生产降本增效的重要保证。减少施肥次数可减少施肥用工，但必须与相应肥料匹配。鉴于此，为简化湘西烟区施肥环节与降低劳动用工，提供适宜的新型肥料配方和简约施用技术，研发减工增效新型肥料，分析其对土壤真菌种群丰度和结构、对烟叶化学成分与感官质量的影响，研究其对烤烟经济性状的效应，以期为合理施用新型肥料、减少追肥用工、提高烟叶品质提供理论依据。

二、材料与方法

（一）试验材料

于 2015—2017 年在湖南省花垣县科技园进行定位试验。供试土壤为石灰岩母质发育的旱地黄灰土。供试烤烟品种为云烟 87。供试新型肥料 A、新型肥料 B、常规烟草专用基肥、生物有机肥为基肥，提苗肥、烟草专用追肥、硫酸钾为追肥，均由湖南金叶众望科技股份有限责任公司提供。新型肥料 C 和新型肥料 D 由长沙新源氨基酸肥料有限公司生产。各处理总氮均为 112.5kg/hm²，$N : P_2O_5 : K_2O = 1 : 1.05 : 2.80$，有机质含量一致，新型肥料全部作基肥。

（二）试验设计

试验为单因素随机区组设计的定位试验。CK，烟草专用基肥 750kg/hm²+生物有机肥 300kg/hm²+提苗肥+专用追肥+硫酸钾；T1，新型肥料 A 型 1 500kg/hm²+提苗肥；T2，新型肥料 B 型 1 500kg/hm²+提苗肥；T3，新型肥料 C 型 1 387.5kg/hm²+提苗肥；T4，新型肥料 D 型 1 387.5 kg/hm²+提苗肥。3 次重复，小区面积为 58.8m²，行距 1.2m，株距 0.5m。每年 4 月上旬根据植烟密度计算每株所需肥量，挖宽大沟（宽 40cm，深 10cm）待土壤细碎后，起垄前开沟条施肥料；生物有机肥、烟草专用基肥、新型肥料全部作基肥；专用追肥与硫酸钾 50%作基肥，50%在培土时作追肥施入。4 月下旬移栽烤烟，田间管理按烟叶标准化生产措施进行，各处理均在 50%中心花开放时打顶抹杈。单株留叶数控制在 18~20 片。8 月中旬采收完毕，9 月上旬翻耕后冬闲，来年 3 月春耕，4 月上旬施肥继续试验。

（三）主要测定项目及方法

（1）土壤微生物的测定：取样点离排水沟 1.0m 以上，于移栽后 90d 随机选取烟垄上两株烟正中位置（距烟株 25.0cm 处）0~20cm 土层，每小区采集 10 份土样，混匀，所取土壤样品装入自封袋后立即置冰盒中保存，48h内完成土壤宏基因组DNA的提取。土壤宏基因组DNA的提取方法参考试剂盒的说明书进行。利用宏基因组测序分析来研究土壤微生物群落结构组成。将微生物基因组DNA随机打断成500bp的小片段，然后在片段两端加入通用引物进行PCR扩增，然后测序，再通过组装的方式，将小片段拼接成较长的序列；重复6次，设置核苷酸相似度大于98%的序列作为一个OTU（操作分类单位），并对此进行单样品α多样性分析与菌门分析，同时对所有的数据进行方差分析。

（2）烤烟经济性状考查：试验烟叶按GB 2635—1992进行分级，国家统一价格计量小区产量、产值。

（3）烟叶化学成分的测定：将采收的烟叶分别挂牌绑杆装入同一烤房烘烤，并将其按上、中、下3个部分分类，挑选等级相近的烟叶粉碎后过40目筛供化学成分分析。对于各处理不同部位的烟叶，首先严格按照我国的烟叶分级标准进行分级，再进行取样。上部叶取上桔二（B2F），中部叶取中桔三（C3F），下部叶取下桔二（X2F）。全钾用火焰光度计法，氯离子含量用银量法测定，烟碱含量用盐酸提取活性炭脱色法测定，总糖、还原糖用水浸提3,5-二硝基水杨酸显色法测定，总氮用AAS-305D流动注射分析仪测定。

（4）感官质量评价：各处理分别取B2F、C3F等级各3kg，送农业部烟草产业产品质量监督检验测试中心。从全国烟草系统抽调7名评吸专家（全国评烟委员会委员）对烟叶样品进行感官评价。

三、结果与分析

（一）对土壤理化性状的影响

由表3-7可知，4种新型肥料的添加均增加了土壤养分含量，且差异显著（$P<0.05$）。其中，T1、T2、T3、T4处理的土壤有机质比对照分别增加0.69%、3.95%、5.17%与10.99%，全氮比对照分别增加8.62%、12.64%、19.54%与27.01%，速效氮比对照分别增加8.42%、27.86%、32.14%与35.79%，速效钾比对照分别增加12.75%、17.76%、29.08%与34.42%，有效磷比对照分别增加3.28%、20.42%、31.34%与51.73%。4种新型肥料的添加均减少了土壤黏粒含量，且差异显著（$P<0.05$）；T1、T2、T3、T4处理土壤黏粒分别减少5.11%、16.48%、20.77%与32.71%。可见，施用新型肥料可提高土壤养分含量，减少土壤黏性，提高土壤通气性，不同处理以新型肥料D的效果相对较好。

表3-7 不同新型肥料对土壤理化性质的影响

处理	有机质 （g/kg）	全氮 （g/kg）	速效氮 （mg/kg）	速效钾 （mg/kg）	有效磷 （mg/kg）	黏粒 （%）
CK	28.84±1.37d	1.74±0.06d	148.08±0.91d	223.99±19.51d	38.99±1.31e	30.33±2.59a
T1	29.04±1.42c	1.89±0.09c	160.55±1.02c	252.55±20.13c	40.27±1.92d	28.78±2.01b

（续表）

处理	有机质 （g/kg）	全氮 （g/kg）	速效氮 （mg/kg）	速效钾 （mg/kg）	有效磷 （mg/kg）	黏粒 （%）
T2	29.98±1.59c	1.96±0.11c	189.33±1.22b	263.77±28.90bc	46.95±2.88c	25.33±1.92c
T3	30.33±1.71b	2.08±0.19b	195.67±1.69ab	289.12±30.55b	51.21±3.56ab	24.03±1.88cd
T4	32.01±1.95a	2.21±0.21a	201.08±1.73a	301.08±31.79a	59.16±4.89a	20.41±1.52e

（二）对土壤真菌群落的影响

1. 真菌群落的整体概况

真菌通常不能运动，且是异养生物，其群落对土壤肥料及作物生长影响较大。图3-10显示，5个样品的OTUs数都趋向饱和；对照组和新型肥料C的物种数最多（约为1573），而新型肥料D的物种数最少，估测值为997（采用2017年试验数据）。

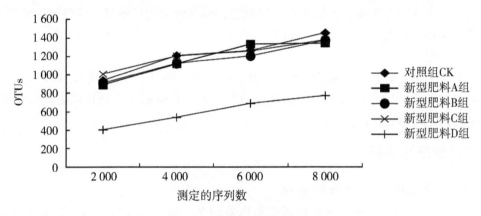

图3-10 宏基因组测序稀释曲线

表3-8显示，对照组和新型肥料C的多样性和均一度均明显高于其他组，而新型肥料D显著低于其他组（采用2017年试验数据）。

表3-8 真菌群落的多样性和均一性指数

项目	CK	新型肥料A	新型肥料C	新型肥料B	新型肥料D
多样性	4.358 138	3.753 036	4.508 063	3.485 315	0.916 097
均一度	0.703 737	0.617 776	0.741 415	0.574 788	0.171 387
Chao值	1 558.299	1 559.214	1 521.302	1 561.509	988.144 8

表3-9不相似性分析表明，真菌群落在5组处理中有显著差异（$P<0.05$），这种差异的大小可以反映在DCA图上。

表 3-9　各组之间的不相似性分析

项目	新型肥料 A	新型肥料 C	新型肥料 B	新型肥料 D
CK	0.017 1	0.003 6	0.011 7	0.000 9
新型肥料 A		0.011 7	0.009	0.000 9
新型肥料 C			0.001 8	0.000 9
新型肥料 B				0.000 9

由图 3-11 可知，除了对照组和新型肥料 C 距离较近之外，其他组都可以明显分开，且新型肥料 D 与其他组的距离最远。该结果与多样性和均一度指数的趋势一致，意味着对照组和新型肥料 C 的真菌群落相似，而新型肥料 D 与其他组的差异最大（采用 2017 年试验数据）。

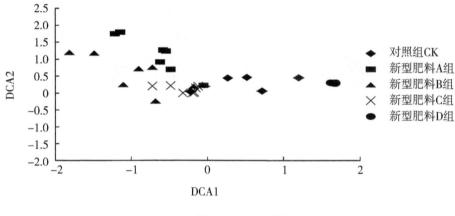

图 3-11　DCA 图

2. 在不同分类水平上真菌群落的差异

真菌群落在门的水平上的差异如图 3-11（采用 2017 年试验数据）。由图 3-11 可看出，在门的水平上，5 组样品的真菌群落组成明显不同。虽然主要是由 Ascomycot、Basidiomycota 和未分类的真菌门构成，此外 Chytridiomycota、Glomeromycota 和 Zygomycota 也是群落的组成部分。对照组中 Ascomycota 的相对丰度为 39.53%，其丰度在新型肥料 C 组中显著地升高而在新型肥料 D 中显著降低。Basidiomycota 的相对丰度在新型肥料 A 中显著增高，在新型肥料 D 中降低。Chytridiomycota 在新型肥料 C 与新型肥料 B 中显著降低。Glomeromycota 在新型肥料 C 中升高，在其他 4 组中显著下降。对照组中的 Zygomycota 在新型肥料 D 中下降，与其他组没有差异。总之，新型肥料 C 和新型肥料 D 与对照组的差异最大，而且这两种新型肥料对烟草土壤真菌群落有不同的影响。

真菌群落在属的水平上的差异如图 3-12 所示。图 3-12 显示，5 个组中的真菌群落在属的水平上有很大的差异，且很多真菌种类目前尚未鉴定。对照组中丰度最高的 3 个 OTU（OTU 为门水平的运算分类单位，相似性在 98% 以上）为 OTU1（8.7%），OTU9（5.1%），OTU21（2.7%），其中 OTU9 与 Chytridiomycota 有 15% 的相似度；OTU1 与

OTU21 尚未鉴定分类。新型肥料 A 组中为 OTU6（22.29%），OTU9（4.08%）和 OTU2（2.89%），其中 OTU6 与 Thelephoraceae 有 6% 的相似度；OTU2 尚未分类鉴定。新型肥料 C 中为 OTU48（3.6%），OUT2（3.4%）和 OTU17（3.2%），其中 OTU17 与 Sordariales 有 22% 的相似度；OTU48 尚未鉴定分类。新型肥料 B 中为 OTU4（23.3%），OTU2（6.41%）和 OTU10（3.6%），其中 OTU4 与 Tremellales 有 10% 的相似度；OTU10 与 Ascomycota 有 25% 的相似度。新型肥料 D 丰度最高的 3 个 OTU 为 OTU1（86%），OTU32（1.6%）和 OTU25（1.1%），明显高于其他组。其中，OTU1 和 OTU25 是尚未鉴定分类的真菌，OTU32 为 Olpidium_ brassicae。

新型肥料的施加对土壤真菌群落的结构和组成有非常重大的影响，一般表现为降低其多样性和均一度（新型肥料 C 除外），降低 Glomeromycota 的相对丰度。新型肥料 D 组的真菌群落组成与对照组的差异最大，且该组中大部分的真菌尚未鉴定，值得深究。

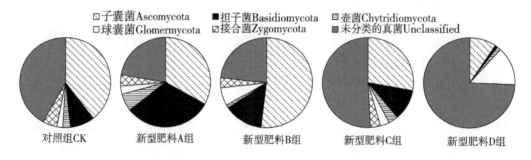

图 3-12　各个群落在门水平上的组成

（三）对真菌数量的影响

由图 3-13 可看出，随着新型肥料的添加，真菌呈稳定增加趋势，以 T4 处理最高，且 T4>T3>T2>T1>CK。方差分析结果表明，T4 处理与 CK 处理之间历年均差异显著（$P<0.05$）。

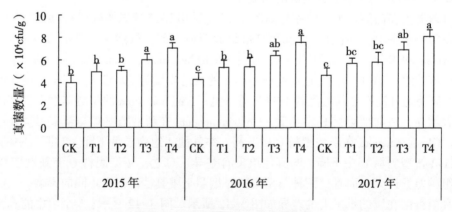

图 3-13　不同处理的真菌数量比较

（四）对烤烟化学成分的影响

研究不同处理烟叶内在化学成分的协调性，可评价其内在质量，进而通过施肥措施提高中上部烟叶的质量。由表 3-10 可知，T1、T2 和 T3 烟叶的总氮和烟碱含量均在适宜范围内，且其上、中部叶与对照有显著性差异；T1、T2、T3 和 T4 处理均提高了烟叶钾含量，均显著高于对照。可见新型肥料能提高烟叶的钾含量，改善烟叶内在品质。其关键原因是新型肥料有机质与氨基酸含量丰富；另外，肥料主要养分一次性早施，促进了烤烟的成熟与氮磷类化合物的吸收转化，减少了对钾养分吸收的抑制作用，故烟叶钾含量提高。

表 3-10　不同新型肥料对烤烟化学成分的影响（%）

等级	处理	总糖	还原糖	总氮	烟碱	K_2O	氯
下部叶 （X2F）	CK	21.91b	17.14c	1.57b	1.41c	1.06c	0.17a
	T1	26.11a	22.65a	1.68ab	1.64bc	1.61a	0.42a
	T2	21.15b	17.10c	1.85a	1.97b	1.63a	0.32a
	T3	26.17a	20.67b	1.77a	2.20a	1.59ab	0.33a
	T4	21.89b	17.03c	1.50b	1.37c	1.53b	0.38a
中部叶 （C3F）	CK	21.24b	17.06b	1.68b	2.25b	1.39c	0.24a
	T1	21.67b	17.37b	1.92ab	2.62a	1.67ab	0.52a
	T2	21.05b	16.50c	2.15a	2.45a	1.85a	0.52a
	T3	25.10a	21.20a	2.05a	2.34ab	2.00a	0.47a
	T4	20.65c	17.04b	1.61b	2.20b	1.86a	0.38a
上部叶 （B2F）	CK	19.68b	17.08c	1.76b	2.46c	1.30c	0.37a
	T1	20.86b	19.60b	1.95a	2.72a	1.56b	0.58a
	T2	19.11b	16.46c	2.09a	3.30a	1.71b	0.53a
	T3	25.22a	21.86a	1.88a	2.57b	1.74b	0.41a
	T4	19.10b	16.09c	1.68b	2.26c	1.86a	0.43a

（五）对烤烟感官质量的影响

由表 3-11（采用 2017 年试验数据）可知，不同新型肥料处理对烤烟感官质量有一定的影响，主要表现为 4 种新型肥料在保持烟叶香气量、浓度和劲头得分的前提下，提高了香气质、杂气、刺激性等指标的得分。虽然各处理综合得分差异不显著，但各新型肥料处理质量档次均高于对照，其高低顺序 T4>T3>T2>T1>CK，说明新型肥料能改善中上部烟叶的香气质、杂气与评吸质量。

表 3-11 不同新型肥料对烤烟评吸质量的影响

等级	处理	香气	香气量	浓度	杂气	劲头	刺激性	余味	燃烧性	灰色	质量档次
	CK	6.0	6.0	6.0	6.0	7.5	5.6	6.0	8.0	6.0	中等
	T1	6.0	6.0	6.0	6.1	7.5	5.9	6.0	8.0	6.0	中偏上
C3F	T2	6.1	6.0	6.0	6.1	7.5	5.9	6.0	8.0	6.0	中偏上
	T3	6.3	6.0	6.0	6.1	7.5	6.0	6.0	8.0	6.0	中偏上
	T4	6.4	6.0	6.0	6.2	7.5	6.0	6.0	8.0	6.0	中偏上
	CK	6.0	6.0	6.0	6.0	7.5	6.0	6.0	8.0	6.0	中等
	T1	6.1	6.0	6.0	6.2	7.5	6.0	6.0	8.0	6.0	中偏上
B2F	T2	6.1	6.0	6.0	6.2	7.5	6.0	6.0	8.0	6.0	中偏上
	T3	6.1	6.0	6.0	6.2	7.5	6.0	6.0	8.0	6.0	中偏上
	T4	6.2	6.0	6.0	6.2	7.5	6.0	6.0	8.0	6.0	中偏上

注：感官评吸主要包括香气质、香气量、浓度、杂气、劲头、刺激性、余味、燃烧性、灰分9项，每项总分9分

（六）对烤烟经济性状的影响

由表 3-12 可以看出，4 种新型肥料处理的烤烟产量、产值、上等烟比例均高于对照，3 项经济指标差异均达显著水平，其中综合表现最佳的是 T4。产量、产值、上等烟比例等指标由高到低的顺序均表现为：T4>T3>T2>T1>CK，方差分析结果表明，施用新型肥料各处理与 CK 处理之间均差异显著（$P<0.05$）。

表 3-12 不同新型肥料对烟叶经济性状的影响

年份	处理	产量（kg/hm²）	产值（元/hm²）	上等烟比例（%）
	CK	1 854.43±39.87d	33 087.92±94.85c	13.27±1.98c
	T1	2 348.05±46.88c	39 584.30±80.35b	17.22±1.15b
2015	T2	2 431.32±29.86b	43 132.22±96.65ab	24.28±1.55ab
	T3	2 596.95±61.24a	45 281.68±91.02a	24.66±1.98a
	T4	2 664.24±50.25a	45 788.93±85.96a	24.78±1.75a
	CK	1 892.28±42.31c	33 763.19±89.56d	13.54±0.86b
	T1	2 395.95±66.01c	40 392.14±96.21c	17.58±1.05b
2016	T2	2 480.94±18.99b	44 012.47±93.46b	24.77±1.71a
	T3	2 649.95±65.21a	46 205.79±97.66a	25.16±1.68a
	T4	2 718.61±36.69a	46 723.40±91.96a	25.29±1.23a

（续表）

年份	处理	产量（kg/hm²）	产值（元/hm²）	上等烟比例（%）
	CK	1 950.8±77.26c	34 807.41±88.67d	13.96±0.78b
	T1	2 470.05±44.21b	41 641.38±95.59c	18.12±0.95b
2017	T2	2 557.67±56.78b	45 373.68±91.23b	25.54±1.50a
	T3	2 731.91±71.33a	47 634.84±64.56a	25.94±1.28a
	T4	2 802.69±68.22a	48 168.45±59.99a	26.07±1.57a

（七）对施肥用工的影响

由图 3-14 可知，新型肥料均显著减少了用工。2015 年减工在 1 418～1 435元/hm²；2016 年减工在 1 447～1 464元/hm²；2015 年减工在 1 492～1 509元/hm²；平均减少用工 1 461元/hm²。

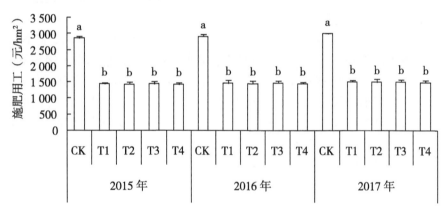

图 3-14　不同处理的施肥用工比较

四、讨论与结论

（1）对土壤真菌群落的影响。土壤 pH 值通常是影响微生物多样性的重要因子之一，Shen 等（2015）发现土壤 pH 值是控制土壤微生物多样性和群落组成的关键性因子，并指出 pH 值对微生物的分布普遍存在影响；张于光等（2015）认为 pH 值不仅是影响土壤微生物群落结构的主要因素，而且影响了微生物的海拔分布格局。新型肥料 D 中含有生物碳影响土壤 pH 值，该结果为深入理解新型肥料对土壤微生物群落的影响及其途径提供了依据。微生物活体自身就是土壤中一个巨大的动态氮库。刘云等（2018）认为不同缓释尿素用量对土壤微生物群落结构的影响不同，养分释放期长的缓释尿素能提高辣椒产量；李贺等（2018）认为土壤有效磷是影响 AM 真菌多样性最主要的土壤因子；聂江文等（2018）认为冬种紫云英不还田施氮肥能改变土壤微生物菌群结构，显著增加水稻产量。本研究的新型肥料分解产生的速效氮及其他速效营养元素促进了烤烟生长，对根际真菌群落的选择性进一步加强，不利根系生长的真菌也得到抑制，另

C/N 值的增加，也引起土壤微生物食物种类和成分的变化，故新型肥料的施加能降低土壤真菌群落的多样性和均一度（新型肥料 C 除外），降低球囊菌（Glomeromycota）相对丰度（球囊菌与根共生，吸收根的营养，不利根系生长）；使根际微生物区系向健康的方向发展；为烤烟的生长提供良好的环境与养分，故能提高烤烟的产质量。新型肥料 A 与 B 含有缓释保水增效剂，而土壤水分是影响微生物群落结构的重要原因之一；新型肥料 D 中不仅有生物碳（新型肥料 B 仅有生物碳），而且富有氨基酸（新型肥料 C 未有生物碳），可能是新型肥料 D 处理与其他处理的差异大的原因。

（2）对烟叶中化学成分及评吸质量的影响。新型肥料施入土壤后，使烟株各时期维持适宜的碳氮代谢关键酶活性，烟株碳氮代谢协调平衡，烟叶化学成分协调性和内在品质较高。新型肥料有机质与氨基酸含量丰富，是影响烟叶化学成分的主要原因；另外主要养分肥料一次性早施，促进了烤烟的成熟与氮磷类化合物的吸收转化，减少了对钾养分吸收的抑制作用，故烟叶钾含量提高；特别是新型肥料 D 富含有机质、氨基酸与生物碳，氮类化合物转化活性提高，可能会有降低烟叶总氮与烟碱含量的趋势。本试验结果表明，新型肥料能提高烟叶的钾含量，改善中上部烟叶的香气质，改进中上部烟叶的柔和细腻度、余味与评吸质量。

（3）通过分析不同新型肥料对土壤微生物种群丰度和结构的影响，能够更加客观科学地评价新型肥料种类对培肥改土的效果；新型肥料的施加能降低土壤真菌群落的多样性和均一度（新型肥料 C 除外），降低球囊菌（Glomeromycota）的相对丰度。田间小区试验也表明，新型肥料与常规生产相比，能提高产量、产值与上等烟叶比例，降低施肥用工，提高烟叶的钾含量，能改善中上部烟叶的香气质、余味与评吸质量。4 个新型肥料处理间相比，以新型肥料 D 较好，其真菌群落组成与对照组的差异最大，产量与产值均最高，有降低烟叶的总氮与烟碱含量的趋势，感官质量最好。湖南湘西植烟区烟叶生产以新型肥料 D 较适宜。

第五节　不同氨基酸有机肥对烤烟生长发育及产质量的影响

一、研究目的

作物产量和品质受遗传与环境的双重影响，施肥是烤烟生产关键栽培技术之一。湘西烟区长期的土壤连作与化肥大量使用，导致土壤结构破坏，有机质下降和土壤酸化，土壤退化严重，烟叶香气不足，化学成分不协调，不能满足工业需求。绿色、有机、生态、安全农业发展是大势所趋。前人多研究不同有机肥与无机肥的配比对烤烟产质量的影响，施用生物有机肥对烤烟生长发育和产质量的影响报道较少。相对于无机氮，土壤中氨基酸态氮含量很低，但前人研究证明农作物能够吸收利用氨基酸，且与施用量有很大关系。本研究采取田间试验的方法探讨不同氨基酸有机肥与施用量对烤烟生长及产质量的作用与机理，以期为湘西烟区科学施用氨基酸有机肥提供理论支撑。

二、材料与方法

(一) 试验材料

试验于 2014—2016 年在湖南省花垣县花垣镇湘西生态金叶科技园 (109.30°E, 28.01°N, 海拔 452m) 进行定位试验, 供试土壤为石灰岩母质发育的旱地黄灰土, 土壤 pH 值 6.23, 有机质为 10.46g/kg, 碱解氮为 38.20mg/kg, 有效磷为 9.75mg/kg, 速效钾为 108.76mg/kg。烤烟生产主要依靠天然降水和土壤自身蓄水。种植制度为一年一熟 (烤烟)。供试烤烟品种为云烟 87。供试新型氨基酸有机肥由长沙新源氨基酸肥料有限公司生产, 氨基酸有机肥 A 型 (N:P_2O_5:K_2O=8:2:2, 有机质 70%~80%, 总氨基酸 35%, 游离氨基酸 7%), 氨基酸有机肥 B 型 (N:P_2O_5:K_2O=6:2:2, 有机质 70%~80%, 总氨基酸 25%, 游离氨基酸 5%)。常规烟草专用基肥 (N:P_2O_5:K_2O=8:15:7)、生物有机肥 (N:P_2O_5:K_2O=4:1:1) 为基肥, 提苗肥 (N:P_2O_5:K_2O=20:9:0)、烟草专用追肥 (N:P_2O_5:K_2O=10:5:29)、硫酸钾 (N:P_2O_5:K_2O=0:0:50) 为追肥, 均由湖南金叶众望科技股份有限责任公司提供。

(二) 试验设计

试验为单因素随机区组设计的定位试验。T1 (CK), 烟草专用基肥 750kg/hm²+生物有机肥 300kg/hm²+追肥; T2, 烟草专用基肥 750kg/hm²+A 型氨基酸有机肥 150kg/hm²+追肥; T3, 烟草专用基肥 750kg/hm²+A 型氨基酸有机肥 300kg/hm²+追肥; T4, 烟草专用基肥 750kg/hm²+B 型氨基酸有机肥 150kg/hm²+追肥; T5, 烟草专用基肥 750kg/hm²+B 型氨基酸有机肥 300kg/hm²+追肥。3 次重复, 小区面积为 58.8m²。施纯氮 114.3kg/hm², N:P_2O_5:K_2O=1:1.52:2.63, 以追肥 (提苗肥、烟草专用追肥、硫酸钾) 用量调节总施氮量及氮磷钾比例。生物有机肥、烟草专用基肥、氨基酸有机肥全部作基肥, 起垄前开沟条施; 其余化学肥料 50%作基肥, 50%在培土时作追肥施入。行距 1.2m, 株距 0.5m, 试验地设 2 行保护行, 2016 年 4 月 26 日移栽烤烟。田间管理按标准化烟叶生产措施进行。

(三) 主要测定指标及方法

(1) 烤烟农艺性状: 于成熟期分叶位测定, 每小区定点测量 10 株烟的株高、茎围、叶长与宽和有效叶片数, 叶面积 = 长×宽×0.6345; 栽后 35d、40d、50d、60d、70d、80d 测定叶面积指数。叶面积指数 = (有效叶片长×宽×0.6345) /土地面积。

(2) 大田整齐度测定: 成熟期每小区随机抽取具代表性的 60 株烟株标记叶位 (7~11 与 12~16 叶位), 测量株高、茎围、叶长与宽和有效叶片数, 计算叶面积。大田整齐度为变异系数的倒数, 整齐度 = 1/变异系数 = 样本平均值/ (样本平均值−标准差) ×100%。

(3) 根系干重测定: 于移栽后 30d 开始, 每隔 15d 选取具有代表性的烟株 5 株测定烟株根干重。取样方法为以主茎基部为原点, 水平横向距离主茎基部 0~10cm 区域和深度纵向距离主茎基部 0~10cm、10~20cm、20~30cm、30~40cm 区域切出剖面, 取出根系, 冲净泥土, 测定每个采样区的根系干重。

（4）经济性状考察：按 GB 2635—1992 分级，国家统一价格交售，计量小等级产量、产值。

（5）烟叶化学成分测定：取烤后烟样 B2F、C3F 各 3kg。对抽取的上、中烟叶样品进行化学成分测定。全钾用火焰光度计法，氯离子含量用银量法测定，烟碱含量用盐酸提取活性炭脱色法测定，总糖、还原糖用水浸提 3,5-二硝基水杨酸显色法测定，总氮用 AAS-305D 流动注射分析仪测定。

（4）感官质量评价：各处理分别取 C3F 等级 3kg，送农业烟草产业产品质量监督检验测试中心进行感官评吸。

（四）统计分析

采用 Excel 整理数据，DPS 软件进行统计分析，LSD 法显著性检验。

三、结果与分析

（一）对大田烤烟农艺性状及整齐度的影响

由表 3-13 和 3-14 可知，中部叶叶长、中部叶叶面积大小顺序均为 T3>T2>T5>T1>T4，A 型氨基酸有机肥 300kg/hm² 处理中部叶叶长与中部叶叶面积最高分别为 74.89cm、891.23cm²，均与对照和 B 型氨基酸有机肥 150kg/hm² 处理有显著性差异。施用氨基酸有机肥都有增加株高、叶数与中部叶宽的趋势，但均未达到显著水平。其他处理间无显著性差异。

表 3-13　不同处理的农艺性状

处理	株高（cm）	茎围（cm）	有效叶数（片）	第10叶位中部叶			第14叶位上部叶		
				长（cm）	宽（cm）	叶面积（cm²）	长（cm）	宽（cm）	叶面积（cm²）
T1（CK）	114.00a	9.14a	17.00a	71.33b	16.17a	749.79b	61.33a	13.29a	532.34a
T2	118.56a	9.34a	17.78a	74.78ab	16.93a	822.79ab	60.78a	12.25a	484.00a
T3	114.56a	9.07a	17.01a	74.89a	18.31a	891.23a	65.22a	13.90a	589.20a
T4	114.56a	8.96a	17.44a	68.44b	16.17a	719.42b	62.33a	13.42a	543.77a
T5	117.67a	9.10a	17.33a	72.67ab	16.93a	799.57ab	62.33a	13.28a	538.01a

表 3-14　不同处理农艺性状的整齐度（%）

处理	株高（cm）	茎围（cm）	有效叶数（片）	第10叶位中部叶			第14叶位上部叶		
				长（cm）	宽（cm）	叶面积（cm²）	长（cm）	宽（cm）	叶面积（cm²）
T1（CK）	91.88b	96.37a	94.91a	90.65b	87.52a	79.24b	93.69abAB	88.61a	82.68a
T2	95.55ab	96.70a	94.53a	94.96ab	89.49a	84.89ab	94.81aA	89.04a	84.16a
T3	97.38a	97.66a	94.91a	95.76a	89.42a	84.33ab	91.79abAB	89.52a	81.20a

（续表）

处理	株高（cm）	茎围（cm）	有效叶数（片）	第10叶位中部叶			第14叶位上部叶		
				长（cm）	宽（cm）	叶面积（cm²）	长（cm）	宽（cm）	叶面积（cm²）
T4	96.57ab	94.17a	93.84a	92.40ab	93.52a	88.85a	89.51bB	84.01a	73.99a
T5	95.01ab	94.43a	95.00a	92.88ab	89.02a	82.91ab	94.11aAB	84.51a	79.60a

注：同一列中不同大小写字母表示差异达到1%和5%显著水平。下同

　　叶面积指数（LAI）与整齐度的大小均是评价烤烟群体烟株光合性能及生长的重要指标。为进一步了解各处理烤烟的群体长势，特进行整齐度与叶面积系数分析。各处理株高、茎围、中部叶长度、上部叶宽度整齐度以T3处理最高，分别较对照T1处理高5.50、1.29、5.11、0.91个百分点，中部叶长度整齐度、株高整齐度与T1处理有显著性差异；中部叶宽度、中部叶面积整齐度以T4处理最高，分别较对照T1处理高6.00、9.61个百分点，中部叶面积整齐度与对照T1处理有显著性差异，但其叶面积系数与茎围最小（图3-15）；上部叶长度、上部叶面积整齐度以T2处理最高，分别较T4处理高5.3、10.17个百分点，其中T2处理上部叶长度整齐度显著高于T4处理，其他处理之间无显著差异。综上所述，氨基酸有机肥A型300kg/hm²的用量能促进大田烤烟中部叶的个体与群体生长发育。

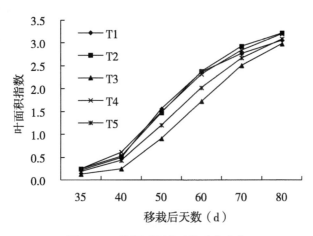

图3-15　烤烟叶面积系数动态变化

（二）对烤烟根系的影响

　　由表3-15可见，烤烟根系主要分布在深0~30cm处，其中0~10cm处的根系增长高峰期在移栽后30~40d，T4处理在30d，T1、T2、T3、T5处理在40d，且T3>T2>T5>T1>T4，其中40d时T3处理与对照和T4处理有显著性差异；10~20cm的根系增长高峰期在移栽后30~40d、70d，T2、T4、T5处理在30d，T3处理在40d，T1处理在70d，且T4>T5>T1>T2>T3，其中40d时10~20cm的根系，4个处理与T1有显著性差异；20~30cm的根系增长高峰期在80~90d，T1、T3、T4、T5处理在90d，T2处理在80d，

且 T3>T4>T5>T2>T1；30~40cm 处在 0~40d 几乎无根系，40~90d 根系较快增加，高峰期在 60~70d；T2、T4、T5 处理在 70d，T1 处理在 60d，T3 处理在 50d，T3>T4>T1>T2>T5，其他处理无显著性差异。进一步分析拟合，0~10cm 与 20~30cm 深度根系干重变化呈"S"形曲线，10~20cm 根系呈幂函数增长曲线，30~40cm 呈二次函数曲线。综上，施用氨基酸有机肥 300kg/hm^2 可促进烟草根系的发育。

表 3-15　不同处理不同深度各层次根系占总根干重的比重分布

根系层次	处理	移栽后天数						
		30d	40d	50d	60d	70d	80d	90d
0~10cm	T1（CK）	0.378a	0.387b	0.369a	0.244a	0.188a	0.165a	0.145a
	T2	0.328a	0.449ab	0.415a	0.283a	0.219a	0.155a	0.135a
	T3	0.331a	0.490a	0.285a	0.337a	0.301a	0.241a	0.264a
	T4	0.327a	0.262b	0.246a	0.286a	0.269a	0.241a	0.255a
	T5	0.342a	0.388ab	0.347a	0.227a	0.208a	0.191a	0.184a
10~20cm	T1（CK）	0.432a	0.360b	0.387a	0.368a	0.488a	0.468a	0.441a
	T2	0.471a	0.290b	0.258a	0.417a	0.363a	0.408a	0.412a
	T3	0.330a	0.458ab	0.285a	0.335a	0.330a	0.311a	0.264a
	T4	0.593a	0.516a	0.522a	0.385a	0.391a	0.364a	0.347a
	T5	0.545a	0.445ab	0.376a	0.399a	0.412a	0.463a	0.374a
20~30cm	T1（CK）	0.169a	0.250a	0.149a	0.251a	0.204a	0.268a	0.301a
	T2	0.182a	0.246a	0.215a	0.207a	0.282a	0.331a	0.316a
	T3	0.330a	0.052a	0.247a	0.268a	0.255a	0.355a	0.359a
	T4	0.055a	0.186a	0.127a	0.233a	0.222a	0.288a	0.336a
	T5	0.111a	0.163a	0.194a	0.296a	0.264a	0.259a	0.335a
30~40cm	T1（CK）	0.001a	0.003a	0.086a	0.127a	0.110a	0.088a	0.104a
	T2	0.009a	0.005a	0.102a	0.083a	0.126a	0.096a	0.125a
	T3	0.006a	0.018a	0.175a	0.061a	0.112a	0.091a	0.111a
	T4	0.008a	0.006a	0.101a	0.095a	0.155a	0.095a	0.133a
	T5	0.002a	0.004a	0.083a	0.078a	0.116a	0.087a	0.106a

（三）对烤烟经济性状的影响

施用氨基酸有机肥的烟叶产量、产值、均价与上中等烟叶比例均有不同程度地提高，上中等烟叶比例均与对照有显著差异，高用量的 2 种氨基酸有机肥还与对照在产量、产值上有显著差异，高用量 A、B 型产量增幅分别为 8.83%、6.04%，产值增幅分别为 8.89%、7.95%（表 3-16）。说明 300kg/hm^2 用量的氨基酸有机肥 A 型与 B 型与化肥配施能提高烟叶产量与产值，增加烟农收入。

表 3-16　不同氨基酸有机肥对烤烟经济性状的影响

处理	产量（kg/hm²）	产值（元/hm²）	均价（元/kg）	上中等烟比例（%）
T1（CK）	1 814.11b	17 762.98c	9.76b	84.25c
T2	1 884.39b	18 958.01b	10.07a	87.18a
T3	1 974.38a	19 341.95a	9.79b	87.34a
T4	1 849.25b	18 360.50b	9.92ab	85.72b
T5	1 923.69a	19 174.96a	9.96b	85.08b

（四）对烤烟化学成分的影响

只有各种化学成分含量适宜且相互协调，烟叶内在质量才能良好，香气充足，吃味醇和。研究不同处理的中上部烟叶的内在化学成分的协调性，可评价烟叶内在质量，进而通过施肥措施提高中上部烟叶的质量。由表 3-17 可见，中上部烟叶总糖含量均以对照最低，以有机肥 A 型 300kg/hm² 处理最高；中部烟叶总氮含量以氨基酸有机肥 A 型 300kg/hm² 处理最高，大小顺序为 T3>T5>T1>T2>T4，均与对照无显著差异。上部烟叶总氮含量以对照处理最高，大小顺序为 T1>T5>T3>T2>T4，且均与对照有显著差异。中上部烟叶钾氯比均以氨基酸有机肥 A 型 300kg/hm² 处理最高，且中部叶与对照和氨基酸有机肥 A 型 150kg/hm² 处理有显著差异，其他无显著差异。各处理的烟碱含量均低于对照，钾含量与糖碱比均高于对照，其他指标均在适宜范围内，但处理之间无显著差异。可见各氨基酸处理均一定程度上改善烟叶化学成分及内在品质。氨基酸有机肥与化肥配施能提高中部叶的钾氯比与上部叶的总糖含量，降低上部叶的总氮含量。总体上效果以氨基酸有机肥 A 型 300kg/hm² 处理较好。

表 3-17　不同处理烟叶主要化学成分

部位	处理	钾（%）	氯（%）	总氮（%）	总糖（%）	还原糖（%）	烟碱（%）	氮/碱	钾/氯	糖/碱
中部	T1（CK）	1.91	0.33	1.38abc	28.18	20.43	2.43	0.57	5.79b	8.41
	T2	2.37	0.57	1.27bc	30.93	22.00	1.75	0.73	4.16b	12.57
	T3	2.15	0.20	1.55a	34.71	20.41	2.01	0.77	10.75a	10.15
	T4	2.13	0.31	1.16c	31.26	19.28	1.65	0.70	6.87ab	11.68
	T5	2.19	0.28	1.43ab	34.50	21.92	1.98	0.72	7.82ab	11.07
上部	T1（CK）	1.40	0.39	1.73a	24.06b	15.90	2.55	0.68	3.59	6.24
	T2	1.92	0.40	1.41b	25.59b	18.21	1.84	0.77	4.80	9.90
	T3	2.76	0.28	1.42b	32.40a	19.57	2.10	0.68	9.86	9.18
	T4	1.85	0.24	1.38b	24.90b	18.88	1.74	0.79	7.71	10.85
	T5	2.65	0.29	1.47b	29.73b	19.14	2.09	0.70	9.14	9.16

（五）对烤烟评吸质量的影响

由表 3-18 可看出，各处理评吸总分、质量档次均高于对照，其高低顺序为 T2>T4>T3>T5>T1，说明氨基酸有机肥 A、B 型能改善中部烟叶的香气质，增加中部烟叶的香气量，提高中部烟叶的评吸质量。

表 3-18　不同处理中部烟叶评吸质量

处理	香型	劲头	浓度	香气质	香气量	余味	杂气	刺激性	燃烧性	灰色	总分	质量档次
T1（CK）	中偏浓	适中+	中等+	11.39	16.14	19.60	12.87	8.71	2.97	2.97	74.65	中等+
T2	中偏浓	适中	中等+	11.58	16.34	20.20	13.17	8.81	2.97	2.97	76.03	较好-
T3	中偏浓	适中	中等+	11.48	16.24	19.80	13.07	8.81	2.97	2.97	75.34	较好-
T4	中偏浓	适中	中等+	11.58	16.14	19.90	13.27	8.71	2.97	2.97	75.54	较好-
T5	中偏浓	适中	中等+	11.58	16.14	19.60	13.07	8.81	2.97	2.97	75.14	较好-

四、讨论与结论

（1）关于有机酸对作物的有利影响远比毒害研究得少。韩锦峰（1998）研究指出，饼肥配施化肥能提高烤烟产量、上等烟的比例及烟叶品质。武雪萍等（2003）研究发现有机酸灌根促进了烟叶的碳氮代谢过程，其中苹果酸处理和乳酸处理显著提高了根系活力和根系 ATPase 活性，促进根系的发育；4 种有机酸处理都可以提高烤后烟叶有机酸和还原糖的含量。刘国顺等（2004）认为有机酸能改善烟叶的质量。朱凯（2004）研究表明，施用苹果酸等有机酸增加了致香物质总量，且以中部叶增加最大。究其原因有三，其一，有机酸可以为土壤微生物提供碳源，提高根际土壤微生物的活性，有利于土壤中物质的转化；其二，有机酸可以提高植物养分的有效性，很多有机酸可与微量元素（Zn、Cu、Fe、Mn）形成水溶性络合物或螯合物，从而提高微量元素的有效性；其三，有机酸改善根际土壤环境，刺激根系的生长，提高烟草根系活力，提高烟叶酶活性，加强碳氮代谢。但是由于不同分子量有机酸所起的作用不同，对烟株内化学成分的合成表现不同。

（2）施肥措施可以改善土壤理化性状与养分状况，是调控烟叶产质量的关键技术。朱利翔（2016）研究指出，含氨基酸水溶肥料的使用增加了小麦的穗粒数和千粒重，能显著提高小麦产量。氨基酸有机肥 A 型最好，可能与其总氨基酸及游离氨基酸含量较高有关，氨基酸态氮对植物的氮营养贡献还应当适当考虑根系分泌与氨基酸吸收之间的平衡。曹小闯等（2015）认为土壤氨基酸态氮既供应有机氮源，也为植物提供了有机氮化合物中的碳与能量，大大降低了碳氮同化成本。植物的有机氮营养效应比矿质氮营养效应大得多。氨基酸相对其他氮源能被植物优先吸收，以降低植物在吸收同化氮源时所消耗的能量。于俊红等（2014）认为 $50\sim200mg/kg$ 的组氨酸、甘氨酸和甲硫氨酸喷施能在不同程度上促进菜心生长和增产。上述结果与本研究结果基本一致。

（3）氨基酸态氮半衰期短，分子态氨基酸可不经矿化直接被植物吸收，是植物和微生物的优良氮源与碳源。氨基酸影响蛋白质合成，影响蛋白质和酶的数量，影响土壤微生物的动态变化，进而影响烟叶内在品质。合理的施肥种类是影响农业可持续发展的重要因素之一，长期单一施用同一系列种类肥料，虽然对产量有所贡献，但影响农业持续发展。本研究得出的结论"氨基酸有机肥与化肥配合施用，不仅可以提高烟叶产量产值，还可以改善烟叶品质，提高评吸质量"，在前人研究的基础上具有新颖性与优越性，首次结合农艺性状及整齐度、叶面积系数与不同时期、不同层次根干重等生长指标明确了烤烟田间生长规律，阐明了不同种类、不同用量氨基酸有机肥与烤烟经济性状、内在化学成分及评吸质量的关系。

（4）推测氨基酸可能会促进致香前体物质的合成与积累，使烟叶成熟期间同化物的降解转化更为协调、烟叶化学成分更为协调，但与气温、雨水和光照等气候条件也有一定关系，这方面还需继续研究；氨基酸有机肥可能增加土壤有机质的含量，或许可提高有机质的质量，进而促进根系的生长，但横向根系的分布需继续进行盆栽试验；整齐度与叶面积系数影响因素（如栽培、品种等）较多，本研究在其他因素尽量一致情况下仅重点研究氨基酸有机肥的影响。

（5）150kg/hm^{2}用量的氨基酸有机肥 B 型能提高中部叶宽度、中部叶面积整齐度，但其叶面积系数与茎围有降低的趋势；300kg/hm^{2}用量的氨基酸有机肥 A 型能提高中部叶叶长与中部叶叶面积，烤烟农艺性状总体上较好，能提高中部叶长度整齐度与株高整齐度，群体整齐度与叶面积系数表现较好，能促进大田烤烟个体与群体的中部叶生长发育。

（6）烤烟根系主要分布在纵深 0~30cm 处，150kg/hm^{2}用量的氨基酸有机肥 B 型能提高移栽后 40d 烤烟 10~20cm 处的根系根干重的比重分布；300kg/hm^{2}用量的氨基酸有机肥 A 型能提高移栽后 40d 烤烟 0~10cm 处的根系根干重的比重分布，根系增长高峰期及根干重的比重分布比较合理，可促进烟草根系的发育。

（7）氨基酸有机肥均能提高烤烟上中等烟叶比例，300kg/hm^{2}用量的氨基酸有机肥 A 型 B 型均能提高烟叶产量与产值。

（8）300kg/hm^{2}用量的氨基酸有机肥 A 型总体较好，对湘西地区烤烟生产及肥料配方有重要指导意义。

第六节 "202"精准施基肥对烤烟肥料利用率及产质量影响

一、研究目的

烟叶品质特别是烟叶的评吸质量受土壤肥力状况与施肥方法影响明显。目前生产上施基肥方式主要采取单条施肥、穴施或两者相结合等方式，重施基肥，少施追肥。该技术在促进烟苗早生快发、节约用工方面效果明显。但在烟叶生产实践中，不少烟农不施追肥，肥料一次性作基肥施用。这虽然省工，但是也存在以下问题：一是施用位置在主根附近，影响肥料吸收。肥料不同施用位置影响着肥料养分在土壤中的运移和转化，影响着作物根系生长及根系形态变化，影响着作物对养分的吸收、利用及运移，从而影响着作物产量形成及肥料利用效率。烤烟旺长期根系分布以距主茎 10~25cm 根系分布密度最大。因此，最好是距主茎 15~20cm 为半径环施较好，但农事操作较困难，故最可行的施肥方式是在烟株两侧距主茎 15~20cm 处双条施肥。目前条施或条施加窝施方法造成较多肥料在主根附近而不能吸收（新根才能吸收肥料），大大降低肥料利用率和施肥经济效益。二是施肥的层次较单一，不符合根系生长的需要。目前施肥深度普遍较浅，只形成一个较浅肥料层，土壤中的营养离子扩散较慢，影响不断生长的烟草根系对肥料的吸收，进而影响烤烟产质量。三是肥料流失较多，增加了对环境的不良影响。由于施肥位置与层次不当，肥料难以吸收，雨季流失较多，污染了环境。四是采用撒施方法易使磷肥被土壤固定，进而影响肥料的吸收与利用。美国双条施肥的比例占 80% 以上，有研究报道分层施肥能提高肥料利用率。因此，本研究设计双条双层宽带（或点施）施肥方法，能有效提高烤烟的肥料利用率与产质量，简单易操作不费工，简称"202"施肥法，旨在为提高烤烟施肥效率提供科技支撑。

二、材料与方法

（一）供试品种与肥料

供试品种为当地主栽品种云烟 87。供试肥料为烟草专用追肥、烟草专用基肥、生物有机肥、提苗肥、硫酸钾等，由县烟草公司提供。

（二）试验地点

试验地点为湖南省花垣县花垣镇湘西生态金叶科技园（109.30°E，28.01°N，海拔 452m）进行。试验田为旱田，前作地为休闲地。

（三）试验设计

试验设 6 个处理，3 次重复，采用随机区组设计，18 个小区，小区面积 43.2m²，栽烟 72 株，行株距为 1.2m×0.5m，种植密度 16 665株/hm²。T1，常规生产；T2，双条双层宽带施基肥+常规施肥量；T3，双条双层点施施基肥+常规施肥量；T4，双条双层宽带施基肥+98%常规基肥施肥量，追肥同常规施肥；T5，双条双层点施施基肥+98%常规基肥施肥量，追肥同常规施肥；T6，双条双层点施施基肥+95%常规基肥施磷肥量，其他肥料同常规施肥。双条距离 40cm，带宽 15cm，双层深度差 5cm，在双条中间起垄，烟苗深栽，其他农事操作，按《2015 年烤烟标准化生产技术方案》执行。

（四）试验管理

采用漂浮育苗，于 2 月 10 日播种，4 月 27 日移栽，对照施用烟草专用基肥900kg/hm²、专用追肥225kg/hm²、发酵饼肥225kg/hm²、提苗肥75kg/hm²、硫酸钾300kg/hm²，总氮量116.25kg/hm²，氮、磷、钾比例为1：1.88：2.26。选择个体素质好、生长均匀一致的壮苗进行移栽，7 月 3 日开始采烤，8 月 24 日采烤结束；田间管理遵循"最适"和"一致"的原则，与大面积生产一致，各处理各项管理措施保持一致，符合生产要求，由专人在同一天内完成。其他大田培管措施按照烤烟标准化生产技术方案执行。

（五）调查记载项目与方法

（1）生育期及农艺性状记载：各处理播种、出苗、成苗、移栽、团棵、现蕾、第一中心花开放、打顶、始采、终采期、大田生育期天数；株高、茎围、有效留叶数、节距、上中下部位叶片长宽等农艺性状按照《YC/T 142—2010 烟草农艺性状调查测量方法》执行，并调查病害发生情况。

（2）经济性状考察：分小区计算产量、产值、均价、上等烟比例、中等烟比例等。统一按国家 42 级分级标准和价格分级、计价。

（3）烟叶取样：在烟株打顶后及时挂牌，每处理定 10 株，取自下至上第 9~13 叶位烤后 B2F、C3F 各 2kg 烟叶供外观质量评价。

（六）统计方法

采用"DPS 9.5 数据分析软件"与"SPSS 16.0 数据分析软件"进行数据处理与分析。

三、结果与分析

（一）主要生育期与农事操作时期

从表 3-19 看出，现蕾时间以 T4、T5、T6 较早，比其他处理和对照早 2d，但中心花开放期、脚叶成熟期、顶叶成熟期及大田生育期均一致。以上说明"202"施肥法 [双条双层宽带（或双条双层点施）施基肥+常规施肥量施肥法] 在减施肥 2%~5% 情况下现蕾期提前 2d，但中心花开放、脚叶顶叶成熟期及大田生育期与对照一致。

表 3-19　主要生育期与农事操作时期　　　　　　　（单位：日/月、天）

处理	播种期	整地期	提苗期	追肥期	现蕾期	中心花开放期	脚叶成熟期	顶叶成熟期	大田生育期
T1	10/2	15/4	8/5	22/5	24/6	28/6	3/7	24/8	120
T2	10/2	15/4	8/5	22/5	24/6	28/6	3/7	24/8	120
T3	10/2	15/4	8/5	22/5	24/6	28/6	3/7	24/8	120
T4	10/2	15/4	8/5	22/5	22/6	28/6	3/7	24/8	120
T5	10/2	15/4	8/5	22/5	22/6	28/6	3/7	24/8	120
T6	10/2	15/4	8/5	22/5	22/6	28/6	3/7	24/8	120

（二）对农艺性状的影响

1. 团棵期

如表 3-20 所示，团棵期各处理株高以 T2 处理最高为 53.02cm，高低次序依次为 T2>T5>T4>T6>T3>T1；茎围以 T5 处理最高，大小次序依次为 T5>T3>T4>T1>T6>T2；有效叶数以 T5 处理最高，大小次序依次为 T5>T4>T2>T3>T1>T6；节距以 T2 处理最高，大小次序依次为 T2>T6>T4>T3>T1>T5；中、上部叶长×宽以 T3 处理最高，大小次序依次为 T3>T2>T6>T4>T1>T5。以上说明在团棵期"202"施肥法 [双条双层宽带（或双条双层点施）施基肥+常规施肥量施肥法] 在减施肥 2%～5% 的情况下综合农艺性状仍好于对照，其中"202"施肥法（双条双层点施施基肥+常规施肥量施肥法）综合农艺性状最好。这与前人研究的"点施基肥能提高磷肥利用率"有一定关系。

表 3-20　不同处理团棵期农艺性状（6 月 4 日测）

处理	株高 （cm）	茎围 （cm）	有效叶数 （片）	节距 （cm）	中部叶长×宽 （cm）	上部叶长×宽 （cm）
T1	46.20	7.01	16.30	3.90	53.00×30.00	49.02×19.07
T2	53.02	6.53	17.11	4.97	54.57×32.10	49.33×23.82
T3	46.50	7.27	16.53	3.93	57.53×31.97	49.67×23.88
T4	47.60	7.17	17.20	4.23	54.30×32.10	49.05×22.60
T5	48.33	7.39	19.67	3.43	54.17×30.17	48.67×23.50
T6	47.58	6.74	16.28	4.83	53.33×30.51	49.09×23.67

2. 旺长期

如表 3-21 所示，旺长期各处理株高以 T2 处理最高为 105.33cm，高低次序依次为 T2>T3>T4>T6>T5>T1；茎围以 T2 处理最高为 8.03cm，大小次序依次为 T2>T4>T5>T3>T6>T1；有效叶数以 T2 处理最高为 21.67 片，大小次序依次为 T2>T4>T3>T6>T5>T1；节距以 T2 处理最高为 6.33cm，大小次序依次为 T2>T4>T1>T3>T5>T6；中部叶长×宽以 T5 处理最高，大小次序依次为 T5>T4>T2>T3>T6>T1；上部叶长×宽以 T2 处理最高，大小次序依次为 T2>T3>T4>T5>T6>T1。以上说明在旺长期"202"施肥法 [双条双层宽带（或双条双层点施）施基肥+常规施肥量施肥法] 在减施肥 2%～5% 的情况下综合农艺性状仍好于对照，其中"202"施肥法（双条双层宽带施基肥+常规施肥量施肥法）综合农艺性状最好。

表 3-21　不同处理旺长期农艺性状（6 月 16 日测）

处理	株高 （cm）	茎围 （cm）	有效叶数 （片）	节距 （cm）	中部叶长×宽 （cm）	上部叶长×宽 （cm）
T1	66.87	6.97	18.22	5.35	55.73×28.77	52.12×24.46
T2	105.33	8.03	21.67	6.33	75.67×26.10	62.19×26.89
T3	101.52	7.62	20.20	5.33	68.52×28.56	62.06×26.66
T4	100.65	7.87	21.11	5.37	68.26×29.11	59.47×26.21
T5	86.51	7.75	19.31	4.67	67.62×31.22	57.85×26.28
T6	93.43	7.07	20.12	4.37	62.33×28.67	53.00×24.55

（三）抗病性

于 7 月 2 日（烟叶采收前）进行大田发病率调查（图 3-16），主要病害是气候斑病，其他病害很少，T2、T3、T4、T5、T6 处理发病率分别为 37.58%、37.08%、29.33%、28.94%、38.55%，病指分别为 9.78、9.77、8.08、8.56、9.88；T1 处理发病率与病指均最低，分别为 16.66%、5.97%。这与试验地土壤为黏土，土壤养分供应前少后多及［双条双层宽带（或双条双层点施）施基肥+常规施肥量施肥法］施肥方法中前期烤烟长势有明显优势影响通风透光有关。

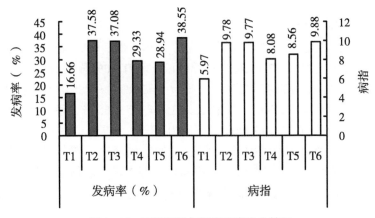

图 3-16　不同处理气候斑病害发生情况

（四）经济性状

1. 烟叶等级比例

表 3-22 可知，各处理上等烟比例以 T3 处理最高，为 35.01%，其中 T3>T2>T4>T1>T5>T6，经方差分析，T3 处理与对照 T1 处理有 10% 显著差异（F = 2.85，P = 0.090 007），T3 处理与 T5、T6 处理有 5% 显著差异（F = 3.96，P = 0.027 875 1 与 F = 4.16，P = 0.023 278 8）；各处理上中等烟比例以 T2 处理最高，为 79.87%，其中 T2>T5>T3>T1>4>T6，经方差分析，T2 处理与 T4、T6 处理有 10% 显著差异（F = 3.13，P = 0.069 3；F = 3.93，P = 0.030 0），T2 处理与 T6 处理有 5% 显著差异。可见"202"施肥法［双条双层宽带（或双条双层点施）施基肥+常规施肥量施肥法］在不减施肥料的情况下能提高烤烟的上等烟比例与上中等烟比例，最大增幅分别为 34.81%、15.20%，在减施肥料 2% 的情况下能提高烤烟的上等烟比例或上中等烟比例，增幅分别为 7.35%、2.99%。

表 3-22　不同处理经济性状

处理	上等烟比例（%）	上中等烟比例（%）	产量（kg/hm²）	产值（元/hm²）	均价（元/kg）
T1	25.97bcAB	69.33abAB	1 886.70a	32 385.15bcAB	17.17a
T2	29.79abAB	79.87aA	2 357.40a	43 816.95aA	18.59a
T3	35.01aA	71.02abAB	2 303.40a	42 823.95abA	18.59a
T4	27.88abcAB	61.15bAB	2 145.15a	35 808.90abcAB	16.69a

（续表）

处理	上等烟比例 （%）	上中等烟比例 （%）	产量 （kg/hm²）	产值 （元/hm²）	均价 （元/kg）
T5	17.99cB	71.40abAB	2 037.15a	35 653.80abcAB	17.50a
T6	17.42cB	58.12bB	1 971.60a	28 908.90cB	14.66a

2. 产量和产值及均价

表3-22可见，各处理产值以 T2 处理最高，为43 816.95元/hm²，其中 T2>T3>T4>T5>T1>T6，经方差分析，T2 处理与对照 T1 处理有 10% 显著差异（F = 2.93，P = 0.085 6），T2 处理与 T6 处理有 5% 显著差异（F = 3.83，P = 0.033 7）；各处理产量以 T2 处理最高，为 2 357.40kg/hm²，其中 T2>T3>T4>T5>T6>T1，经方差分析，各处理无显著差异；各处理均价以 T2、T3 处理最高，为 18.59 元/kg，其中 T2=T3>T5>T1>T4>T6，经方差分析，各处理无显著差异。可见“202”施肥法［双条双层宽带（或双条双层点施）施基肥+常规施肥量施肥法］能提高烟叶的产量、产值与均价，且双条双层宽带施肥法能显著提高烟叶产值；同时在减少肥料2%的情况下产值产量仍然高于对照。

（五）烟叶外观质量

从表3-23看出，烟叶外观质量以 T2、T3 处理表现好，颜色以橘黄为主、油分有、光泽强、色度较强、身份适中、结构较疏松；T1、T4、T5、T6 处理表现为较好。可见“202”施肥法［双条双层宽带（或双条双层点施）施基肥+常规施肥量施肥法］在不减施肥料的情况下烟叶的外观质量好。

表3-23　不同处理外观质量评价

处理	颜色	油分	光泽	色度	身份	结构	综合评价
T1	橘黄为主	有	较强	中	稍薄	较疏松	较好
T2	橘黄为主	有	强	较强	适中	较疏松	好
T3	橘黄为主	有	强	较强	适中	较疏松	好
T4	橘黄为主	有	较强	中	稍薄	较疏松	较好
T5	橘黄为主	有	较强	中	稍薄	较疏松	较好
T6	橘黄为主	有	较强	中	稍薄	较疏松	较好

四、讨论与结论

（1）本试验表明：“202”施肥法［双条双层宽带（或双条双层点施）施基肥+常规施肥量施肥法］在减施肥2%~5%情况下现蕾期提前2d，团棵期在减施肥2%~5%的情况下农艺性状仍好于对照，其中“202”施肥法（双条双层点施施基肥+常规施肥量施肥法）农艺性状最好；在旺长期“202”施肥法在减施肥2%~5%的情况下农艺性状仍好于对照，其中“202”施肥法（双条双层宽带施基肥+常规施肥量施肥法）农艺性状最好；能提高烟叶的产量、产值与均价，且双条双层宽带施肥法能显著提高烟叶产值；同时在减少肥料 2% 的情况下产值产量仍然高于对照；在不减施肥料的情况下能提高烤烟的上等烟比例与上中等烟比例，增幅分别为 34.81%、15.20%；在不减施肥料 2% 的情况下能提高烤烟的上等烟比例或上中等烟比例，增幅分别为 7.35%、2.99%；在不减施肥料的情况下烟叶的外观质量好。

（2）双条双层点施施肥方法，其特征在于：①确定双条双层点施肥料带间距：两条肥料带之间间距 30~40cm；②确定双条双层点施肥料带带宽：每条肥料带带宽 10~15cm；③确定双条双层点施肥料带双层深度：两条施肥带中一条施肥带的深度为 10~20cm，另一条施肥带比第一条施肥带深 3~5cm；两条施肥带交错排列；④确定双条双层点施肥料施用方法：在肥料线上点施，点施距离 45~60cm。

第七节　精准施肥对植烟土壤理化性状和烟叶质量的影响

一、研究目的

烟叶质量受土壤、品种、栽培技术、气候和烘烤技术等诸多因素的影响，而土壤是优质烟形成的基础，是影响烟叶质量的首要环境因素。土壤中的硝态氮和铵态氮，尤其硝态氮是最易被作物吸收的氮素。在降雨、灌溉条件下，土壤中的铵态氮在厌氧状态下易转化为硝态氮，而当前烤烟生产施肥方式主要是条施、穴施、肥料兑水浇施等方法，施肥的深度不够，施用量不均匀，影响根系对肥料的吸收利用。刘国顺等（2008）认为，高氮、高钾、中磷肥配合适量浇水明显促进叶黄素的积累。适量灌水能使烟叶颜色橘黄，香气充足，吃味醇和（刘国顺，2003）。水溶性追肥可以促进烤烟生长，提升烤烟产量和品质（夏昊等，2018）。精准施肥又称自动变量施肥技术，其推广应用还存在着成本高、携带不方便，尤其是施肥方案与模型难以共享等难题。通过计算机设计自动编程控制芯片，研发出适合山区田地使用的定量施肥机械，解决烟叶生产用工多、效率低、成本大、肥料和药剂的施用量不准确、施用不到位等问题，进而达到根部不同深度水施追肥，以期为烤烟水肥一体化作业和精益化生产提供参考。

二、材料和方法

（一）试验地点

于 2016 年在凤凰县千工坪试验基地（海拔 452m，经度 109.30°E，纬度 28.01°N）进行，前作为水稻，供试土壤为石灰岩母质发育的黄壤土，质地为中壤。

（二）试验材料

供试烤烟品种为云烟 87。肥料由湖南金叶众望科技股份有限责任公司提供，为当地烤烟生产常用肥。施肥器具为自行研制的移动性灌溉深施肥器。

（三）试验设计

试验设 4 个处理，分别为：常规施肥方法（CK）；精准施肥 T1，深度 7cm，宽度在最大叶的正下方，不减少施肥量，只是采用施肥器将肥料均匀定位施在烟株附近；精准施肥 T2，深度 14cm，宽度在最大叶的正下方，不减少施肥量，只是采用施肥器将肥料均匀定位施在烟株附近；精准施肥 T3，深度 14cm，宽度在最大叶的正下方，采用施肥器将肥料均匀定位施在烟株附近并减少施肥量 10%。3 次重复，共 12 个小区，采用随机区组设计，小区面积 62.4m²，栽烟 104 株，行株距为 1.2m×0.5m，种植密度为 16 665株/hm²。追施肥深度以多年试验新根分布观察统计作依据。2016 年以 T4 处理在全州精准施肥示范 147hm²作为配套研究。

（四）试验管理措施

2016 年 2 月 18 日播种，采用漂浮育苗，4 月 23 日移栽，常规施肥方法施用烟草专用追肥 300kg/hm²、烟草专用基肥 750kg/hm²、提苗肥 75kg/hm²、发酵饼肥 225kg/hm²、硫酸钾 300kg/hm²，总氮量 111.75kg/hm²，氮、磷、钾比例为 1:1.22:2.61，所有烟草专用基肥、发酵饼肥及 50%专用追肥作基肥于 4 月 19 日起垄前条施，提苗肥分别于移栽当天与移栽后 10d 分次等量施用，其余作追肥于移栽后 30d 施用。移动性灌溉深施肥器具均匀定位施肥选择在晴天上午或傍晚施用，施用后 6h 内若遇到下雨补施。7 月 12 日开始采烤，9 月 6 日采烤结束。田间管理按标准化烟叶生产措施进行。

（五）调查项目及方法

（1）土壤理化性状测定。分别于移栽期、团棵期、旺长期与成熟期，用取样工具采集各小区烟垄上 2 株烟正中位置 0~20cm 土层的土样 1kg，由湖南省农业科学院农化检测中心检测分析，测定土壤毛细管持水量、土壤容重、土壤总孔隙度、土壤毛细管孔隙度、土壤通气孔隙度与土壤有机质含量。

（2）烟叶化学成分测定。将采收的烟叶分别挂牌绑杆装入同一烤房烘烤，并将其按上、中 2 个部分分类，挑选等级相近的烟叶粉碎后过孔位 38μm 筛供化学成分分析。对于各处理不同部位的烟叶，首先严格按照我国的烟叶分级标准进行分级，再进行取样。上部叶取上桔二（B2F 等级），中部叶取中桔三（C3F 等级）。参照 YC/T 159、Y/T 173—2003、YC/T 161、YC/T 162—2002、YC/T 160、YC/T 174—2003 进行烟叶化学成分测定。

（3）各处理分别取 B2F、C3F 等级各 3kg，送农业部烟草产业产品质量监督检验测试中心检测进行感官评吸。调整烟叶样品含水率为 16.50%±0.50%，抽梗，切丝，用 SYJ 型卷烟试验机卷制烟叶感官质量评价单料烟样品。每次样品评吸前，将鉴定样品置于温度（22±1）℃，相对湿度 70%±3%的环境条件下平衡 2~3d，按单料烟评吸基本要求，以标准 YC/T 138—1998 烟草及烟草制品感官评价方法为基础，由专职评吸人员进行评吸。

（六）统计分析

采用 Microsoft Excel 2003 工具与 SPSS 16.0 数据分析软件进行数据处理与分析，LSD 法进行显著性检验。

三、结果与分析

（一）对植烟土壤毛管持水量的影响

各处理不同时期的土壤毛管持水量的平均值与动态变化见表3-24。各处理的土壤毛管持水量于移栽期处为0.303～0.333，从高到低的顺序为T3、T1、CK、T2；团棵期为0.283～0.303，从高到低的顺序为T1、CK、T3、T2；旺长期为0.253～0.273，从高到低的顺序为CK、T2、T3、T1；成熟期为0.192～0.212，CK处理最高，略低于前2个生育期。经方差分析，仅成熟期精准施肥处理与对照有显著差异，其他时期处理间均无显著差异。土壤毛管持水量随着烟叶的生育期呈现逐渐下降的趋势。可见精准施肥能提高植烟土壤中前期毛管持水量。

（二）对植烟土壤容重的影响

由表3-24可知，土壤容重随着烤烟生育期逐渐升高，移栽期-团棵期土壤容重为1.089～1.188g/cm³；旺长期-成熟期，土壤容重为1.327～1.436g/cm³，精准施肥处理均小于对照。经方差分析，仅成熟期精准施肥处理与对照有显著差异，其他时期处理间均无显著差异。可见精准施肥能降低植烟土壤容重。

（三）对植烟土壤有机质的影响

由表3-24可知，烤烟移栽后，土壤有机质会均匀提高。以对照的植烟土壤有机质变化较平缓，而其他处理的土壤有机质变化剧烈，这种剧烈变化与精准施肥的作用有关。精准施肥各处理的植烟土壤有机质均大于对照；在旺长期植烟土壤有机质含量T1处理最高；在成熟期土壤有机质含量为T2处理最高。经方差分析，仅成熟期精准施肥处理与对照有显著差异，其他时期处理间均无显著差异。可见精准施肥能提高植烟土壤有机质含量。

（四）对植烟土壤孔隙度的影响

由表3-25可知，土壤总孔隙度随着生育期逐渐降低，土壤总孔隙度在移栽期最大在56%左右，T2处理土壤总孔隙度最大，CK处理土壤总孔隙度最小；在团棵期土壤总孔隙度逐渐变小，在54%左右，T1处理土壤总孔隙度最大，CK处理土壤总孔隙度最小；在旺长期土壤总孔隙度降低幅度较大，在47%左右，T2处理土壤总孔隙度最大，其他处理土壤总孔隙度较小；成熟期后，T1、T2处理土壤总孔隙度较高，CK、T3处理土壤总孔隙度较小。经方差分析，仅成熟期T1、T2处理与CK、T3处理有显著差异，其他时期处理间均无显著差异。这说明精准施肥有利于增加土壤总孔隙度，但是施氮量过低后，效果不理想。

表3-25显示，土壤毛管孔隙度在移栽期-旺长期变化幅度不大，移栽期时在35%左右，精准施肥各处理土壤毛管孔隙度较大，CK处理土壤毛管孔隙度较小；移栽期-旺长期土壤毛管孔隙度先是逐渐升高，旺长期后土壤毛管孔隙度下降幅度较大，成熟期时在25%左右，各处理间T2土壤毛管孔隙度较大，CK土壤毛管孔隙度较小。经方差分析，仅成熟期T1、T2处理与CK处理有显著差异，其他时期处理间均无显著差异。这也说明精准施肥有利于增加土壤毛管孔隙度，但是施氮量过低后，效果不理想。

表 3-24　不同处理的土壤理化指标

处理	土壤毛管持水量（%）				土壤容重（g/cm³）				土壤有机质含量（g/kg）			
	移栽期	团棵期	旺长期	成熟期	移栽期	团棵期	旺长期	成熟期	移栽期	团棵期	旺长期	成熟期
CK	0.300± 0.041a	0.293± 0.022a	0.273± 0.050a	0.212± 0.028a	1.188± 0.201a	1.188± 0.210a	1.436± 0.240a	1.406± 0.250a	35.251± 4.200a	5.255± 4.440a	35.508± 2.880a	34.895± 2.670a
T1	0.310± 0.035a	0.303± 0.015a	0.253± 0.031a	0.192± 0.018b	1.158± 0.124a	1.109± 0.110a	1.426± 0.190a	1.337± 0.270b	36.099± 2.800a	36.115± 3.380a	36.408± 4.010a	36.018± 4.010a
T2	0.300± 0.006a	0.283± 0.017a	0.263± 0.021a	0.192± 0.021b	1.089± 0.052a	1.108± 0.160a	1.423± 0.260a	1.327± 0.240b	36.058± 3.500a	36.108± 2.450a	36.233± 4.240a	37.210± 3.500a
T3	0.330± 0.018a	0.293± 0.009a	0.253± 0.004a	0.192± 0.003b	1.158± 0.200a	1.109± 0.068a	1.426± 0.089a	1.337± 0.220b	36.022± 0.090a	36.058± 1.050a	36.335± 1.010a	35.905± 2.890a

表 3-25　土壤孔隙度指标

处理	土壤总孔隙度（%）				土壤毛管孔隙度（%）				土壤通气孔隙度（%）			
	移栽期	团棵期	旺长期	成熟期	移栽期	团棵期	旺长期	成熟期	移栽期	团棵期	旺长期	成熟期
	54.32± 2.25a	44.79± 3.33a	45.93± 4.05b	29.81± 3.33a	34.57± 0.79a	34.42± 3.05a	23.69± 2.65b	24.44± 3.56a	19.75± 5.01a	10.37± 1.11a	22.24± 2.21b	54.24± 3.18a
	57.24± 0.40a	45.35± 1.11a	48.71± 5.02a	36.11± 1.12a	33.94± 4.02a	36.34± 4.32a	25.63± 3.46a	19.15± 1.18a	23.31± 2.44a	9.01± 3.01a	23.07± 3.05ab	55.25± 6.21a
	55.98± 0.91a	49.93± 5.12a	50.52± 6.22a	33.54± 2.01a	34.15± 1.08a	37.75± 0.89a	25.46± 2.89a	24.55± 1.06a	21.83± 0.99a	12.17± 1.17a	25.06± 2.99a	58.09± 4.87a
	54.34± 4.95a	44.91± 3.88a	45.79± 4.95b	38.16± 3.78a	34.32± 4.37a	33.74± 2.66a	24.94± 3.32ab	18.03± 3.89a	20.02± 2.56a	11.16± 1.78a	20.85± 2.24b	56.19± 1.01a

由表 3-25 可知，移栽期时土壤通气孔隙度为 18.03%~24.55%，各处理间差异较大，T2 土壤通气孔隙度较大，T3 土壤通气孔隙度较小；团棵期时土壤通气孔隙度为 19.75%~23.31%，各处理间差异较大，T1 土壤通气孔隙度较大，CK 土壤通气孔隙度较小；旺长期时土壤通气孔隙度为 9.01%~12.17%，各处理间差异较大，土壤通气孔隙度降低；成熟期时土壤通气孔隙度为 20.85%~25.06%，土壤通气孔隙度升高，各处理间差异较大，T2 土壤通气孔隙度较大，CK 土壤通气孔隙度较小。经方差分析，仅成熟期 T2 处理与 CK、T3 处理有显著差异，其他时期处理间均无显著差异。以上说明精准施肥有利于改善土壤结构。

(五) 对烟叶化学成分的影响

1. 对烟叶还原糖与总糖的影响

表 3-26 显示，B2F 等级还原糖与总糖含量略偏低，但各精准施肥处理均高于常规施肥，以 T3 最高分别为 14.85g/kg 与 17.23g/kg，最低为 CK 分别为 12.28g/kg 与 14.36g/kg，T3>T2>T1>CK；经方差分析，CK 还原糖与总糖与其他处理有 5% 显著差异。C3F 烟叶还原糖与总糖均在适宜范围内，以 T1 最高分别为 22.67g/kg 与 27.82g/kg；经方差分析，各处理无显著差异。上述说明精准施肥能显著提高 B2F 烟叶还原糖与总糖含量，能显著提高 B2F 烟叶质量；T1 能提高 C3F 烟叶还原糖与总糖含量，但对 C3F 烟叶质量提升较小。

2. 对烟叶总氮、总植物碱的影响

由表 3-26 看出，B2F 烟叶总氮含量适宜，差异较小，各处理均低于 CK；B2F 总植物碱含量略偏高，但各精准施肥处理均低于 CK，烟叶总植物碱含量以 CK 最高，为 4.07g/kg，最低 T3 为 3.51g/kg，大小依次为 CK>T1>T2>T3；经方差分析，CK 总植物碱含量与其他处理有 5% 显著差异。C3F 烟叶总植物碱含量均在适宜范围内，以 T2 最高，为 3.52g/kg，T1 最低，为 2.20g/kg，方差分析表明各处理无显著差异。上述说明精准施肥能显著降低 B2F 烟叶总植物碱含量，能显著提高 B2F 烟叶质量；T1 能降低 C3F 烟叶总植物碱含量，但对 C3F 烟叶质量提升较小。

3. 对烟叶钾、氯、钾氯比的影响

由表 3-26 可见，烟叶钾含量偏低，但所有处理的烟叶钾含量均高于 CK；所有处理烟叶氯含量偏低，但 T1 氯含量高于 CK；B2F 烟叶钾氯比均大于 4，以 T3 最高为 15.51，经方差分析，处理 CK、T1 与 T3、T2 钾氯比达到 5% 显著差异。C3F 烟叶钾氯比均大于 4，方差分析表明各处理间差异不显著。上述说明 T2 与 T3 能显著提高 B2F 烟叶钾氯比及烟叶质量。

4. 对烟叶糖碱比与氮碱比的影响

表 3-26 显示，从 B2F 等级看，所有处理的烟叶糖碱比、氮碱比各指标无显著差异。从 C3F 等级看，所有处理的烟叶糖碱比、氮碱比各处理各指标无显著差异。以上说明精准施肥能降低 B2F 烟叶总氮、提高 B2F 钾含量进而提高 B2F 烟叶质量。

表 3-26 不同处理烤烟化学成分比较

等级	处理	还原糖(%)	总糖(%)	总植物碱(%)	总氮(%)	钾(%)	氯(%)	糖碱比	氮碱比	钾氮比
B2F	CK	12.28±1.25b	14.36±2.00b	4.07±0.51a	2.55±2.68a	1.71±0.02a	0.15±0.01a	3.49±0.51a	0.62±0.05a	11.41±1.22b
	T1	14.16±1.89a	16.14±1.56a	3.72±0.27b	2.24±4.98a	1.82±0.26a	0.17±0.03a	4.30±0.08a	0.59±0.02a	10.71±0.99b
	T2	14.36±2.01a	16.24±1.09a	3.52±0.41b	2.42±0.77a	1.88±0.00a	0.13±0.05a	4.56±0.05a	0.68±0.01a	14.47±1.63a
	T3	14.85±0.98a	17.23±1.81a	3.51±0.43b	2.46±3.11a	1.86±0.02a	0.12±0.01a	4.85±0.01a	0.69±0.10a	15.51±1.98a
C3F	CK	21.19±4.42a	25.64±3.52a	2.51±0.29a	2.03±0.22a	2.05±0.19a	0.08±0.01a	10.10±1.13a	0.80±0.07a	25.62±3.01a
	T1	22.67±2.34a	27.82±5.01a	2.20±0.32a	1.82±0.31a	2.29±0.26a	0.10±0.03a	12.53±1.99a	0.82±0.03a	22.87±2.55a
	T2	14.36±0.58a	16.24±1.70a	3.52±0.71a	2.42±0.30a	1.88±0.41a	0.13±0.01a	4.56±0.68a	0.68±0.01a	14.47±1.76a
	T3	21.19±2.66a	25.25±2.61a	2.62±1.98a	2.04±0.06a	1.91±0.22a	0.08±0.01a	9.52±1.23a	0.77±0.10a	23.89±0.96a

表 3-27 不同处理烤烟评吸质量比较（分）

等级	处理	劲头	浓度	香气质	香气量	余味	杂气	剌激性	燃烧性	灰色	评吸总分
B2F	CK	7.13±0.00a	6.87±0.19a	10.19±0.86a	15.28±2.01a	17.68±0.67a	11.45±1.95a	7.99±0.32a	2.97±0.30a	2.97±0.40a	82.51±2.90a
	T1	7.28±0.69a	7.00±0.56a	10.40±0.92a	15.55±2.10a	17.89±2.25a	12.09±1.15a	8.06±0.07a	2.97±0.29a	2.97±0.31a	84.17±9.10a
	T2	7.39±0.95a	7.02±0.94a	10.54±1.46a	15.59±1.12a	17.93±0.77a	12.27±0.56a	8.10±0.98a	2.97±0.19a	2.97±0.08a	84.79±12.30a
	T3	7.47±0.25a	7.04±0.23a	10.68±2.01a	15.63±0.89a	17.96±1.89a	12.44±0.88a	8.13±0.44a	2.97±0.21a	2.97±0.22a	85.30±5.10a
C3F	CK	7.52±0.91a	7.04±0.71a	10.75±1.35a	15.63±0.77a	18.45±2.07a	12.38±1.13a	8.28±0.83a	2.97±0.22a	2.97±0.30a	85.94±9.60
	T1	7.72±1.01a	7.13±1.01a	11.03±1.05a	15.84±0.68a	18.67±2.00a	13.08±1.95a	8.55±0.91a	2.97±0.41a	2.97±0.19a	88.01±10.80a
	T2	7.62±0.31a	7.10±0.81a	10.89±0.55a	15.77±2.23a	18.52±0.46a	12.73±0.55a	8.55±0.38a	2.97±0.22a	2.97±0.05a	87.09±13.50
	T3	7.62±0.83a	7.09±0.65a	10.89±1.47a	15.74±1.44a	18.56±1.91a	12.73±1.33a	8.42±0.88a	2.97±0.42a	2.97±0.30a	86.98±7.90

（六）对烟叶评吸质量的影响

对烟叶内在质量在评吸后进行量化处理。从表 3-27 可以看出，B2F 等级烟叶的评吸总分为 T3>T2>T1>CK，C3F 等级烟叶的评吸总分为 T1>T2>T3>CK。经方差分析，各处理各指标无显著差异。以上说明精准施肥能提高 B2F、C3F 烟叶的劲头、浓度、香气质、香气量与余味等评吸质量指标。

四、讨论与结论

（1）不同的施肥位置直接影响肥料的利用率与作物的产量。张翔等（2014）认为钾肥种类与追施深度及其互作对烟叶产量、经济效益和养分吸收有显著影响。根系与肥料接触面积的大小是影响钾吸收的重要因素之一。邢云霞等（2014）认为硝酸钾肥对水淋施能显著提高烟株旺长期和圆顶期各项农艺指标，促进上部烟叶开片。孙建等（2010）认为牛粪+氮肥+磷肥配施能够增加土壤养分。韩富根等（2003）认为有机肥料能增加土壤贮水量，进而提高烟叶产质。李絮花等（2002）认为，氮肥的肥效必须依靠土壤水分才能发挥。金轲等（1999）得出，一定条件下的氮、磷、水间的耦合作用类型可以相互转化。众多前人研究结论与本研究基本相符，但精准施肥的配套技术还有待进一步研究。

（2）精准施肥能改善土壤理化性状，提高烟叶的评吸质量与上部烟叶内在质量。

第八节　烤烟均匀定位施肥对烟田供肥特性及烟叶质量影响

一、研究目的

土壤是优质烟叶生产的基础。目前生产上追施肥方式主要采取结合培土条施或穴施、肥料对水浇灌等方式，施肥深度普遍较浅，施用量不准确，土壤中的营养离子扩散较慢，影响了根系对肥料的吸收利用。均匀定位施肥就是将肥料均匀定位施在每一烟株上，促使烟株长势均匀，并减少化肥施用，节约肥料。其主要做法是定肥到田、定肥到株、定位到深度。关于肥料施用量、灌溉量、施肥位置等对烟叶生产的影响已有较多文献报道，但关于均匀施肥特别是均匀定位施肥在烤烟上施用效果的研究报道较少。本研究旨在为精准施肥定量到株提供理论依据。

二、材料与方法

（一）供试品种与材料

品种为烤烟云烟 87，施肥器采用自行研制的移动性灌溉深施肥器具，肥料为当地烟叶生产使用的烟草专用肥。

（二）试验地点

试验设在凤凰县千工坪试验基地（海拔 452m，经度 109.30°E，纬度 28.01°N）进行，供试土壤为石灰岩母质发育的黄壤稻田土，前作为水稻。其烤烟生产主要依靠天然降水和土壤自身蓄水。施肥器同时在湘西全州 7 县 51 个村（烟农合作社）进行示范，每村每处理示范 0.67hm²。

（三）试验设计

采用随机区组设计，4 个处理，3 次重复，共 12 个小区，小区面积 62.4m²，栽烟 104 株，行株距为 1.2m×0.5m，16 665 株/hm²。T1 为常规施肥方法；T2 为定量定位（深度 7cm，宽度在最大叶的正下方）施肥，不减少施肥量，只是采用施肥器将肥料均匀定位施在烟株附近；T3 为定量定位（深度 12cm，宽度在最大叶的正下方）施肥，不减少施肥量，只是采用施肥器将肥料均匀定位施在烟株附近；T4 为定量定位（深度 7cm，宽度在最大叶的正下方）施肥，采用施肥器将肥料均匀定位施在烟株附近，并减少施肥量 10%。

（四）试验管理

采用漂浮育苗，于 2014 年 2 月 20 日播种，4 月 22 日移栽，对照施用烟草专用基肥 750kg/hm²、专用追肥 300kg/hm²、发酵饼肥 225kg/hm²、提苗肥 75kg/hm²、硫酸钾 300kg/hm²，总氮量 111.75kg/hm²，氮、磷、钾比例为 1：1.22：2.61，所有专用基肥、发酵饼肥及 50% 专用追肥作基肥，于 4 月 19 日起垄前条施，提苗肥分别于移栽当天与移栽后 10d 分次等量施用，其余作追肥于移栽后 30d 施用。移动性灌溉深施肥器具均匀定位施肥选择在晴天上午或傍晚施用，施用后 6h 内若遇到下雨补施。7 月 12 日开始采烤，9 月 6 日采烤结束；各处理各项管理措施保持一致，由专人在同一天内完成。其他大田培管措施按照烤烟标准化生产技术方案执行。

（五）检测项目与方法

（1）土壤检测：分别于施肥前及烤烟收获后采用五点采样法采集各小区烟垄上两株烟正中位置 5~20cm 土层的土样 1kg。置于阴凉处风干后，敲碎过 1mm 筛备用。由湖南省农业科学院农化检测中心检测。

（2）烟叶化学成分检测：在烟株打顶后及时挂牌，每处理每小区定 10 株，取自下至上第 9~13 叶位烤后 B2F、C3F 各 3kg 烟叶供化验。化学成分主要检测总糖和还原糖（YC/T 159—2002）、总植物碱（YC/T 160—2002）、总氮（YC/T 159—2002）、钾（YC/T 173—2003）、氯（YC/T 162—2011），计算糖碱比、氮碱比和钾氯比。烟叶化学成分的分析检测依据：YC/T 159、YC/T 160、YC/T 161、YC/T 162—2002、YC/T 173—2003、YC/T 174—2003。

（3）单料烟评吸：卷制长 70mm、圆周 27.5mm 的烟支，经过挑选、平衡水分后，由评吸专家评吸鉴定。按烟叶感官评吸质量表标准打分评鉴。烟叶的感官评吸包含 7 项指标，分别为烟气浓度、香气质、香气量、杂气、刺激性、余味、劲头。对上述 7 项指标进行评吸打分，每项指标的最高分值为 9 分。烟气浓度、香气质、香气量、杂气、刺激性、余味的得分越高，烟叶质量越好，劲头的分值仅代表劲头的大小，不表示质量好坏，一般认为劲头以适中为宜。参考感官质量评价标准（YC/T 138—1998）对劲头、浓度、香气质、香气量、余味、杂气、刺激性、燃烧性和灰色进行评吸打分，按香气质、香气量、余味、杂气、刺激性、燃烧性、灰色的权重 0.10、0.05、0.15、0.15、

0.20、0.15、0.10、0.05、0.05 计算评吸总分。

（六）统计方法

采用"DPS 14.50 数据分析软件"与"SPSS 16.0 数据分析软件"进行数据处理与分析。

三、结果与分析

（一）对土壤有机质的影响

表 3-28 显示，土壤有机质含量以均匀定位深 12cm 处理最高，为 23.5g/kg，最低为均匀定位深 7cm，为 20.5g/kg，各处理大小依次为 T3>T4>T1>T2>移栽施肥前。经多重比较，T3、T4 与 T2 有显著差异。以上说明均匀定位深施肥 12cm 或浅施肥 7cm+90% 肥料能提高土壤有机质含量。

（二）对土壤碱解氮的影响

由表 3-28 可见，土壤碱解氮含量以均匀定位深 12cm 处理最高，为 126.6mg/kg，最低为移栽施肥前 105.9mg/kg，各处理大小依次为 T3>T2>T4>T1>移栽施肥前。经多重比较，T3、T2 与其他处理间差异达显著水平。以上说明均匀定位施肥能显著提高土壤碱解氮含量。

（三）对土壤有效磷的影响

由表 3-28 看出，土壤有效磷含量以均匀定位深 12cm 处理最高，为 17.7mg/kg，最低为移栽施肥前 9.7mg/kg，各处理大小依次为 T3>T2>T4>T1>移栽施肥前。经多重比较，T3、T2 与其他处理间差异达显著水平。上述说明均匀定位深施肥能显著提高土壤有效磷含量。

（四）对土壤速效钾的影响

由表 3-28 可得出，土壤速效钾含量以均匀定位深 12cm 处理最高，为 162.8mg/kg，最低为移栽施肥前 98.7mg/kg，各处理大小依次为 T3>T2>T1>T4>移栽施肥前。经多重比较，T3 与其他处理间差异达显著水平，T2 与 T1、T4、移栽施肥间差异显著。以上说明均匀定位深施肥 12cm 能提高土壤速效钾含量。

（五）对土壤 pH 值的影响

由表 3-28 可见，土壤 pH 值以均匀定位深 12cm 处理最高，为 6.5，最低为均匀定位深 7cm 处理 pH 值 5.1，各处理大小依次为 T3>T1>T4>移栽施肥前=T2。经多重比较，T3 和 T1 与 T2 处理间差异达显著水平。以上说明均匀定位 7cm 浅施肥能显著降低土壤 pH 值，均匀定位深施肥 12cm 是防控土壤酸化的有效措施之一。

表 3-28　不同处理对土壤化学性状的影响

处理	有机质 （g/kg）	碱解氮 （mg/kg）	有效磷 （mg/kg）	速效钾 （mg/kg）	pH 值
处理前	15.6c	105.9b	9.7c	98.7d	5.3ab

（续表）

处理	有机质 （g/kg）	碱解氮 （mg/kg）	有效磷 （mg/kg）	速效钾 （mg/kg）	pH 值
T1	23.1a	104.8b	14.2b	133.3c	5.8a
T2	20.5b	125.9a	16.8a	142.6b	5.1b
T3	25.5a	126.6a	17.7a	162.8a	6.5a
T4	25.1a	106.7b	14.5b	96.9d	5.3ab

（六）对烟叶化学成分的影响

1. 对烟叶还原糖与总糖的影响

表 3-29 显示，B2F 等级还原糖与总糖含量略偏低，但各均匀定位施肥处理均高于常规施肥，以 T4 处理最高，分别为 14.85% 与 17.23%，最低为 T1 处理，分别为 12.28% 与 14.36%，各处理大小依次为 T4>T3>T2>T1；方差分析结果表明，T1 处理还原糖与总糖与其他各处理间差异达显著水平。C3F 烟叶还原糖与总糖均在适宜范围内，以 T2 处理最高，分别为 22.67% 与 27.82%，最低为 T3 处理，分别为 14.36% 与 16.24%，各处理大小依次为 T2>T1>T4>T3，经方差分析，各处理无显著差异。上述说明均匀定位施肥能显著提高 B2F 烟叶还原糖与总糖含量及烟叶质量；均匀定位浅施 7cm 能提高 C3F 烟叶还原糖与总糖含量，但对 C3F 烟叶质量提升较小。

2. 对烟叶总植物碱的影响

由表 3-29 看出，B2F 总植物碱含量略偏高，但各均匀定位施肥处理均低于常规施肥，烟叶总植物碱含量以 T1 处理最高，为 4.07%，T4 最低，为 3.51%，高低次序为 T1>T2>T3>T4，经方差分析，常规施肥总植物碱含量与其他处理间差异达显著水平。C3F 烟叶总植物碱含量均在适宜范围内，以 T3 最高为 3.52%，T2 最低为 2.20%，高低次序为 T3>T4>T1>T2，经方差分析，各处理无显著差异。上述说明均匀定位施肥能显著降低 B2F 烟叶总植物碱含量，能显著提高 B2F 烟叶质量；均匀定位浅施 7cm 能降低 C3F 烟叶总植物碱含量。

3. 对烟叶钾氯比的影响

由表 3-29 可见，B2F 烟叶钾氯比均大于 4，以均匀定位 T4 处理最高为 15.21，T2 最低为 10.71，高低次序为 T4>T3>T1>T2，经方差分析，T1、T2 处理钾氯比与 T4、T3 处理有显著差异。C3F 烟叶钾氯比均大于 4，以 T1 处理最高为 25.62，T3 最低为 14.47，高低次序为 T1>T4>T2>T3，经方差分析，各处理无显著差异。上述说明均匀定位深施肥 12cm 或浅施 7cm+90% 肥料能显著提高 B2F 烟叶钾氯比，能显著提高 B2F 烟叶质量；均匀定位施肥有降低 C3F 烟叶钾氯比趋势。

4. 对烟叶总氮、钾、氯、糖碱比与氮碱比的影响

表 3-29 显示，B2F 烟叶总氮含量适宜，差异较小，各均匀定位施肥处理均低于常规施肥；烟叶钾含量偏低，但所有均匀定位施肥处理的烟叶钾含量均高于对照常规施肥；所有处理烟叶氯含量偏低，但均匀定位深 7cm 处理的烟叶氯含量高于对照；所有

均匀定位施肥处理的烟叶糖碱比对照大且更接近 10，均匀定位深施肥或浅施结合减施化肥处理氮碱比较大且更接近 1。经方差分析，各处理各指标无显著差异。从 C3F 等级看，各处理上述指标化学成分差异较少，均在适宜范围内，经方差分析，各处理各指标无显著差异。

表 3-29　不同处理烤烟化学成分比较

等级	处理	还原糖（%）	总糖（%）	总植物碱（%）	总氮（%）	钾（%）	氯（%）	糖碱比	氮碱比	钾氯比
	T1	12.28b	14.36b	4.07a	2.55a	1.71a	0.15a	3.49a	0.62a	11.41b
B2F	T2	14.16a	16.14a	3.72b	2.24a	1.82a	0.17a	4.30a	0.59a	10.71b
	T3	14.36a	16.24a	3.52b	2.42a	1.88a	0.13a	4.56a	0.68a	14.47a
	T4	14.85a	17.23a	3.51b	2.46a	1.86a	0.12a	4.85a	0.69a	15.51a
	T1	21.19a	25.64a	2.51a	2.03a	2.05a	0.08a	10.10a	0.80a	25.62a
C3F	T2	22.67a	27.82a	2.20a	1.82a	2.29a	0.10a	12.53a	0.82a	22.87a
	T3	14.36a	16.24a	3.52a	2.42a	1.88a	0.13a	4.56a	0.68a	14.47a
	T4	21.19a	25.25a	2.62a	2.04a	1.91a	0.08a	9.52a	0.77a	23.89a

（七）对烟叶评吸质量的影响

1. 对 B2F 烟叶评吸质量的影响

由表 3-30 可见，所有 B2F 烟叶评吸质量得分及总分均以 T4 最高，T1 为最低，高低次序为 T4>T3>T2>T1，各处理差异不显著。说明采用均匀定位施肥能提高 B2F 烟叶的劲头、浓度、香气质、香气量与余味等评吸质量。

2. 对 C3F 烟叶评吸质量的影响

表 3-30 显示，所有 C3F 烟叶评吸质量得分及总分均以 T2 处理最高，各处理间差异不显著。以上说明均匀定位 7cm 施肥能提高 C3F 烟叶的劲头、浓度、香气质、香气量与余味等评吸质量。

表 3-30　不同处理对烤烟评吸质量的影响

等级	处理	劲头	浓度	香气质	香气量	余味	杂气	刺激性	燃烧性	灰色	评吸总分
	T1	7.13a	6.87a	10.19a	15.28a	17.68a	11.45a	7.99a	2.97a	2.97a	82.51a
B2F	T2	7.28a	7.00a	10.40a	15.55a	17.89a	12.09a	8.06a	2.97a	2.97a	84.17a
	T3	7.39a	7.02a	10.54a	15.59a	17.93a	12.27a	8.10a	2.97a	2.97a	84.79a
	T4	7.47a	7.04a	10.68a	15.63a	17.96a	12.44a	8.13a	2.97a	2.97a	85.30a

（续表）

等级	处理	劲头	浓度	香气质	香气量	余味	杂气	刺激性	燃烧性	灰色	评吸总分
C3F	T1	7.62a	7.10a	10.89a	15.77a	18.52a	12.73a	8.55a	2.97a	2.97a	87.09a
	T2	7.72a	7.13a	11.03a	15.84a	18.67a	13.08a	8.55a	2.97a	2.97a	88.01a
	T3	7.62a	7.09a	10.89a	15.74a	18.56a	12.73a	8.42a	2.97a	2.97a	86.98a
	T4	7.52a	7.04a	10.75a	15.63a	18.45a	12.38a	8.28a	2.97a	2.97a	85.94a

四、讨论与结论

（1）合理施肥只有在良好的施肥方式条件下，烟株才能吸收，才能长势良好。否则，良好耕作、合理施肥的一切努力，都将起不到应有作用。施肥的具体位置效应与作物的种类、土壤特性、肥料形态及地理位置等因素有关，施肥位置的不同直接关系到肥效的发挥、作物产量的高低。张翔等（2014）认为钾肥种类与追施深度及其互作对烟叶产量、经济效益和养分吸收有显著影响。根系与肥料接触面积的大小是影响钾吸收的重要因素之一，邢云霞等（2014）认为硝酸钾肥对水淋施能显著提高烟株旺长期和圆顶期各项农艺指标，促进上部烟叶开片。孙建等（2010）认为牛粪+氮肥+磷肥配施能够增加土壤养分，收获后与对照比较，玉米区土壤有机质提高了19.0%，土壤全氮、全磷、全钾分别提高17.8%、6.8%、13.2%。上述众多研究结果与本研究基本相符，均匀定位施肥具体方案和配套技术还有待进一步研究。

（2）均匀定位施肥能显著提高土壤碱解氮含量，显著提高B2F烟叶还原糖与总糖含量，降低B2F烟叶总植物碱含量，提高B2F钾含量，降低B2F烟叶总氮，调节糖碱比与氮碱比，提高B2F烟叶的劲头、浓度、香气质、香气量与余味等评吸质量，显著提高B2F烟叶质量，但有降低C3F烟叶钾氯比趋势。

（3）均匀定位浅施肥7cm+90%肥料能提高土壤有机质含量，能显著提高B2F烟叶钾氯比与烟叶质量。均匀定位深施12cm能显著提高土壤有效磷、速效钾、有机质含量及B2F烟叶钾氯比，能显著提高B2F烟叶质量，是防控土壤酸化的有效措施之一。均匀定位浅施7cm能提高C3F烟叶还原糖与总糖含量，降低C3F烟叶总植物碱含量，能提高烟叶的劲头、浓度、香气质、香气量与余味等评吸质量。

第九节 药肥施用装置研究及其在烤烟生产上应用

一、研究目的

随着卷烟大品牌和重点骨干品牌的不断发展壮大，优质烟叶数量不足、等级结构不合理、烟叶资源使用效率低等已成为当前面临的突出问题。目前烟草生产中的许多农事操作基本靠手工完成。在移栽和施肥上，没有定根肥水、肥料溶液施用器械，采取的是用水壶或水瓢浇施定根肥水或肥料溶液；在施用抑芽剂方面，也没有专用的抑芽剂施用器械，大部分是使用自制的塑料瓶进行淋施，仅是在施用农药上使用了不能数字显示且不能定量的喷雾器；针对烟苗整齐性问题，前人试图从膜下移栽进行研究，在烟苗的移栽过程中，由于烟苗小、根系较脆弱，既要保证烟苗根部不被肥料所烧伤，又要避免肥料的浪费，对于烟叶施肥移栽的机械化实现上还有一定的困难。现有的施肥器，如双层施肥机、2B 系列施肥器、手持式施肥机、变量施肥机、牵引式双箱施肥机和整体式分层分量施肥装置等，各有其优缺点；但国内外经济实用的自压式施肥机械，其施肥浓度不能变化，且其对肥料桶的位置高度要求较高；差压式施肥装置虽具价格低、便携等优点，但其肥液浓度越来越低；应用最为广泛的文丘里施肥器的主管流量的稳定性有待提高；水力驱动注入施肥装置的施肥浓度不能随时变化；机械注入式施肥装置成本大，且过分依赖电力设施。上述施肥机械都不能把所施的提苗肥均匀精准安全地施用到每株作物穴内的根系上，也不适于在山地、丘陵地区应用，依据烟苗移栽作业的农艺要求及烟苗的生理需肥特性，设计一种适合于烟苗移栽的精准施肥器的新型提苗肥装置，解决烟苗移栽成活率低、解决肥料利用率低问题十分必要。湖南湘西土家族苗族自治州烟草专卖局（公司）烟叶生产技术中心集自动化、生态、肥料、栽培等多学科的力量，通过计算机设计自动编程控制芯片，研发出适合山区田地使用的定量施肥药机械，解决烟叶生产用工多、效率低、成本大、肥料和药剂的施用量不准确、施用不到位等问题，提高施肥药准确率，从施肥药措施上确保烟株田间生长整齐度，达到提质增效目的，旨在为探索山地特色现代烟草农业提供新的思路。

二、装置设计

（一）研制目的

能够集施用定根肥水、溶液肥料、农药、抑芽剂于一体，携带方便，操作使用简便；采用数字化智能控制技术，能够做到肥料、农药和抑芽剂施用精确，实现精准化作业；效益高成本低，还能够减轻施肥、用药手工操作劳动强度，提高工作效率，降低物资、劳力成本。

（二）药肥智能化精确施放控制模块设计

药肥施放控制模块与药肥运输管连接，用于控制向药肥运输管的药肥输送；药肥运输管、药肥施放杆和药肥施放喷头依次连接，药肥施放开关可设置在药肥施放杆的一端或中间的任意部位。它包括以下元件。

1. 隔膜泵

图 3-17、图 3-18 所示，需要施用的肥料和药物经由隔膜泵进液过滤器和药筒进口过滤器进入药肥容器中，隔膜泵输出的肥料和药物经药肥运输管输出。其原理在于：通过对隔膜泵进行参数设置，达到精确控制药肥施用量和时间的目的，提高作物的精益生产和标准化生产水平。

2. 单片机控制模块

图 3-17、图 3-18 所示，由电源模块供电，与隔膜泵连接，控制隔膜泵的工作；与人机交互模块连接，进行数据交换；其原理在于：使用者可以通过人机交互模块

进行参数的设置，设置的参数存储在单片机控制模块中；单片机控制模块依次调整隔膜泵的参数，从而使得隔膜泵按照使用者的要求进行工作；单片机控制模块还可以将电源和隔膜泵等部件的工作状态通过人机交互模块反馈给使用者，以便使用者调整使用方式。

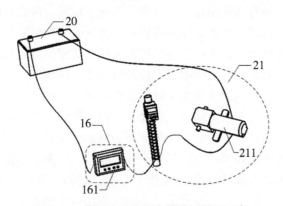

图 3-17　药肥施用装置定量控制原理示意

16-人机交互模块；20-电源模块；21-药肥施放控制模块；161-数控显示模块；211-隔膜泵

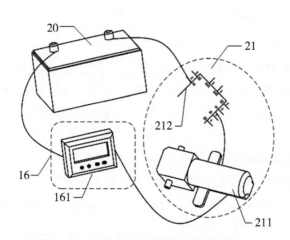

图 3-18　药肥施用装置定量控制原理示意

16-人机交互模块；20-电源模块；21-药肥施放控制模块；
161-数控显示模块；211-隔膜泵；212-隔膜泵进液过滤器

它包括以下单元：

（1）电源电压测量单元。用于测量电源模块的剩余电量，并由数控显示模块显示。

（2）电机调速单元。依据经由按键输入模块输入的药肥施放控制模块的参数设置信息，调节隔膜泵的输出。

（3）工作时长控制单元。依据经由按键输入模块输入的药肥施放控制模块的参数设置信息，调节隔膜泵的输出。

（4）施药压力控制单元。依据经由按键输入模块输入的药肥施放控制模块的参数设置信息，调节隔膜泵的输出。其原理在于：通过对上述电源电压、电机转速、工作时长、施药压力等方面的设置或监测，就能够实现智能化的施药控制，完成功能选择信息（包括定量施肥功能、抑芽剂施用功能和农药喷洒功能的设定信息）。

（三）人机交互模块研制

人机交互模块由电源模块供电，包括以下用于显示信息的模块。

（1）数控显示模块。显示的信息可包括电源模块的电量信息、药肥施放控制模块的参数设置信息、和/或药肥施用装置的工作状态信息。

（2）按键输入模块。用于向药肥施用装置发送信息，包括药肥施放控制模块的参数设置信息、和/或药肥施用装置的功能选择信息。其原理在于使使用者可以实时监控药肥施用装置的工作状态和工作参数，还能对药肥的施用进行精确的参数设计和功能选择，从而有利于达到对药肥施用的精确定量控制（图3-17、图3-18）。

（四）配套电路设计

电源模块用于向药肥施放控制模块供电；电源模块20中包括12V铅酸蓄电池和电源稳压变换单元。电源稳压变换单元可输出三路稳定电压，分别向人机交互模块16、隔膜泵211和单片机控制模块212供电。电源模块20可采用图3-19所示的电路图实现。图3-19中，12V铅酸蓄电池经过三端稳压集成电路U1、U2提供5V和3.3V电压，供给微处理单元和显示单元。E1、E2是滤波电容。D1可以防止电源向蓄电池反向充电。U4可采用LM817，输出5V稳定电压。电源电压测量单元，可采用图3-20所示的电路图实现。电源模块20的剩余电量在数控显示模块161的显示可以采用图3-21所示的电路图实现。

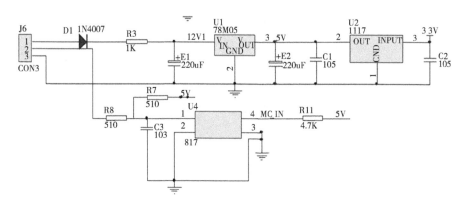

图3-19　电源模块稳压电路示意

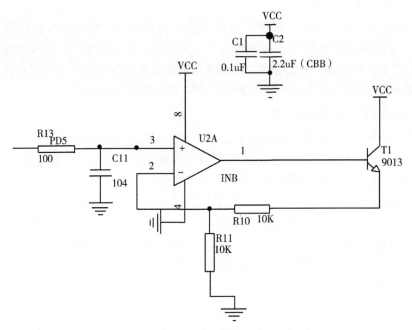

图 3-20　电源模块电压检测电路示意

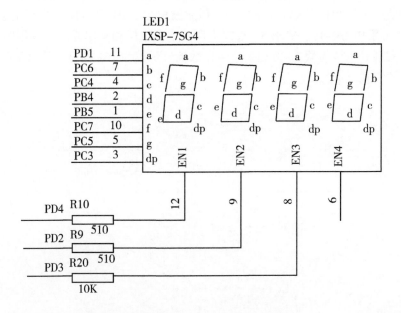

图 3-21　电源模块剩余电量显示电路示意

（五）装配结构设计

1. 内部结构设计

药肥施用装置包括安装在外壳内部的电源模块、药肥智能化精确施放控制模块与人机交互模块，具体见图3-22。

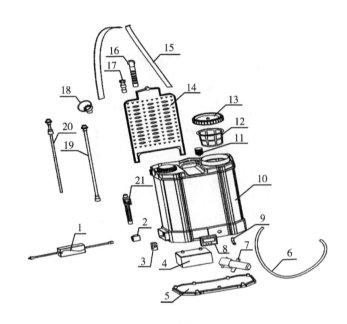

图3-22 药肥施用装置的装配分解

1. 充电器；2. 充电口；3. 电源开关；4. 蓄电池；5. 底板；6. 水泵出口管；7. 水泵；8. 数显控制器；9. 水泵进液管；10. 药筒；11. 药筒出口过滤器；12. 水泵进液过滤器；13. 药筒盖；14. 背垫；15. 背带；16. 抑芽喷嘴；17. 施肥喷嘴；18. 打药喷嘴；19. 喷杆下节；20. 喷杆上节；21. 按钮开关

2. 外部结构设计

（1）施农药时的外观结构。农药喷洒喷头结构与传统喷雾器相同，具有和传统的农药喷洒相同的使用效果，雾化强弱通过控制器面板上"＋""－"按键调节，调节后的参数自动保存，手柄按键开关能控制连续或间断的农药喷洒过程（图3-23）。

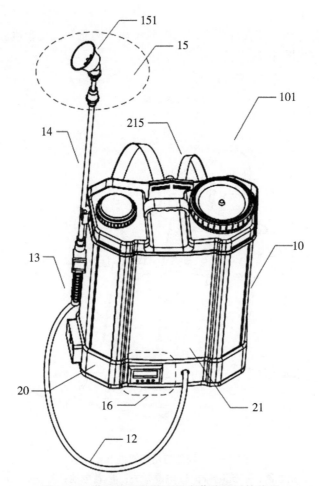

图 3-23 药肥施用装置进行农药喷洒时的外观

10-外壳；12-药肥运输管；13-药肥施放开关；14-药肥施放杆；
15-药肥施放喷头；16-人机交互模块；20-电源模块；21-药肥施放控
制模块；101-农药喷洒装置；151-农药喷洒喷头；215-背带

（2）施肥料时的外观结构。定量施肥喷头具有独特的金属导管设计，施肥时，导管能够轻松地插入土壤，在地面以下对农作物根部进行定量施肥。施肥量是通过智能数字控制模块进行定量控制，调节定量参数，可以改变施肥的用量，每按动一次手柄开关，可以完成一次农作物的定量施肥过程，定量精确（图 3-24）。

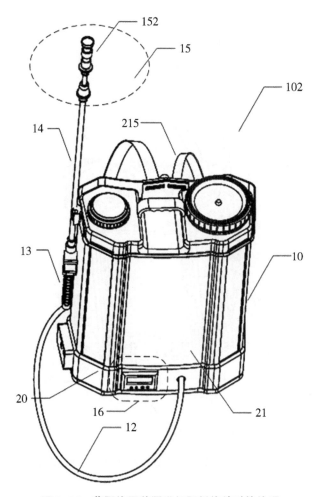

图 3-24　药肥施用装置进行肥料施放时的外观

10-外壳；12-药肥运输管；13-药肥施放开关；14-药肥
施放杆；15-药肥施放喷头；16-人机交互模块；20-电源模
块；21-药肥施放控制模块；102-肥料定量施放装置；152-
定量施肥喷头；215-背带

（3）抑芽时的外观结构。抑芽剂施用喷头专门针对农作物的冠部，设计成伞状，
四周分布多个喷洒孔。抑芽喷洒时，用伞状喷头扣住农作物的冠部，对农作物的冠
部进行集中的定量喷洒，定量参数可调，且抑芽喷洒过程中，药物不会散落到农作
物的生长茎叶上，抑芽效果十分理想（图 3-25）。三种不同的喷洒模式是通过控制
器面板上的"功能"按键切换，切换后的模式将自动保存，下一次使用将保留相同
的喷洒模式。

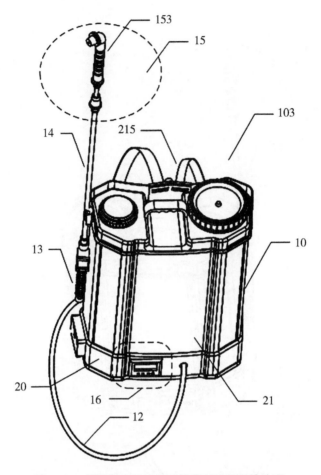

图 3-25　药肥施用装置进行抑芽剂施用时的外观
10-外壳；12-药肥运输管；13-药肥施放开关；14-药肥施放杆；
15-药肥施放喷头；16-人机交互模块；20-电源模块；21-药肥施放控
制模块；103-抑芽剂滴灌装置；153-抑芽剂施用喷头；215-背带

三、试验效果

(一) 均匀施肥试验

采用随机区组设计，设 T1 常规施肥、T2 施肥器均匀施肥、T3 施肥器均匀施肥减施 5% 肥料、T4 施肥器均匀施肥减施 10% 肥料等 4 个处理，三次重复，共 12 个小区，小区面积 62.4m²，栽烟 104 株，行株距为 1.2m×0.5m，每亩种植密度 1 111株。

1. 对烟叶 SPAD 值的影响

由表 3-31 可见，各处理叶绿素以 T2 处理最高，为 41.60，其中 T2>T3>T4>T1。经随方差分析及 Duncan 法多重比较，施肥器均匀施肥各处理均高于对照。可见施肥器均匀施肥能提高烤烟叶绿素含量。

表 3-31　各处理烤烟叶绿素含量

处理	重复Ⅰ	重复Ⅱ	重复Ⅲ	平均
T1	38.37	32.63	41.47	37.49b
T2	40.97	43.67	40.17	41.60a
T3	43.47	37.40	41.83	40.90a
T4	43.87	35.50	43.23	40.87a

2. 对烤烟经济性状的影响

由图 3-26 可见，采用施肥器将肥料均匀定位施在烟株附近处理能提高烟叶的均价、产量、产值。使用施肥器肥料定位处理产量、产值均显著高于常规施肥处理。

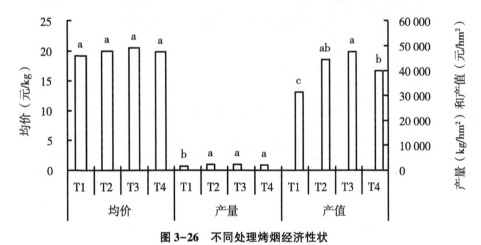

图 3-26　不同处理烤烟经济性状

3. 对烟叶化学成分的影响

由图 3-27 可知，B2F 烟叶总氮含量适宜，差异较小，各均匀定位施肥处理均低于常规施肥；烟叶钾含量偏低，但所有均匀定位施肥处理的烟叶钾含量均高于对照常规施肥；所有处理烟叶氯含量偏低，但均匀定位不减少肥处理的烟叶氯含量高于对照；所有均匀定位施肥处理的烟叶糖碱比对照大且更接近 10，均匀定位减施肥处理氮碱比较大且更接近 1。经方差分析，各处理各指标无显著差异。从 C3F 等级看，各处理上述指标化学成分差异较少，均在适宜范围内。经方差分析，各处理各指标无显著差异。采用施肥器将肥料均匀定位施在烟株附近处理糖/碱、钾/氯比值更接近优质烟叶指标，其他指标两处理均在适宜范围内。

（二）肥药施用装置在烤烟生产上的示范

于 2014 年在湘西州 7 县示范 146.67hm²。由表 3-32 可见，可提高工时 1.05 个/hm²，可利用节约肥料农药 45.0 元/hm²，提高烟叶产值 3 523.5元/hm²，烟叶整齐度提高到 84.51%。

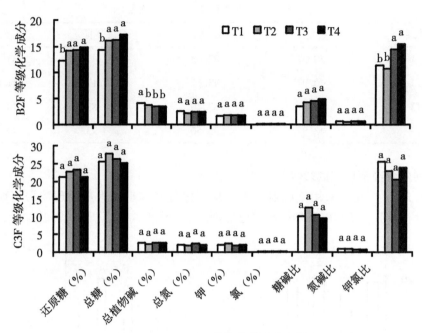

图 3-27　不同处理烤烟化学成分比较

表 3-32　肥药施用装置示范统计表

示范县	示范面积（hm²）	减少工时（万元）	节约肥料农药（万元）	烟叶产值（万元）	烟叶整齐度（%）
龙山	20.00	0.204	0.890	7.050	84.65
永顺	20.00	0.210	0.900	7.047	83.85
花垣	26.67	0.286	1.210	9.396	86.81
凤凰	40.00	0.425	1.823	14.197	90.65
保靖	13.33	0.135	0.590	4.701	85.20
古丈	13.33	0.136	0.590	4.698	81.19
泸溪	13.33	0.145	0.598	4.597	79.25
合计	146.67	1.541	6.601	51.679	84.51

备注：烟叶整齐度＝单位面积长势整齐一致的烟株数/单位面积烟株总数×100%

四、讨论与结论

肥药施用装置能够集施用定根肥水、溶液肥料、农药、抑芽剂于一体，携带方便，操作使用简便；采用数字化智能控制技术，能够做到肥料、农药和抑芽剂施用精确，实现精准化作业；效益高，成本低（每个造价 300 元，可服务 6.67~20hm²），还能够减轻施肥、用药手工操作劳动强度，提高工作效率，降低物资、劳力成本，提高大田烤烟的整齐度，经济社会效益显著。该器具适用于烟叶种植及橘园、苗圃等农作物施肥、施药及抑芽使用，具有一机多用，智能化精确控制，使用简便等特点。整个装置能在山地、丘陵地区自由移动，作业方便，在一定程度上弥补了大型农业机械设备在山区的应用缺陷，均匀施肥、定位施肥、精益化生产，丰富创新了施肥科学的内容。

第十节　山区旱地高低垄宽窄行栽培对土壤化学性状及烟叶产质量影响

一、研究目的

烟叶品质特别是烟叶的评吸质量受土壤肥力状况与栽培措施的影响。雨水高效收集利用技术是一种沟垄微型集雨技术。最佳密度要有行株距的合理配比。宽窄行耕作栽培技术创造了松紧兼备、虚实并存的耕层构造，有利于提高作物产量，在玉米、桑树、甘蔗、胡萝卜、水稻、油菜及杨树等多种植物的栽培中有大量的报道。此技术能有效地调节种植土块的小气候，充分发挥植物个体与群体之间的增产潜力，从而达到增加经济效益的目的。但在烟草上却很少研究，只有香料烟的栽培要求宽窄行，此外就是津巴布韦烟叶生产是采用了此项栽培技术。特别是高低垄宽窄行栽培对烤烟产质量及土壤化学性状的影响研究却鲜见报道。本研究旨在探讨高低垄宽窄行栽培对烤烟产质量及土壤化学性状的影响，为筛选出适合湘西生态特色的栽培方法、提高烤烟产质量、推广高效施肥技术提供科学依据。

二、材料与方法

（一）供试品种与肥料

品种为烤烟云烟87，肥料为当地烟叶生产使用的烟草专用肥。

（二）试验地点

试验设在凤凰县千工坪试验基地（海拔452m，经度109.30°E，纬度28.01°N）进行，供试土壤为石灰岩母质发育的黄壤土，前作为玉米。其烤烟生产主要依靠天然降水和土壤自身蓄水。

（三）试验设计

采用随机区组设计，5个处理，3次重复，共15个小区，除宽窄行高低垄处理小区面积55m²，其他处理行株距为1.2m×0.5m，小区面积63m²。各小区栽烟均为105株。试验处理：T1，常规生产；T2，宽窄行高低垄起垄＋常规施肥量，宽行120cm，垄高30cm，垄宽70cm，窄行90cm，垄高15cm，垄宽40cm，株距均为50cm，宽行高垄与窄行低垄轮流交错排列；T3，双条宽带施基肥＋常规施肥量；T4，双条宽带施基肥＋95%常规施肥量；T5，双条宽带施基肥＋90%常规施肥量。

（四）试验管理

采用漂浮育苗，于2月20日播种，4月22日移栽，对照施用烟草专用基肥750kg/hm²、

专用追肥 $300kg/hm^2$、发酵饼肥 $225kg/hm^2$、提苗肥 $75kg/hm^2$、硫酸钾 $300kg/hm^2$，总氮量 $111.75kg/hm^2$，氮、磷、钾比例为 $1:1.22:2.61$。7月12日开始采烤，9月6日采烤结束；田间管理遵循"最适"和"一致"的原则，与大面积生产一致，各处理各项管理措施保持一致，符合生产要求，由专人在同一天内完成。其他大田培管措施按照湘西自治州烤烟标准化生产技术方案执行。

（五）检测项目与方法

（1）经济性状：分小区计算产量、产值、均价、上等烟比例、中等烟比例等。统一按国家42级分级标准和价格分级、计价。

（2）SPAD值：在打顶后各处理每小区每行选3株代表性烟株测量第15片叶（从顶叶向下数）叶绿素。

（3）土壤检测：分别于施肥前及烤烟收获后采用五点采样法采集各小区烟垄上两株烟正中位置 $5\sim20cm$ 土层的土样1kg。置于阴凉处风干后，敲碎过1mm筛备用。由湖南省农业科学院农化检测中心检测，检测仪器为电子天平、隔水式电热恒温培养箱、分光光度计、火焰光度计、定氮仪、油浴锅、马弗炉，参照土壤分析技术规范标准检验。

（4）烟叶化学成分测定：在烟株打顶后及时挂牌，每处理每小区定10株，取自下至上第 $9\sim13$ 叶位烤后 B2F、C3F 各3kg 烟叶供化验评吸。化学成分主要检测总糖和还原糖（YC/T 159—2002）、总植物碱（YC/T 160—2002）、总氮（YC/T 159—2002）、钾（YC/T 173—2003）、氯（YC/T 162—2011），计算糖碱比、氮碱比和钾氯比。烟叶化学成分的分析检测依据：YC/T 159、YC/T 160、YC/T 161、YC/T 162—2002、YC/T 173—2003、YC/T 174—2003。测定方法参照土壤分析技术规范标准检验。

（5）单料烟评吸：卷制长70mm、圆周27.5mm的烟支，经过挑选、平衡水分后，由评吸专家评吸鉴定。按烟叶感官评吸质量表标准打分评鉴。烟叶的感官评吸包含7项指标，分别为烟气浓度、香气质、香气量、杂气、刺激性、余味、劲头。对上述7项指标进行评吸打分，每项指标的最高分值为9分。烟气浓度、香气质、香气量、杂气、刺激性、余味的得分越高，烟叶质量越好，劲头的分值仅代表劲头的大小，不表示质量好坏，一般认为劲头以适中为宜。参考感官质量评价标准（YC/T 138—1998）对劲头、浓度、香气质、香气量、余味、杂气、刺激性、燃烧性和灰色进行评吸打分，按香气质、香气量、余味、杂气、刺激性、燃烧性、灰色的权重 0.10、0.05、0.15、0.15、0.20、0.15、0.10、0.05、0.05 计算评吸总分。

（六）统计方法

采用"DPS 9.5 数据分析软件"与"SPSS 16.0 数据分析软件"进行数据处理与分析。

三、结果与分析

（一）高低垄宽窄行栽培对土壤 pH 值的影响

由表3-33可见，土壤 pH 值以双条施肥处理最高，为 pH 值6.07，高低垄宽窄行处理最低，为 pH 值5.8，各处理大小次序为 T3>T4>移栽施肥前>T1>T5>T2。经方差分析及 Duncan 多重比较，T3、T4 与 T2、T5 处理间差异达显著水平。以上说明高低垄宽窄行栽培能降低土壤 pH 值。

（二）高低垄宽窄行栽培对土壤有机质的影响

由表 3-33 可见，土壤有机质含量双条施肥+95%肥料处理最高，为 30.78g/kg，高低垄宽窄行处理最低，为 15.54g/kg，各处理大小次序为 T4>T1>移栽施肥前>T5>T3>T2。经方差分析及 Duncan 多重比较，T2 与 T4 处理间差异达显著水平。

（三）高低垄宽窄行栽培对土壤碱解氮的影响

土壤化学性质是土壤肥力水平的重要体现。由表 3-33 可见，土壤碱解氮含量双条施肥+90%肥料处理最高，为 127.86mg/kg，常规施肥处理最低，为 110.92mg/kg，各处理大小次序为双条施肥+90%肥料>双条施肥>移栽施肥前>高低垄宽窄行>双条施肥+95%肥料>常规施肥。经方差分析及 Duncan 多重比较，高低垄宽窄行与对照常规施肥处理间有显著差异。以上说明高低垄宽窄行栽培能较显著提高土壤碱解氮含量。

（四）高低垄宽窄行栽培对土壤有效磷的影响

由图表 3-33 可见，土壤有效磷含量以双条施肥处理最高，为 13.73mg/kg，移栽施肥前处理最低，为 10.32mg/kg，各处理大小次序为 T3>T5>T4>T1>T2>移栽施肥前，经方差分析各处理间无显著差异。以上说明高低垄宽窄行栽培对土壤有效磷含量影响较小。

（五）高低垄宽窄行栽培对土壤速效钾的影响

由表 3-33 可见，土壤速效钾含量以高低垄宽窄行处理最高，为 180.82mg/kg，移栽施肥前处理最低，为 105.14mg/kg，各处理大小次序为 T2>T1>T3>T4>T5>移栽施肥前。经方差分析及 Duncan 多重比较，T2、T1 与其他处理间呈显著差异。以上说明高低垄宽窄行栽培能提高土壤速效钾含量。

表 3-33　不同处理对土壤化学性状的影响

处理	碱解氮（mg/kg）	有机质（g/kg）	有效磷（mg/kg）	速效钾（mg/kg）	pH 值
移栽施肥前	125.03	26.65	10.32	105.14	6.02a
T1	110.92b	27.41ab	12.00a	172.52a	5.92ab
T2	122.21a	15.54b	11.65a	180.82a	5.80b
T3	125.04a	17.68ab	13.73a	149.72b	6.07a
T4	116.57a	30.78a	12.75a	141.42b	6.03a
T5	127.86a	21.61ab	13.33a	133.13b	5.83b

（六）高低垄宽窄行栽培对烟叶 SPAD 值的影响

由表 3-34 可见，各处理 SPAD 值以 T2 处理最高，为 40.80，各处理大小为 T2>T3>T1>T4>T5，各处理间差异不显著。

表 3-34 不同处理的烟叶 SPAD 值

处理	重复 I	重复 II	重复 III	平均
T1	40.67	38.80	37.43	38.97a
T2	38.90	44.67	38.83	40.80a
T3	38.87	43.03	37.67	39.86a
T4	37.63	38.90	39.13	38.56a
T5	36.90	36.90	40.00	37.93a

（七）高低垄宽窄行栽培对烟叶产量的影响

由表 3-35 可见，各处理产量以 T2 处理最高，为 1 781.70kg/hm²，处理间大小为 T2>T1>T3>T4>T5。经方差分析及 Duncan 法多重比较，T2 处理显著高于其他处理，其他各处理间差异不显著。可见高低垄宽窄行能提高烟叶产量。

（八）高低垄宽窄行栽培对烟叶产值的影响

由表 3-35 可见，各处理产值以高低垄宽窄行 T2 处理最高，为 41 995.50元/hm²，各处理大小为 T2>T1>T3>T4>T5。经方差分析及 Duncan 法多重比较，T2 处理显著高于其他处理，其他各处理间差异未达显著水平。可见高低垄宽窄行能提高烟叶产值。

（九）高低垄宽窄行栽培对烟叶均价的影响

由表 3-35 可看出，各处理均价以 T1 处理常规施肥最高，为 24.40 元/kg，其中 T1>T2>T3>T4>T5，各处理无显著差异。可见宽窄行高低垄栽培对烟叶均价影响较小。

（十）高低垄宽窄行栽培对上等烟叶等级比例的影响

由表 3-35 可知，各处理上等烟比例以常规施肥处理最高，为 54.02%，处理间大小为 T1>T2>T4>T3>T5。经方差分析及 Duncan 法多重比较，T1 处理与 T3、T4、T5 处理间差异达显著水平。可见宽窄行高低垄栽培对上等烟叶比例影响较小。

表 3-35 不同处理对烤烟经济性状的影响

处理	产量（kg/hm²）	产值（元/hm²）	均价（元/kg）	上等烟比例（%）
T1	1 479.30b	36 095.85b	24.40a	54.02a
T2	1 781.70a	41 995.50a	23.57a	42.41ab
T3	1 462.50b	32 848.35b	22.46a	32.77b
T4	1 403.55b	29 800.80b	21.23a	32.85b
T5	1 387.95b	29 964.30b	21.59a	23.41c

（十一）高低垄宽窄行栽培对烤烟化学成分的影响

由表 3-36 可见，从 B2F 等级看，B2F 等级还原糖与总糖含量略偏低，但各施肥处理均高于对照，以宽窄行高低垄栽培与双条施肥处理还原糖与总糖含量较高，经方差分析及 Duncan 多重比较，宽窄行高低垄栽培处理与对照常规施肥的还原糖与总糖含量有显著差异；B2F 烟叶总植物碱含量略偏高，但各施肥处理均低于对照；烟叶钾氯比均大于 4，T2 处理最高，与对照无显著差异；烟叶总氮含量适宜，差异较少；烟叶钾含量偏低，但宽窄行高低垄栽培的烟叶钾含量高于对照；所有处理烟叶氯含量处理间差异不显著；处理 T3 糖碱比最大，氮碱比以处理 T4、T5 较高。从 C3F 等级看，所有试验烟叶的化学成分差异较少，均在适宜范围内。以上说明，宽窄行高低垄栽培主要影响 B2F 的化学成分。

表 3-36　不同处理烤烟化学成分比较

等级	处理	还原糖（%）	总糖（%）	总植物碱（%）	总氮（%）	钾（%）	氯（%）	糖碱比	氮碱比	钾氯比
B2F	T1	11.62c	13.64c	4.27a	2.60a	1.74a	0.12a	3.22a	0.62a	14.47a
	T2	14.04ab	15.76ab	4.09a	2.53a	1.75a	0.12a	3.89a	0.63a	14.56a
	T3	14.44a	16.46a	3.80b	2.28a	1.86a	0.17a	4.38a	0.61a	10.93b
	T4	12.52b	14.65b	4.15a	2.61a	1.75a	0.15a	3.57a	0.64a	11.65b
	T5	13.84ab	15.86ab	3.74b	2.35a	1.86a	0.15a	4.28a	0.64a	12.39b
C3F	T1	21.61a	26.16a	2.34a	1.96a	1.96a	0.09a	11.27a	0.85a	21.78a
	T2	21.61a	25.25a	2.73a	2.10a	1.90a	0.07a	9.35a	0.78a	27.13a
	T3	23.13a	28.38a	2.24a	1.86a	2.33a	0.10a	12.79a	0.84a	23.33a
	T4	21.61a	26.16a	2.57a	2.07a	2.09a	0.08a	10.30a	0.82a	26.14a
	T5	22.83a	27.27a	2.22a	1.80a	2.15a	0.08a	12.39a	0.82a	26.90a

（十二）高低垄宽窄行栽培对烤烟评吸质量的影响

1. 高低垄宽窄行栽培对 B2F 烟叶评吸质量的影响

由表 3-37 可见，所有 B2F 烟叶评吸质量得分及总分均以双条施肥+90%肥料和高低垄宽窄行栽培较高，分别为 88.27 与 87.74，均高于对照常规施肥 85.82，各处理大小为 T5>T2>T3>T1>T4。经方差分析，各处理各指标无显著差异。

2. 高低垄宽窄行栽培对 C3F 烟叶评吸质量的影响

表 3-37 显示，所有 C3F 烟叶评吸质量得分及总分均以高低垄宽窄行栽培处理最高为 90.27，各处理各指标间无显著差异。以上说明高低垄宽窄行栽培能提高 C3F 烟叶的劲头、浓度、香气质、香气量与余味等评吸质量。

表 3-37　不同处理对烤烟评吸质量的影响

等级	处理	劲头	浓度	香气质	香气量	余味	杂气	刺激性	燃烧性	灰色	评吸总分
	T1	7.37	7.14	10.53	15.87	18.11	12.41	8.29	3.03	3.03	85.82a
	T2	7.68	7.24	10.97	16.09	18.61	12.84	8.29	3.03	3.03	87.74a
B2F	T3	7.42	7.14	10.61	15.87	18.25	12.33	8.22	3.03	3.03	85.87a
	T4	7.27	7.01	10.39	15.58	18.04	11.69	8.15	3.03	3.03	84.17a
	T5	7.68	7.27	10.97	16.16	18.76	12.99	8.44	3.03	3.03	88.27a
	T1	7.52	7.14	10.75	15.87	18.54	12.55	8.51	3.03	3.03	86.98a
	T2	7.93	7.30	11.32	16.23	19.33	13.34	8.73	3.03	3.03	90.27a
C3F	T3	7.88	7.27	11.25	16.16	19.05	13.34	8.73	3.03	3.03	89.79a
	T4	7.78	7.24	11.11	16.09	18.90	12.99	8.73	3.03	3.03	88.85a
	T5	7.63	7.18	10.90	15.95	18.47	12.63	8.59	3.03	3.03	87.43a

四、讨论与结论

（1）烟叶内在质量的重要指标体现在化学成分及相应指标的比值，是评价烟叶质量的基础，也是烟叶香吃味的内在反映。在一定范围内，烟叶含糖量越高，烟叶品质越好。一般认为评吸质量好的样品还原糖含量较高，总氮含量较低，烟碱含量适中，钾含量较高，两糖差值小，蛋白质含量较低，糖碱比、钾氯比、氮碱比均较高。田媛等（2007）和刘震等（2010）研究了半干旱区不同垄沟集雨种植马铃薯模式对土壤蒸发的影响，认为沟垄集雨不仅可提高马铃薯的产量，还有效地防止了土壤蒸发。垄上覆膜结合沟覆盖处理可提高玉米产量和水分利用效率。宽窄行的宽行距的增加使冠层内透光变好，较好的光照条件促进叶绿素 a 的形成，延缓叶绿素 a 的降解（周璇等，2012）。沟垄覆膜种植方式能够显著提高玉米、花生、小麦等作物水分利用效率及产量（王红丽等，2013；娄伟平等，2005；王彩绒等，2004）。本研究与上述研究是基本相符合的。高低垄宽窄行栽培是一种较好的山区旱地烤烟栽培方法。

（2）高低垄宽窄行栽培能较显著提高土壤碱解氮含量，提高土壤速效钾含量，降低土壤 pH 值，有降低土壤有机质含量趋势，对土壤有效磷含量影响较小；能提高烤烟叶绿素含量，能高烟叶产量和烟叶产值，对烟叶均价与上等烟叶比例影响较小；它主要影响 B2F 的化学成分；能提高 B2F 与 C3F 烟叶的劲头、浓度、香气质、香气量与余味等评吸质量。

第十一节　翻压绿肥对植烟土壤肥力及酶活性的影响

一、研究目的

绿肥在田间生长期和还田后均向土壤中释放酶，还田的绿肥还为土壤微生物提供能源与养分，使土壤酶活性发生变化。土壤酶活性的变化是反映土壤肥力变化的重要指标之一。它推动土壤代谢过程，影响土壤生产能力，是评价土壤生态环境质量的重要部分。通过多年绿肥还田试验，研究不同绿肥品种对土壤肥力及酶活性的影响，并采用简单相关分析、典型相关分析和主成分分析研究土壤肥力指标和酶活性的关系，旨在阐明绿肥还田对土壤酶活性及肥力的协调作用机理，为山地植烟土壤改良提供理论依据。

二、材料与方法

（一）试验区概况

试验于 2009—2014 年在湖南省凤凰县千工坪乡岩板井村（海拔 452m，经度 109.30°E，纬度 28.01°N）进行。其烤烟生产主要依靠天然降水和土壤自身蓄水。试验地全年降水多在 1 000mm 以上，4—6 月降水量占 39% 左右，属亚热带季风气候区，立体气候明显，年平均气温 14~18℃，无霜期 245~280d。供试土壤为石灰岩母质发育的旱地黄壤，土壤 pH 值为 6.23，有机质为 10.46g/kg，碱解氮为 38.20mg/kg，有效磷为 9.75mg/kg，速效钾为 108.8mg/kg；种植制度为一年一熟（烤烟）。烤烟品种为云烟 87。烤烟大田行距 1.2m，株距 0.5m，密度 16 500株/hm²，移栽时间均为每年 4 月 28 日左右，供试绿肥品种为箭筈豌豆、光叶紫花苕、紫云英与黑麦草。除 2014 年硫酸钾施用量为 375kg/hm²外，2009—2014 年的化肥施用量均为：烤烟专用基肥 750kg/hm²，发酵枯饼 225kg/hm²，硫酸钾 300kg/hm²，烤烟专用追肥 300kg/hm²，烟草提苗肥 75kg/hm²。2009 年 10 月烟叶采收结束后，在试验地撒播种植绿肥，2010 年 4 月进行绿肥翻压，同时测定绿肥绿肥生物学性状、产量及养分含量（表 3-38）。

表 3-38　不同品种绿肥生物学性状与产量及养分含量

绿肥品种	株高（cm）	分枝数（枝）	分级数（级）	生育期	生物量（kg/hm²） 地上	生物量（kg/hm²） 地下	氮（N）（kg/hm²）	磷（P₂O₅）（kg/hm²）	钾（K₂O）（kg/hm²）
紫云英	33.6	6.8	3.6	盛花期	11 573.3	211.4	52.9	6.7	45.6
黑麦草	28.2	—	—	分蘖期	5 667.0	1 237.5	31.6	5.6	30.5
箭筈豌豆	52.0	10.9	3.6	现蕾期	13 201.5	301.7	61.3	8.9	52.6
光叶紫花苕	83.6	17.1	3.8	现蕾期	14 943.9	533.7	91.0	10.1	41.1

（二）试验设计

试验采用定位试验，在先年种植烤烟的土壤进行；设 5 个处理，按 1 个绿肥品种为 1 个处理，分别为光叶紫花苕（T4）、箭筈豌豆（T3）、紫云英（T1）、黑麦草（T2）等 4 个绿肥品种，以不种植还田绿肥的冬闲处理为对照（CK）。每个处理 3 次重复，随机区组排列。小区面积为 39m²。每年 10 月烤烟收获后拔除烟杆和杂草，地块翻耕后用撒播方式播种绿肥。光叶紫花苕、箭筈豌豆、黑麦草的播种量为 7.50g/m²，紫云英的播种量为 4.50g/m²。每年 4 月中旬（烤烟移栽前 20d 左右）将绿肥割后翻埋入土壤，然后整地起垄。4 年绿肥鲜草平均翻压量：光叶紫花苕为 33 570.00kg/hm²、箭筈豌豆为30 368.40kg/hm²、紫云英为20 930.40kg/hm²、黑麦草为23 211.60kg/hm²。绿肥在移栽前20d左右翻压。试验始于2009年，每年度各处理均在固定田块上进行，各处理配施化肥量均按当地常规施肥量（表3-39），其他管理按照《湘西州烤烟标准化生产技术方案》执行。

表3-39　不同品种绿肥与化肥养分含量

处理	化肥养分含量			绿肥养分含量		
	氮（N）(kg/hm²)	磷（P₂O₅）(kg/hm²)	钾（K₂O）(kg/hm²)	氮（N）(kg/hm²)	磷（P₂O₅）(kg/hm²)	钾（K₂O）(kg/hm²)
T1	111.75	136.64	291.67	52.9	6.7	45.6
T2	111.75	136.64	291.67	31.6	5.6	30.5
T3	111.75	136.64	291.67	61.3	8.9	52.6
T4	111.75	136.64	291.67	91.0	10.1	41.1
CK	111.75	136.64	291.67			

（三）检测内容及方法

连年翻压绿肥后，每个处理于2014年烟株移栽后35d（团棵期）左右分小区随机采集烟垄上两株烟正中位置（距烟株25cm处）0~20cm土样5个，混匀后阴凉处风干。实验室内测定土壤酶活性及相关土壤肥力因子指标；每次取样时测定土壤容重后计算孔隙度。酸性磷酸酶采用磷酸苯二钠比色法，土壤脲酶采用钠氏比色法，蔗糖酶采用3，5-二硝基水杨酸比色法测定，过氧化氢酶采用高锰酸钾容量法；土壤全氮采用半微量凯氏定氮法，土壤碱解氮采用碱解扩散法，土壤有效磷采用碳酸氢钠浸提-钼锑抗显色分光光度法，土壤速效钾采用醋酸铵提取火焰光度法测定，土壤有机质测定采用重铬酸钾容量法；土壤容重采用环刀法测定，土壤pH值采用电位法测定。不同品种绿肥生物学性状、产量及养分含量按常规方法观察测定。

（四）数据处理

试验数据用Microsoft Excel 2003工具与DPS 14.5及SPSS 16.0软件进行统计分析。

三、结果与分析

（一）对土壤酶活性和土壤肥力的影响

根据绿肥中养分释放主要集中在前6周的矿化腐解规律，烟株移栽后35d左右的土壤肥力指标能较好反映绿肥品种的培肥改良植烟土壤效应。由表3-40和表3-41可见，不同品种绿肥处理均可显著改善土壤的物理性状，提高土壤养分含量和土壤酶活性，特别是光叶紫花苕、箭筈豌豆与黑麦草绿肥品种（T4~T2）对土壤肥力和土壤酶活性各指标的影响较大，T4>T3>T2>T1>CK，种植并翻压绿肥后，土壤有机质、全氮、碱解氮、有效磷、速效钾、pH值、孔隙度增幅提高幅度分别为14.16%~72.15%、7.48%~28.97%、2.16%~12.12%、17.10%~36.30%、11.39%~39.70%、3.79%~8.18%、

0.75%，土壤脲酶、酸性磷酸酶、蔗糖酶、过氧化氢酶分别提高 14.63% ~ 25.61%、14.02% ~ 30.65%、77.34% ~ 238.49%、30.08% ~ 42.37%；容重降幅为 1.40% ~ 6.19%。T2、T3、T4 处理的土壤酶活性指标和土壤肥力指标与对照相比差异均显著；T1（紫云英）处理除碱解氮、速效钾、容重外，其余指标与对照均差异显著；同时可以看出，T1 处理与其他处理相比，土壤各指标相对较差，说明绿肥品种紫云英对旱土土壤酶活性和肥力的影响不如其他 3 个品种。

表 3-40　翻压不同品种绿肥对土壤酶活性的影响

处理	脲酶 [NH₃-N mg/(g·24h)]	酸性磷酸酶 [Phenol mg/(kg·24h)]	蔗糖酶 [Glu. mg/(kg·24h)]	过氧化氢酶 [0.01mol/L KMnO₄ mL/(g·20s)]
T1	0.94c	13.58b	4.93c	3.07b
T2	0.97b	14.37b	6.16b	3.14b
T3	1.02a	15.49a	8.86a	3.25a
T4	1.03a	15.56a	9.41a	3.26a
CK	0.82d	11.91c	2.78d	2.36c

表 3-41　翻压不同品种绿肥对土壤理化性状及养分含量的影响

处理	有机质 (g/kg)	全氮 (g/kg)	碱解氮 (mg/kg)	有效磷 (mg/kg)	速效钾 (mg/kg)	pH 值	孔隙度 (%)	容重 (g/cm³)
T1	21.93c	1.15c	113.65c	24.51d	164.96cd	5.20b	1.35a	48.48c
T2	23.88c	1.38a	118.23b	25.91c	170.55bc	5.33a	1.33b	49.09b
T3	29.01b	1.33a	124.73a	26.95b	184.41b	5.42a	1.29c	50.72a
T4	33.07a	1.25b	121.57ab	28.53a	206.88a	5.32a	1.28d	50.77a
CK	19.21d	1.07d	111.25c	20.93e	148.09d	5.01c	1.34a	47.81c

（二）翻压土壤肥力因子和酶活性的关联分析

土壤酶活性是评价土壤肥力的重要指标，土壤酶对土壤肥力水平有极大的影响，为探究土壤肥力因子、土壤酶活性和绿肥品种之间的关系，特进行简单相关分析、典型相关分析和主成分分析。

1. 简单相关分析

表 3-42 显示，不仅过氧化氢酶、蔗糖酶、酸性磷酸酶、脲酶 4 种土壤酶两两之间均呈极显著正相关，而且与土壤肥力指标均呈极显著相关；其中除与容重呈极显著负相关外，与其他肥力因子均呈极显著正相关关系。说明 4 种酶在促进土壤养分转化、提高土壤腐植化程度方面与增加土壤中易溶性营养物质方面起重要作用。同时可见，同一种酶对多种土壤肥力因子有极显著的相关性，说明 4 种土壤酶均影响了表中所有土壤养分因子的转化过程，密切关联着土壤的理化性状的变化。

表 3-42　土壤酶活性与土壤理化性状及主要养分含量的相关系数

项目	脲酶	酸性磷酸酶	蔗糖酶	过氧化氢酶	有机质(Y_1)	全氮(Y_2)	碱解氮(Y_3)	有效磷(Y_4)	速效钾(Y_5)	pH值(Y_6)	容重(Y_7)	孔隙度(Y_8)
脲酶（X_1）	—	0.88**	0.85**	0.90**	0.82**	0.71**	0.74**	0.91**	0.82**	0.88**	-0.78**	0.77**
酸性磷酸酶（X_2）	0.88**	—	0.88**	0.88**	0.87**	0.69**	0.84**	0.89**	0.80**	0.73**	-0.83**	0.88**
蔗糖酶（X_3）	0.85**	0.88**	—	0.80**	0.87**	0.62**	0.87**	0.87**	0.87**	0.75**	-0.92**	0.94**
过氧化氢酶（X_4）	0.90**	0.88**	0.80**	—	0.71**	0.71**	0.69**	0.90**	0.72**	0.80**	-0.65**	0.71**

注：* 和 ** 分别表示差异达 5% 和 1% 显著水平.

2. 典型相关分析

根据不同品种绿肥的土壤肥力因子和土壤酶活性的典型分析及典型变量构成（表 3-42），构建土壤酶活性典型变量（U）和土壤肥力因子典型变量（V）的线性表达式。其第一对典型变量表达式为：

$$U_1 = -0.442\,3X_1 - 0.143\,5X_2 - 0.271\,4X_3 - 0.178\,4X_4$$

$$V_1 = -0.333\,9Y_1 + 0.123\,2Y_2 - 0.438\,8Y_3 - 0.549\,1Y_4 - 0.105\,6Y_5 - 0.321\,8Y_6 + 0.214\,0Y_7 - 0.324\,2Y_8$$

第二对为：

$$U_2 = -0.052\,9X_1 + 1.300\,0X_2 + 0.766\,0X_3 - 2.021\,1X_4$$

$$V_2 = 1.496\,7Y_1 + 0.703\,6Y_2 + 0.098\,8Y_3 - 2.840\,3Y_4 + 0.759\,4Y_5 - 0.402\,8Y_6 + 0.046\,0Y_7 + 0.603\,7Y_8$$

从表达式系数符号来看，第一对线性表达式中 4 种土壤酶两两之间呈正相关关系，8 种肥力因子中全氮和容重与其他肥力因子和土壤酶活性负相关（土壤酶活性与其他肥力因子呈正相关）；从表达式构成来看，脲酶特征向量为 -0.442 3，绝对值最大，在土壤酶综合因子中起主要作用，碱解氮和有效磷特征向量分别为 -0.438 8、-0.549 1，绝对值明显较大，在土壤肥力综合因子中起主要作用。同理，第二线性表达式中，酸性磷酸酶和过氧化氢酶在第二土壤酶活性综合因子中起主要作用，有机质和有效磷在土壤养分综合因子中起主要作用，脲酶、过氧化氢酶与其他两种酶呈负相关，有效磷、pH 值与其他肥力因子呈负相关。综合来看，碱解氮和有效磷与脲酶呈正相关关系。前两对典型变量卡方检验结果呈极显著相关（$P<0.01$），典型相关系数分别为 0.982 5 与 0.967 2（表 3-43），说明土壤肥力与土壤酶活性存在极显著的典型相关关系，种植翻压不同品种绿肥主要影响土壤脲酶、过氧化氢酶与酸性磷酸酶活性及碱解氮和有效磷的含量。

表 3-43　典型变量的显著性检验

典型变量	相关系数	特征值	Wilks	卡方值	自由度	P
1	0.982 5	0.975 1	0.000 1	71.990 6	32	0.000 1
2	0.967 2	0.945 0	0.003 7	41.187 6	21	0.004 2

（续表）

典型变量	相关系数	特征值	Wilks	卡方值	自由度	P
3	0.886 2	0.793 4	0.080 1	18.484 3	12	0.091 0
4	0.762 3	0.587 0	0.402 9	6.606 6	5	0.238 2

3. 主成分分析

为了深入探讨种植翻压不同品种绿肥的土壤肥力与土壤酶活性的关系，对两者进行主成分分析以寻找主要影响因子。由表3-44可见，特征值大于或略等于1的有2个，此两个主成分的累计方差贡献率为88.839 2%，大于85%，能用于反映土壤系统全部信息。其中第一主成分的方差贡献率达80.741 7%，可以近似地表示土壤的综合肥力；且其系数（可理解为权重）与载荷（可理解为贡献大小）的绝对值较为接近、正负符号基本相同，说明不同品种绿肥均能提高土壤酶活性与土壤肥力，在效应上具有相似的特点（表3-44）。其他和典型相关分析的结果近似。

第二主成分的方差贡献率仅为8.097 6%，不能代表土壤综合肥力信息，主要反映了土壤生理生化过程的部分变化。其系数与载荷的绝对值差别大、正负符号多不相同，但容重、孔隙度、pH值、有机质、全氮、速效钾、过氧化氢酶均有相对较大的载荷，从第二主成分表达式可见，速效钾、孔隙度随着有机质减少而减小、而全氮、pH值、容重却随着增加。说明不同品种绿肥在提高土壤酶活性与土壤肥力上的主要差异是容重、孔隙度、pH值、有机质、全氮、速效钾、过氧化氢酶的变化（表3-45）。

表 3-44　绿肥种植翻压土壤主成分特征值

项目	第一主成分	第二主成分	第三主成分
特征值	9.640 3	0.966 8	0.534 1
方差贡献率（%）	80.741 7	8.097 5	4.473 6
累积方差贡献率（%）	80.741 7	88.839 2	93.312 8

表 3-45　绿肥种植翻压土壤主成分的标准化特征向量矩阵

测定项目	第一主成分		第二主成分		第三主成分	
	系数	载荷	系数	载荷	系数	载荷
过氧化氢酶	0.280 7	0.875 9	0.290 2	0.286 8	0.268 7	0.197 3
脲酶	0.298 0	0.936 0	0.174 3	0.172 3	0.164 4	0.120 8
蔗糖酶	0.304 7	0.950 9	-0.119 8	-0.118 4	-0.132 5	-0.097 3
酸性磷酸酶	0.302 3	0.943 5	0.023 9	0.023 9	0.001 3	0.001 0
有机质	0.290 8	0.907 3	-0.315 7	-0.311 9	0.192 8	0.141 6
全氮	0.231 3	0.721 7	0.559 4	0.552 8	-0.000 3	-0.000 2

（续表）

测定项目	第一主成分		第二主成分		第三主成分	
	系数	载荷	系数	载荷	系数	载荷
碱解氮	0.274 2	**0.855 8**	-0.006 8	-0.006 7	-0.635 0	-0.466 4
有效磷	0.301 6	**0.941 0**	0.023 6	0.023 3	0.393 1	0.288 8
速效钾	0.282 2	**0.880 8**	-0.284 0	-0.280 7	0.354 0	0.260 1
pH 值	0.263 1	**0.821 1**	0.415 4	0.410 6	-0.235 2	-0.172 8
孔隙度	0.299 4	**0.934 2**	-0.252 6	-0.249 7	-0.227 8	-0.167 3
容重	-0.290 6	**-0.906 7**	0.346 8	0.342 7	0.189 2	0.139 0

注：加粗数据为绝对值最大的载荷值。

四、讨论与结论

（1）本研究得出结论为"不同品种绿肥种植翻压均可显著改善土壤的物理性状，提高土壤养分含量和土壤酶活性，特别是光叶紫花苕、箭筈豌豆与黑麦草绿肥品种对土壤肥力和土壤酶活性各指标的影响较大"，这与张珺穜等人（2012）的研究不甚相符，可能本试验土壤为旱土，而他人试验土壤为稻田有关。

（2）对植烟土壤适宜性评价强调的是综合肥力，典型相关分析显示 4 种酶及土壤肥力因子并不是孤立的单项指标，均不同程度地直接或间接地关联土壤肥力。4 种土壤酶两两之间呈正相关关系，8 种肥力因子中全氮和容重与其他肥力因子和土壤酶活性负相关（土壤酶活性与其他肥力因子呈正相关）；从表达式构成来看，脲酶特征向量为 -0.442 3，绝对值最大，在土壤酶综合因子中起主要作用，碱解氮和有效磷特征向量分别为 -0.438 8、-0.549 1，绝对值明显较大，在土壤肥力综合因子中起主要作用。

（3）在植烟土壤适宜性评价中，全面分析所有土壤肥力因子单项指标不仅工作量大，而且不易找出问题的主要方面；土壤肥力具有明显的区域特征，在植烟土壤适宜性区划和特色优质烟叶生产中，往往从很多的土壤肥力评价指标中找出能反映该区域土壤肥力特征的部分指标；主成分分析结果得出，不同品种绿肥均能提高土壤酶活性与土壤肥力，在效应上具有相似的特点，且它们主要效应差异是容重、孔隙度、pH 值、有机质、全氮、速效钾、过氧化氢酶的变化，因此在湘西州植烟土壤适宜性评价分级及绿肥土壤改良中，应重点研究上述肥力因子。

（4）土壤综合肥力受成土母质、生态条件、栽培习惯等因素综合影响。反映不同生态区域土壤适宜性的肥力因子的重要性各不相同。土壤综合肥力因子间的关系具有区域性与特殊性。本研究只是针对湖南湘西州植烟土壤不同品种绿肥改良效果，对指导湖南湘西州绿肥改良植烟土壤示范具有重要意义，但本研究方法在其他地区可以借鉴。

第四章 湘西烟区生态评价与品牌导向型基地布局研究

第一节 研究目的和意义

湘西烟区是湖南省重要产烟区，其烟叶外观质量好，化学成分协调，独具山地烟叶风格特色，配伍性强，是湖南中烟"白沙""芙蓉王"，广东中烟"双喜"等重点骨干卷烟品牌的优质原料基地。近年来，为了加快发展，做大做强烤烟产业，各县开发了不少新烟区，但对这些新区的选择大多数是凭直观感觉和经验确定，缺乏对生态资源的深入调查分析。为提升湘西州特色优质烟叶原料保障能力，促进烤烟产业的可持续发展，2011年湘西自治州科技局立项（课题号：2011-zd02），组织湖南省烟草公司湘西自治州公司、湖南农业大学、湘西自治州农业局、湘西自治州气象局、湖南中烟工业有限责任公司共同开展了《湘西烟区生态评价与品牌导向型基地布局研究》研究。

通过本项目的研究，查清湘西烤烟适宜生态资源，对湘西烟叶产区进行烟叶种植的适宜性评价，明确烟叶质量特色和定位风格特色，以品牌需求为导向和以现代烟草农业基地单元建设为基础，对湘西烟叶产区进行不同卷烟品牌导向型的特色优质烟叶生产布局，为科学制定烤烟生产发展规划提供依据，为进一步充分发挥湘西自然生态优势和增强湘西特色优质烟叶原料保障能力提供技术支撑，对促进湘西烤烟产业的可持续发展具有极其重要的意义。

第二节 研究内容和方法

一、研究目标

（1）查清湘西烤烟适宜生态资源，对湘西烟区进行烤烟种植适宜性评价。

（2）明确湘西烟叶质量特色和风格特色定位，对湘西烟叶进行品质区划。

（3）明确湘西烟叶在主要卷烟品牌和代表品类中的作用地位，优化布局湘西品牌导向型特色优质烟叶基地。

二、研究内容

（一）湘西烟区耕地资源及植烟土壤养分环境特征与评价

对湘西自治州主要植烟土壤类型的土壤基础性状、土壤养分状况进行调查，选取主要烟区的植烟土壤，测定植烟土壤的 pH 值、有机质、全氮、全磷、全钾、碱解氮、有效磷、速效钾、有效锌、有效铜、有效铁、有效硼、有效硫、交换性钙、交换性镁、水溶性氯等指标，建立湘西植烟土壤基础和养分状况数据库。选择植烟土壤的 pH 值、有机质、全氮、全磷、全钾、碱解氮、有效磷、速效钾、有效锌、有效铜、有效铁、有效硼、有效硫、交换性钙、交换性镁、水溶性氯等指标，对湘西烟区植烟土壤的丰缺性进行诊断；采用 ArcGIS 技术探索湘西植烟土壤主要养分的空间分布状况，采用隶属函数模型和指数和法对湘西植烟土壤适宜性进行评价和分级，并对分级状况进行空间表达，明确湘西烟区植烟土壤状况和区域特征。

（二）湘西烟区气候资源特征与评价

分析湘西烟区的气候资源特征、气象灾害及对优质烟叶生产的影响；研究主要气候资源的地域分布特征、主要气象要素的周年变化、主要气象要素在不同生育时期的区域差异；开展气象条件与优质烤烟大田生长需求匹配度评价；建立气象条件评价模型，并进行赋权，对湘西烟区气候适宜性进行评价与分级，用 ArcGIS 9.1 软件生成气候类型图，明确湘西烟区气候资源现状和区域特征。

（三）湘西烟区烤烟质量特征与品质综合评价

主要开展：①湘西烤烟外观质量区域特征及评价；②湘西烤烟物理特性区域特征及评价；③湘西烤烟化学成分区域特征及评价；④湘西烤烟评吸质量区域特征及评价；⑤湘西烟区烤烟质量综合评价。

（四）湘西烤烟风格特色定位及品质区划

在分析烟叶质量指标的基础上，筛选表征湘西烤烟风格特色的主要质量指标，依据各工业企业对湘西烤烟质量风格的需求，对湘西烤烟风格特色进行定位。采用因子分析和聚类分析等统计学方法，对湘西主要烤烟产区进行风格特色区域定位，明确湘西烤烟在卷烟配方中的作用和不同产区的风格特色差异。通过对烤烟品质综合评价及生态适宜性与烟叶质量吻合度评价，用 ArcGIS 9.1 生成湘西州烤烟品质区划直观图。

（五）湘西品牌导向型特色优质烟叶基地单元布局

以品牌需求为导向，针对不同品牌对湘西州烟叶质量和数量个性化需求，综合分析湘西主要烟区气候、土壤、烟叶产能、生产水平、烟草基础设施、工业需求等要素，规划湘西主要烟区重点骨干品牌特色优质烟叶生产基地单元，满足重点骨干品牌对湘西烟叶的需求。

三、工作措施

（一）建立健全工作机构

为确保项目顺利实施，加强领导，统一协调，成立项目领导小组和项目工作小组。项目领导小组组长为周米良，成员为刘逊、蒲文宣、田茂成、吴秋明、吴志科。工作小组组长为邓小华，成员为田峰、冯晓华、王心中、周立新、向德明、张黎明、黎娟、陈前锋、李跃平、谢玉贵、朱三荣、覃飞跃、戴文进、黄远斌、向青松、田华、周伟。

（二）科学论证实施方案，理清研究思路

2010年12月26—28日，湘西州烟草公司邀请湖南中烟、浙江中烟、广东中烟及省内专家就《湘西州烟区生态评价与品牌导向型基地布局研究》项目实施方案进行了论证，与会专家踊跃发言，积极讨论，对项目给予了充分肯定，并提出了许多宝贵建议。群策群力，理清了项目研究思路。

（三）制订详细技术方案，提高研究水平

依据项目合同要求、湘西烟区实际情况和目前类似项目研究进展，按照"理论上有突破、技术上有创新"的要求，项目工作组多次组织参与相关人员讨论技术方案，经不断优化形成最终技术方案，提高了研究水平。方案按耕地资源调查、植烟土壤生态评价、烟区气候生态评价、烟叶样品采集及检测、产区基本情况调查等方面规定了负责单位及负责人、要求、详细实施细则。

（四）严格项目管理，确保项目执行力度

湘西州烟草公司在项目实施过程中与被委托单位签订合作协议，确定项目经费、研究内容及研究人员，并及时拨付经费。项目实施以来，技术依托单位定期安排相关研究人员16人开展各项研究工作，其中，博士4人，硕士5人，具有高级职称研究人员8人，确保了项目执行力度。

（五）层层开展技术培训，确保项目质量

项目工作组于2011年2月22—24日在湘西州对湖南农大、湘西州气象局、湘西州农业局等单位参与项目的研究人员进行了培训，统一思想、统一要求、统一技术标准。湖南农大资环学院对参与土壤养分检测的人员进行了严格按国标进行培训；在湘潭组织召开的烤烟外观质量鉴评会上，除聘请全省分级专家外，鉴评前还专门召开会议，统一打分标准，以减少误差。在长沙举行的烤烟质量风格特色感官评价会上，邀请郑州烟草研究院和湖南中烟有关专家按最新方法进行鉴评，会前按新标准对所有参评人员进行了新标准讲解和培训，确保了项目质量。

（六）及时沟通，确保项目有序开展和按时完成

湘西州烟草公司特安排专人与各协作单位进行联系，每年开展2~3次沟通会，及时了解项目进展情况。项目协作单位按合同要求及时汇报研究进展，如湘西州农业局按时以报告形式汇报了《湘西州烟区耕地资源调查报告》；湖南农大按时以报告形式汇报了《湘西州烟区耕地资源及植烟土壤养分环境特征与评价》《湘西州烟区气候资源特征与评价研究》《湘西州烟区烤烟外观质量特征与评价》《湘西州烟区烤烟物理性状特征与评价》《湘西州烟区烤烟化学成分特征与评价》《湘西州烟区烤烟质量风格特色感官评价》，确保了项目有条不紊地进行。

四、技术路线

研究技术路线如图 4-1 所示。

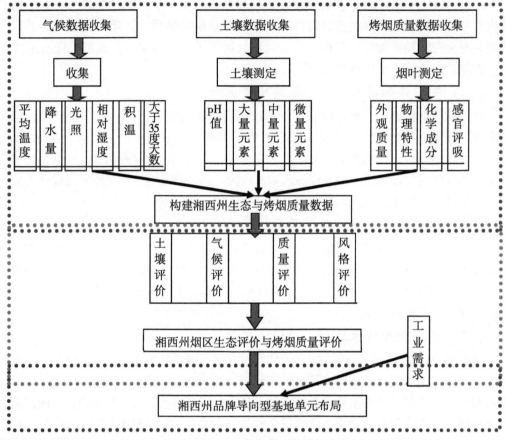

图 4-1　研究技术路线

第三节　主要创新成果

一、明确了湘西烟区植烟土壤现状和区域特征

（1）采用描述性统计方法分析了湘西州植烟土壤 16 个指标的基本统计特征，并采用分组方法对植烟土壤养分丰缺状况进行了诊断。结果表明：①湘西植烟土壤 pH 值呈弱酸性至中性，绝大多数植烟土壤 pH 值能满足生产优质烟叶的要求；②植烟土壤有机质和碱解氮含量比较适宜；③植烟土壤全磷含量不高，但有效磷含量较丰富；④植烟土壤钾素含量处于低水平，大部分植烟土壤速效钾处于缺乏或潜在缺乏状态；⑤部分植烟土壤缺镁，但也有一部分土壤镁含量丰富；⑥植烟土壤硫含量偏高；⑦植烟土壤有效硼含量较高；⑧部分植烟土壤水溶性氯含量偏低；⑨有效铜和锌含量丰富。

（2）采用方差分析方法比较了不同县植烟土壤差异。不同县之间的植烟土壤 pH 值、有机质、全氮、全磷、全钾、碱解氮、有效磷、速效钾、交换性钙、交换性镁、有效硫、有效硼、有效铜、有效锌、水溶性氯含量差异达极显著水平；不同县之间的植烟土壤有效铁异不显著。

（3）采用方差分析方法比较了不同土壤类型植烟土壤差异。不同土壤类型之间的植烟土壤有机质、全氮、全磷、碱解氮、有效磷、速效钾、交换性镁、有效硼、有效铁、有效铜、有效锌、水溶性氯含量差异达极显著水平；不同土壤类型之间的植烟土壤 pH 值、全钾含量差异达显著水平；不同土壤类型之间的植烟土壤交换性钙、有效硫含量差异不显著。

（4）采用方差分析方法比较了不同海拔土植烟壤差异。不同海拔之间的植烟土壤 pH 值、全氮、全磷、碱解氮、有效磷、速效钾、交换性镁、有效硫、有效硼、有效铜、有效锌含量差异达极显著水平；不同海拔之间的植烟土壤有机质、全钾、水溶性氯含量差异达显著水平；不同海拔之间的植烟土壤交换性钙、有效铁含量差异不显著。

（5）采用 ArcGIS 技术探索了湘西植烟土壤主要养分的空间分布状况，绘制了湘西州植烟土壤 16 个养分指标的空间分布图，明确了其空间分布特征。

（6）采用隶属函数模型和指数和法对湘西植烟土壤的适宜性进行评价和分级，并对分级状况进行空间表达。湘西州植烟土壤适宜性指数平均值为 53.14，各县排序为：花垣县>凤凰县>龙山县>保靖县>古丈县>泸溪县>永顺县。土壤适宜性指数有从东北方向向西南递增的趋势，以 3 级土壤的分布面积最大，占 80%以上；2 级植烟土壤主要分布在凤凰县的大部、花垣县的南部、保靖县的南部以及龙山县的北部。

二、明确了湘西烟区气候资源现状和区域特征

（1）湘西烟区气候资源特征。湘西烤烟大田生长期的日平均温度在 20℃以上，日照时数在 600h 以上，降水量在 700mm 以上，具备了种植优质烤烟的基本条件和优势。其烤烟大田生长前期具有日均温相对较高、降水量相对较多、空气湿度大的特点，有利于烟苗移栽成活和早生快发；中后期具有日均温相对较高，特别是移栽后的第 3 月、第 4 月的平均温度在 25℃以上，光、热、水匹配性好，有利于烟株生长和干物质积累，为烤烟优质适产打下良好基础；成熟期温度适宜，日照时数相对较少，空气相对湿度适中的特点，既有利于烟叶成熟，也奠定了湘西州山地特色烟叶风格。

（2）明确了湘西气候条件与国内外主要烟区的差异。湘西烟区热量资源较丰富，且配合较好，光、温、水条件较优越。其烤烟大田生长期的气候条件与美国、巴西、津巴布韦、云南曲靖、福建龙岩、贵州遵义、河南许昌、湖南郴州等国内外优质烟叶产区相比，问题主要表现为：日照相对不足；前期温度相对较低；降水量相对较大，湿度相对较大。

（3）明确了湘西气候条件与国内外烟区相似性。湘西烟区气候条件与国内外优质烟叶产区进行相似度比较，湘西烤烟大田期气候与国内的遵义最为相似，其次为国内的郴州和国外的巴西也具有较高的相似性。湘西烤烟大田期不同气候因子与国内外烟区的相似程度存在差异，平均气温与遵义、美国为较高相似；日照时数与遵义高度相似，与

曲靖、龙岩为较高相似；降水量与遵义、郴州、巴西为较高相似；空气相对湿度与遵义高度相似，与龙岩、郴州为较高相似。湘西烤烟不同大田时期的气候与国内外烟区的相似程度存在差异，大田生长前期气候与遵义和曲靖类似，大田生长中期气候与遵义类似，大田生长后期气候与遵义、许昌类似。可以推断，湘西的烤烟风格介于遵义和许昌之间，但与遵义最接近。贵州遵义烤烟属典型中间香型风格，河南许昌烤烟为典型浓香型风格，初步判断湘西州烤烟风格为中偏浓香型。

（4）评价了湘西烟区气候适宜性。湘西烟区气候适宜性指数在 77.60～93.79，各县排序为：花垣县>永顺县>凤凰县>龙山县>保靖县>古丈县>泸溪县。烤烟气候适宜性指数有从东南向西部和北部递减的分布趋势。湘西烟区气候适宜性指数较高，为烤烟种植最适宜和适宜区，烟区光照、温度、降水量与优质烟生长需求匹配协调，适合优质烤烟的生产。具体见图 4-2。

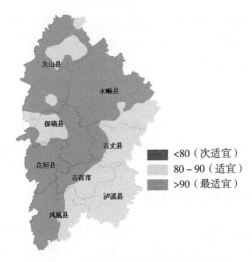

图 4-2　湘西烤烟气候适宜性评价示意

三、明确了湘西烤烟外观质量区域特征

（1）湘西烤烟外观质量总体特征以白色为底色，叶面组织较细腻，烟叶柔软，较鲜亮，叶片发育状况较好，身份较好，油分较多，色泽较正，光泽较强，色泽均匀，色差小。上部烟叶成熟，结构疏松至稍密，身份中等至稍厚，油分多至有，色度浓至中；中部烟叶成熟，结构疏松，身份中等，油分稍有至有，色度强至中；下部烟叶成熟，结构疏松，身份稍薄，油分稍有，色度中，少数弱。

（2）湘西烤烟 B2F 等级外观质量指数在 67.70～84.60，平均值为 77.13，变异系数为 5.39%；C3F 等级外观质量指数在 70.80～85.27，平均值为 79.90，变异系数为 4.25%；X2F 等级外观质量指数在 50.77～77.97，平均值为 72.63，变异系数为 6.07%。B2F 等级以保靖县烟叶外观质量指数最高，花垣县烟叶最低；C3F 等级以凤凰县烟叶外观质量指数最高，泸溪县烟叶最低；X2F 等级以永顺县烟叶外观质量指数最高，泸溪县烟叶最低。在不同乡镇，B2F 等级以野竹坪乡烟叶外观质量指数分值最高，董马库乡烟叶外观质量指数分值最低；C3F 等级以禾库镇烟叶外观质量指数分值最高，浦市镇烟叶外观质量指数分值最低；X2F 等级以野竹坪乡烟叶外观质量指数分值最高，水田河乡烟叶外观质量指数分值最低。

（3）湘西烤烟外观质量指数的空间分布有从西部向东部方向递减的分布趋势（图4-3）。

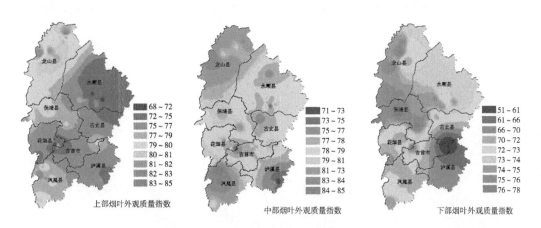

图4-3　湘西烤烟外观质量指数空间分布示意

四、明确了湘西烤烟物理性状区域特征

（1）湘西烤烟主要特点是叶片厚度偏薄、结构疏松、吸湿性强，但烟叶含梗率较大。这类烤烟的填充性极好，烟丝的吸料性较强，有利于加香加料，在烟叶的保润性和耐加工性等方面具有优势。

（2）湘西上部（B2F 等级）烟叶物理特性指数平均在 73.89~79.11，以古丈县最高，保靖县最低；中部（C3F 等级）烟叶物理特性指数平均在 86.44~88.33，以保靖县最高，花垣县最低；下部（X2F 等级）烟叶物理特性指数平均在 64.07~76.54，以花垣县最高，保靖县最低；上部烟叶物理特性指数分值在 67.84~83.14，柳薄乡烟叶物理特性指数分值最高，其次为千工坪乡；碗米坡乡烟叶物理特性指数分值最小，其次为茨岩镇；中部烟叶物理特性指数分值在 83.11~92.15，兴隆乡烟叶物理特性指数分值最高，其次为松柏乡；茨岩镇烟叶物理特性指数分值最小，其次为高坪乡；下部烟叶物理特性指数分值在 58.64~81.18，董马库乡烟叶物理特性指数分值最高，其次为车坪乡；野竹坪乡烟叶物理特性指数分值最小，其次为水田河乡。

（3）湘西烤烟物理指数在空间上呈斑块状分布态势，整体上是北部烟区的物理特性要比南部烟区好（图4-4）。

五、明确了湘西烤烟化学成分区域特征

（1）湘西烟叶化学成分具有糖高、钾较高、氮和氯低、烟碱适宜、淀粉适中、两

糖差低的特点，但部分烟叶（特别是上部烟叶）烟碱含量偏高，影响烟叶的可用性。大部分烟区氯含量偏低，但个别产区烟叶氯含量过高，应引起注意。

（2）湘西烤烟化学成分可用性指数（CCUI）为 C3F>B2F>X2F，大部分处于较好～好档次，但也有个别样品属"稍差"档次。

（3）B2F 等级 CCUI 值以泸溪县最高，永顺县最低，有从东南向东北方向递减的分布趋势；C3F 等级 CCUI 值以泸溪县最高，花垣县最低，有从东南向西方向递减的分布趋势；X2F 等级 CCUI 值以泸溪县最高，凤凰县最低，有从东南向西方向递减的分布趋势（图 4-5）。

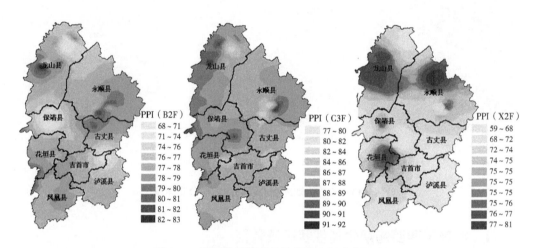

图 4-4　湘西烤烟物理特性指数空间分布示意

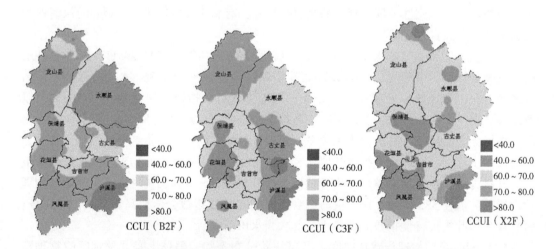

图 4-5　湘西烤烟烟叶化学成分可用性指数空间分布示意

六、明确了湘西烤烟感官质量区域特征

（1）湘西烤烟感官质量特征为：香气质整体尚好至稍好，其中古丈县稍好于其他

县；香气量尚足，少数稍有；香气尚透发至稍透发；微有木质气和青杂气，龙山产区少量样品稍有土腥气；烟气尚细腻；尚柔和；尚圆润至稍圆润，其中花垣与泸溪产区稍差于其他产区；刺激性有至稍有，其中永顺与凤凰产区刺激稍大；干燥感多数表现为有，少数稍有；余味以尚净尚舒适为主，其中凤凰与花垣产区稍差于其他产区。湘西州烟叶品质特征更接近中间香型、清香型和国外烟叶。

（2）湘西烟叶感官质量指数平均为 72.51 分，最小值为 63.02 分，最大值为 89.23 分，变异系数为 8.34%。7 个主产烟县感官质量指数平均分值在 66.13~80.37 分，以古丈县最高，凤凰县最低；主要产烟乡镇感官质量指数平均分值在 63.02~86.71 分，以列夕乡感官质量指数最高，董马库乡感官质量指数最低。

（3）烟叶感官质量指数的空间分布有从西南部和东北部两个方向分别向中部地区递增的分布趋势（图 4-6）。

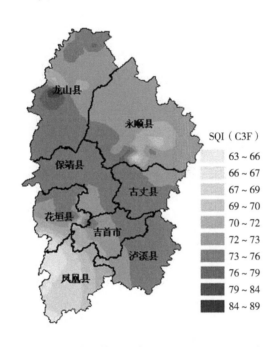

图 4-6　湘西烤烟感官质量指数空间分布示意

七、综合评价了湘西烤烟质量

（1）采用隶属函数指数和法求得烤烟品质指数，将烤烟品质指数作为烟叶质量综合表现。湘西烟叶品质指数平均为 73.08 分，最小值为 62.21 分，最大值为 85.21 分，标准差为 5.18 分，变异系数为 7.09%。7 个主产烟县品质指数平均分值在 67.13~78.22 分，以泸溪县最高，花垣县最低；主要产烟乡镇品质指数平均分值在 62.21~82.71 分，以列夕乡品质指数最高，董马库乡品质指数最低。

（2）烟叶品质指数的空间分布有从西南部和东北部两个方向分别向中部地区递增的分布趋势（图 4-7）。

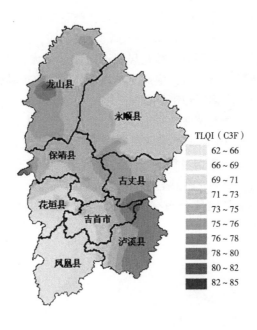

图4-7　湘西烤烟品质指数空间分布示意

八、定位了湘西烤烟风格特色

（1）湘西烟区烤烟风格特征：烟叶浓香型风格尚显著至稍显著；香韵以干草香、焦甜香与焦香为主，兼有正甜香、木香、坚果香与木香，其中干草香稍明显，焦甜香、焦香稍明显，正甜香、木香、坚果香与辛香微显；香气状态较沉溢；烟气浓度稍大；劲头中等至稍大。

（2）不同县的烤烟浓香型、干草香、清甜香、正甜香、青香、豆香、坚果香、焦香、辛香、香气状态、劲头等指标差异不显著；不同县的烤烟焦甜香、木香、烟气浓度等指标差异显著。

九、划分和定位了湘西州烤烟区域质量风格特色

针对湘西烟叶主产区烟叶质量和品质类型现状，以烟草品质类型的环境表达为理论依据，以烟草品质类型的现状分布为技术依据，以定型生产技术对品质的影响为补充依据，以中部烟叶质量为主，综合考虑各个部位烟叶的质量特点，并遵循烟叶品质类型的相对一致性原则，烟叶品质改良的技术一致性原则，烟叶质量潜力的一致性原则，品质类型的生态多宜性原则，保持生态区域完整性的原则，采用"自然生态类型+品质优势共同点"的命名方法，将湘西烤烟种植区划分为4个品质类型区。即西北部中海拔山地高糖中偏浓优质主料区、东部中低海拔丘陵岗地高糖浓偏中优质主料区、西部中低海拔山原高糖中偏浓主料区、南部低山丘陵中糖浓偏中主料区（图4-8）。

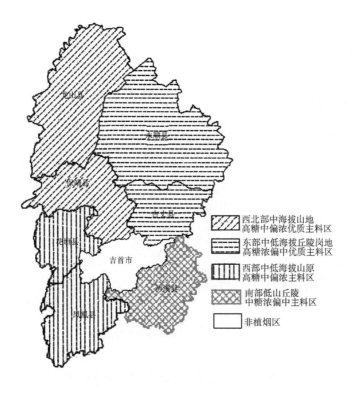

图 4-8　湘西烤烟品质区划示意

十、布局了湘西品牌导向型基地单元

依据湘西烟区气候类型、地形地貌类型、土壤类型、烟叶品质类型、烟区生产技术水平、烟区基础设施、骨干品牌特色优质烟叶需求特性等进行综合评价，以现代烟草农业为统领，以品牌原料需求为导向，以各地基本烟田面积、地理环境，社会经济为基础，以《现代烟草农业基地单元建设工作规范（试行）》为标准，围绕国家局"532、461"品牌发展战略，依据基地单元规划的原则和要求，以及湘西州到"十二五"末规划基地单元烟叶生产量稳定在 80 万担左右的目标，因地制宜，整体规划建设基地单元，形成设施完善，制度健全，运行规范，特色明显的品牌导向型原料基地。共规划基地单元 15 个（图 4-9）。

第四节　本研究的主要创新点和应用价值

（1）构了建植烟土壤养分 5 级分级体系进行丰缺诊断。按极低、低、适宜、高、很高 5 级构建植烟土壤养分分级体系，对湘西植烟土壤 16 个养分指标进行诊断，明确了湘西植烟土壤养分的丰缺状况，并提出了相应调控对策，对指导烟区经济施肥具有重要参考价值。

（2）绘制了湘西植烟土壤养分空间分布图。采用 ArcGIS 技术和 IDW 插值方法绘制

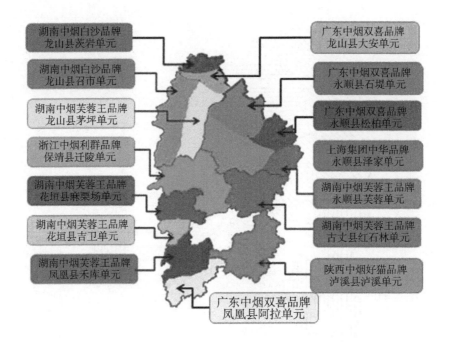

图 4-9　湘西品牌导向型烟叶基地单元布局

了湘西植烟土壤 16 个养分指标的空间分布图，可对无检测样本区域的植烟土壤养分进行估值，这对烟田的分区管理和因地施肥具有重要指导意义。

（3）构建了基于 GIS 和模糊数学的植烟土壤适宜性评价模型。选取 pH 值、有机质、全氮、全磷、全钾、碱解氮、有效磷、速效钾、水溶性氯 9 项土壤养分指标，采用主成分分析法计算各养分指标的权重值，运用隶属函数模型与指数和法来计算湘西州主烟区的土壤适宜性指数，并用 ArcGIS 技术绘制了湘西州植烟土壤适宜性指数空间分布图和分级图，这对烟区布局和选择适宜种植区域具有参考价值。

（4）绘制了湘西烤烟生长期间主要气象因子的空间分布图。采用气象指标的 GIS 小网格推算方法，运用 ArcGIS 技术绘制了湘西烟区大田期平均气温、大田期降水量、大田期日照时数、大田期相对湿度、成熟期平均气温、成熟期降水量、成熟期日照时数、成熟期相对湿度、大田期≥10℃有效积温、成熟期日最高气温≥35℃的天数 10 个指标的空间分布图，这对了解湘西州区气候条件具有重要意义。

（5）明晰了湘西州烟区气候与国内外主要烟区的差异。比较了湘西烤烟主要生育时期气象要素与国内外烟区的差异；比较了湘西烤烟大田期不同月份气象要素与国内外烟区；采用欧氏距离，研究了湘西与津巴布韦、巴西、美国；龙岩、曲靖、遵义、许昌、郴州等烟区气候的相似性，这对了解和定位湘西州烤烟风格特色具有重要参考价值。

（6）绘制了湘西烤烟气候适宜性分区图。选择伸根期均温、旺长期均温、成熟期均温、伸根期降水量、旺长期降水量、成熟期降水量、大田相对湿度、大田期日照时数等 8 个指标，运用隶属函数指数和法对湘西烟区气候条件进行了评价，并采用 ArcGIS 技术绘制了湘西烤烟气候适宜性指数分布图和适宜性分区图，这对烟区布局和选择适宜种植区域具有参考价值。

（7）构建了烤烟质量量化综合评价体系。建立烤烟外观质量、化学成分、物理特性和感官质量量化评价方法，以此为基础，计算烤烟品质指数，并采用 ArcGIS 技术绘制了湘西烤烟品质指数空间分布图，对烟区进一步改进栽培技术和工业企业合理选择原料提供了重要参考。

（8）明确了湘西及各县烤烟的风格特色。采用 0~5 等距标度评分法，对湘西烤烟的香型、香韵、香气状态、烟气浓度和劲头等风格特征进行了评价，并比较了湘西烤烟与国内外不同香型产区的烤烟的风格特征差异，对挖掘湘西烟叶的品质特色和卷烟企业合理利用烟叶原料进行叶组配方设计提供了重要参考。

（9）形成了湘西烤烟品质区划。采用"自然生态类型+品质优势共同点"的命名方法，将湘西烤烟种植区划分为 4 个品质类型区。即西北部中海拔山地高糖中偏浓优质主料区、东部中低海拔丘陵岗地高糖偏中浓优质主料区、西部中低海拔山原高糖中偏浓主料区、南部低山丘陵中糖浓偏中主料区。评述了各品质类型区的生态条件和烟叶质量风格特色，对进一步完善湘西烤烟栽培技术体系，发挥湘西州叶质量优势具有重要意义。

（10）优化布局了湘西特色优质烟叶品牌导向型基地。依据湘西烟区气候类型、地形地貌类型、土壤类型、烟叶品质类型、烟区生产技术水平、烟区基础设施、骨干品牌特色优质烟叶需求特性等综合评价，围绕国家局"532、461"品牌发展战略，因地制宜，整体规划建设基地单元 12 个，并分析了各基地单元的生态条件烤烟质量和烟叶风格特色，为湘西特色优质烟叶开发奠定了坚实的基础。

第五节　示范应用

该项目采取边研究边应用的办法，2011 年开始应用于湘西烤烟生产，进一步优化了湘西烤烟生产技术，使湘西气候资源和土壤资源优势得到有效的利用。2012 年在全州 12 个基地单元开展推广应用，共开展生态布局调整面积 6.0 万亩，调整的种植面积烟叶收购增加 1.17 万担，新增产值 3 415.72 万元，新增税收 751.46 万元。2013 年在全州 12 个基地单元推广应用，相比 2011 年，湘西州烤烟种植面积调整布局 8.3 万亩，预计烟叶收购增加 2.2 万担，新增产值 7 604.23 万元，新增税收 1 672.9 万元。2 年推广累计促进湘西州烤烟种植面积调整 8.3 万亩，烟叶收购增加 3.37 万担，新增产值 11 019.82 万元，新增税收 2 424.36 万元。

项目成果为湘西特色优质烟叶开发提供了坚实的科技支撑，提高了湘西烤烟整体生产水平和质量效益，提升了湘西优质烟叶的知名度和影响力，使湘西烟叶在国际、国内市场有了更快地发展，赢得了国内卷烟重点骨干企业的青睐，增强了烟叶持续发展能力，有利促进"两烟"的可持续发展。

项目成果的应用，提高了土地产出率和劳动效率，有利于增加烟农收入，改善农村经济条件，促进社会和谐发展和社会稳定。

项目成果的应用，增加地方税收，促进地方财政增长，有利于烟区区域经济发展，推动烟区社会主义新农村建设。

项目技术成熟，于 2013 年 7 月通过了由湘西自治州科技局组织的田间专家测评和技术成果鉴定，整体达到国内同类研究领先水平。项目研究方法和技术对丰富烟区生态评价和烟叶质量评价理论与技术，提高中式卷烟原料保障水平具有重要意义。项目研究结论及形成的原始创新成果对指导湘西山地烟区特色优质烟叶开发技术的制定和卷烟工业企业采购烟叶原料，提升特色优质烟叶开发能力，以及提高湘西烟叶在全国的知名度具有重要支撑作用。

第五章　湘西山地特色烤烟高效施肥技术研究与示范

第一节　研究目的和意义

肥料是决定烟叶产量和品质的重要因素，有时甚至起决定性作用。粗放型农业的不合理甚至盲目施肥现象，造成资源的极大浪费，且对土壤环境带来许多负面影响，如地下水的污染、水体富营养化和烟叶品质下降等；同时，为满足烤烟生长对肥料的要求，烤烟施肥次数多，用工多，劳动强度也大，需要降低施肥用工。

多年来，由于烟田长期大量施用化肥，少施或不施有机肥，使土壤中碳、氮比严重失调，土壤团粒结构受到严重破坏，致使土壤板结，通气透水性明显下降，pH 值降低，土壤腐植质减少，有机质含量降低，土壤微生物活性减弱，肥料的利用率明显降低，最终导致烟叶品质下降，迫切需要发展高效新型肥料。

2014 年，湖南省湘西自治州烟草专卖局立项重点课题，开展了《湘西山地特色烤烟高效施肥技术研究与示范》（XX14-16Aa02）。项目围绕行业关于"满足需求、控本降耗、提质增效"的精益研发目标，针对山地烟区生产地块小、山地多的特点，以及湘西烟区肥料利用率较低、部分植烟土壤养分不足及土壤酸化特点而导致烟叶产质量不稳定、烟叶生产投入较大和烟农收入减少的问题，以恢复植烟土壤养分平衡和精准施肥及稳定烟叶产质量为研究目标，紧扣"绿色、轻简、高效、实用"主题，开展从土壤培肥至烤烟追肥的山地烤烟轻简高效施肥关键技术研究，系统集成构建湘西山地特色烤烟高效施肥技术体系，提出湘西烟区高效施肥系列技术规范，建成一批具有重要指导意义的高效施肥技术核心示范区，为烤烟生产可持续发展提供科技支撑。

第二节　研究内容和方法

一、湘西烤烟生产施肥中存在的问题

（一）目前施肥方案需要研究更新

目前施肥方案主要是以 2001 年土壤普查数据而定。湘西烤烟生产施用肥料种类和配方以推广专用基肥+专用追肥+提苗肥+硫酸钾配肥模式。施肥量和氮、磷、钾比例在旱土和肥力较低的稻田土，施氮量 105.0 ~ 112.5.5kg/hm²，氮、磷、钾比例为 1 :（1.5 ~

2.0)：（2.5~3.0）；在肥力较高的稻田土则施氮量 97.5~105.0kg/hm²，氮、磷、钾比例为 1：（1.5~2.0）：（3.0~3.2）。在施肥方法上，根据肥料的种类、形态以及烟区植烟土壤、气候条件，基肥（包括有机肥）和 40%~60% 的专用追肥在起垄前采取条施，提苗肥、追肥和硫酸钾分别在移栽后 5~7d、25~30d 采取兑水浇施。在测土配方施肥上，主要提出了烤烟土壤样品采集、分析，数据库的建立，在肥料配方设计、施肥建议、技术与指导等方面还有待于进一步完善。

（二）新型肥料发展与土壤改良要求迫切需要高效施肥

多年来，由于烟田长期大量施用化肥，少施或不施有机肥，使土壤中碳、氮比严重失调，土壤团粒结构受到严重破坏，致使土壤板结，通气透水性明显下降，pH 值降低，土壤腐植质减少，有机质含量降低，土壤微生物活性减弱，肥料的利用率明显降低，最终导致烟叶品质下降。特别是一些稻田土壤，由于土壤较黏重，通透性较差，种烟会使施用的肥料供肥前低后高，致使下部烟叶营养不良，叶片小而薄，而上部叶偏厚，烟碱含量偏高，糖碱比例不协调，弱化了烟叶香气风格特征，使香气质和香气量降低，严重制约卷烟上水平。

二、研究内容

（一）基础研究

主要开展了：①基于烤烟生产的湘西植烟土壤质量综合评价，构建基于烤烟生产的湘西植烟土壤肥力现状综合评价模型，明确湘西烟区植烟土壤肥力状况，并进行土壤肥力分级；②湘西植烟土壤 pH 值特征与土壤有效养分的相关性研究，分析湘西植烟土壤 pH 值总体分布特征，采用 GIS 技术绘制了湘西烟区植烟土壤 pH 值空间分布图，明晰土壤类型、海拔对湘西植烟土壤 pH 值影响，探索植烟土壤 pH 值与土壤有效养分的相关性。

（二）中微量元素肥料施用技术研究

主要开展了：①中微肥平衡施肥对烤烟产质量的影响；②针对烟草大、中、微量元素施用不平衡，部分中微量元素缺乏的瓶颈，研究中微量元素施用方法及其器具；③构建烤烟中微肥平衡精准施用模式。

（三）酸化植烟土壤施肥技术研究

主要开展了：①开展硼肥对酸化土壤烤烟产质量的影响研究；②针对不同区域土壤酸化特点，研究不同土壤改良剂，如石灰、草木灰、钙镁磷肥等对烟叶质量的影响和改良土壤效果；③提出湘西酸性植烟土壤调控技术对策和方法，构建了"有机肥+石灰+大中微肥+烟区生产监控信息平台"的酸化土壤施肥模式。

（四）烤烟施肥方法研究

主要开展了：①撒施、穴施、宽带条施与双条施肥对烤烟产质量影响；②宽窄行高低垄施肥技术研究，提出烤烟密度与土水肥的关系与相应最佳方案；③高效水肥耦合施用技术研究；④烤烟均匀定位施肥技术研究；⑤施肥器精准追肥方法研究。

（五）新型肥料配方及示范研究

主要开展了：①高磷基肥施用量、高磷肥用量及其氮磷钾比例、施用高磷基肥后追肥方法对高磷基肥利用率及烤烟产质量的影响研究，制定了高磷基肥施用技术规范；②新型烟草专用复混肥、有机肥研究与示范。

（六）高效施肥技术集成与示范

集成上述研究成果，在湘西烟区烤烟主产区进行示范。

三、研究的总体思路

运用肥料学、烟草学、作物栽培学、土壤学、生态学、农机学等多学科理论与技术，针对湘西烤烟施肥存在问题，以及 pH 值分布和中微量元素丰缺与烤烟需肥规律不相吻合问题，以生态系统理论对土、水、肥三个资源的优化配置，以提高湘西山地烤烟质量为目的，以追求省工节本、降本增效和适合湘西烟区山地特点的简约技术为目标，调控酸化土壤，结合自研施肥器、生物有机肥、有机无机复混肥等，改进施肥方法，提高烟叶质量，实现烟叶生产可持续发展。

四、技术路线

研究技术路线如图 5-1 所示。

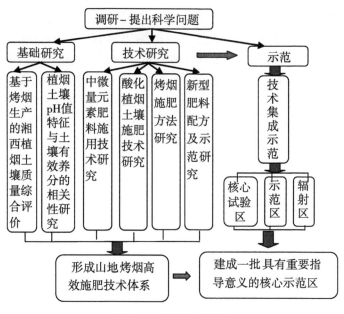

图 5-1　研究技术路线

第三节　主要创新成果

一、构建了基于烤烟生产的植烟土壤肥力综合评价模型

通过烤烟生产调查和 2014 年土壤普查数据分析，采用相关分析和主成分分析构建

土壤质量评价的最小数据集方法，进而系统性评价植烟土壤质量状况，明确了湘西烟区植烟土壤肥力状况，并进行了土壤肥力分级。研究结果表明：①植烟土壤 pH 值和砂粒等特性变异中等（18%），而一些中微量元素和速效养分含量变异较强（63%～134%）；②土壤 pH 值、有机质、砂粒含量、全氮、全钾和有效硫基本适宜，碱解氮、有效磷和速效钾含量偏高，而土壤全磷和一些中微量元素（钼、硼等）缺乏。③筛选出用于评价植烟土壤质量的最小数据集，包含了土壤有机质、pH 值、砂粒、速效钾、有效磷、全钾和有效钼，④根据综合质量指标大小将植烟土壤质量分为优、良、中、较差和差 5 个等级，属于良等级以上土壤植烟区所占比例为 37.4%，中等级别土壤占比 43.8%，较差等级以下土壤占比 18.8%。⑤加强烟区中微肥施用和适宜调控磷、钾肥用量及施用方式是提升烟叶生产的重要措施。

二、绘制了湘西烟区植烟土壤 pH 值空间分布图

以 2014 年土壤普查的 pH 值数据，分析了湘西植烟土壤 pH 值总体分布特征，采用 GIS 技术绘制了湘西烟区植烟土壤 pH 值空间分布图，明晰了土壤类型、海拔对湘西植烟土壤 pH 值影响，探索了植烟土壤 pH 值与土壤有效养分的相关性。主要研究结论如下：①湘西州植烟土壤 pH 值水平总体适宜，平均值为 5.9，变幅为 3.9～7.3，变异系数为 11.1%，72.8% 样本 pH 值处于适宜范围内，"极低"和"低"的植烟土壤样本共占 26.8%，"很高"和"高"的植烟土壤样本之和为 0.4%（图 5-2）。②黄棕壤土的 pH 值显著高于水稻土和红壤，黄棕壤>石灰土>黄壤>红灰土>红壤>水稻土，pH 值分布态势表现为斑块状，总的来说，东南部小于西北部，pH 值最高的为保靖县（图 5-3）。③土壤 pH 值与交换性钙、交换性镁的含量相关性达到极显著水平，但与有效性锌含量相关性仅达显著水平，与有效硼、水解性氮和速效钾含量相关性不明显（表 5-1）。④在农业调查的基础上，建议针对研究区土壤 pH 值现状进行分类调控。

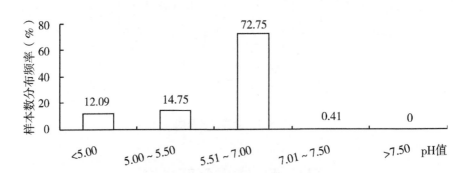

图 5-2　植烟土壤 pH 值分布频率

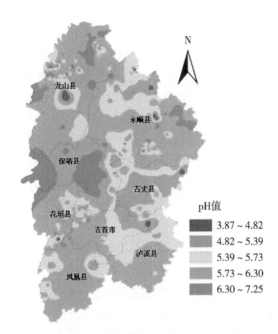

图 5-3　植烟土壤 pH 值空间分布示意

表 5-1　土壤 pH 值（x）与有效养分（y）的相关性

项　目	相关性	回归方程
水解性氮	−0.056 1	$y=-1.477\ 1x+95.845$
有效磷	0.004 4	—
速效钾	0.083	$y=2.045\ 71x+105.3$
交换性钙	0.546 81**	$y=473.897\ 1x-2\ 126.44$
交换性镁	0.530 85**	$y=79.13x-285.67$
有效铜	0.062 13	—
有效锌	0.106 83*	$y=0.742\ 61x-0.368\ 7$
有效硼	0.076 09	$y=0.284\ 1x-0.478\ 4$

三、构建了烤烟中微肥平衡精准施用模式

（一）明确了中微肥施用对烤烟产质量的影响

在花垣县道二乡科技园、凤凰阿拉镇与古丈岩头寨乡的 3 个地点，大田试验采用 4 因素 3 水平正交回归 L9（3^4）最优化设计，试验设常规施肥（A），1 水平、2 水平、3 水平分别为减施 10% 肥料、减施 5% 肥料、不减施肥料；施钼酸铵（B），1 水平、2 水平、3 水平分别为钼酸铵 675kg/hm²、750kg/hm²、825kg/hm²（喷施浓度为 0.04%～0.05%），总氮同常规生产；施硝酸钙镁（C），1 水平、2 水平、3 水平分别为硝酸钙镁

15.5kg/hm²、22.5kg/hm²、30.5kg/hm²（喷施浓度为0.5%~1.0%）；相应减少烟草专用基肥，总氮同常规生产；施硝酸钙（D），1、2、3水平分别为硝酸钙22.5kg/hm²、30.0kg/hm²、37.5kg/hm²（喷施浓度为1.0%~1.2%），相应减少烟草专用基肥，总氮同常规生产。研究了中微肥平衡施用对烤烟生长发育和经济性状的影响，结果如下：①中微肥在烤烟生产上的平衡施用对烤烟生长发育具有较好的促进作用，烟叶单产及中上等烟比例均有所提高。②一定比例的中微肥施用还可以减少底肥的施用。因而在烤烟生产过程中，可根据植烟地块的土壤特性和养分特点，适当的增施中微肥，一方面可促进土壤养分协调，更易于优质烟叶的形成；另一方面中微肥分阶段性的施用，可减少雨水的淋溶作用造成的养分流失，也易于烟株对养分的均衡吸收。③以A1B3C3D3处理效果最好，即减施10%肥料、钼酸铵825kg/hm²、硝酸钙镁15kg/hm²、硝酸钙37.5kg/hm²。

（二）发明了"一种活性氨基酸水溶肥料及其制备方法和应用"，并制成肥料产品

授权发明专利"一种活性氨基酸水溶肥料及其制备方法和应用"（ZL 201310182292.0）。一种活性氨基酸水溶肥料由如下重量份的组分组成：活性复合氨基酸制480~836份，复合氨基酸微量元素螯合物210~410份，植物营养元素8~16份，植物活性剂14~26份。其中，活性复合氨基酸制剂的有效成分为具有生物活性的L-氨基酸和活性肽；复合氨基酸微量元素螯合物为活性复合氨基酸与微量元素按比例螯合而成。本发明还提供所述肥料的制备方法及应用。本发明是利用农副产品资源为主要原料，通过生物发酵技术制备的新一代环保型氨基酸肥料，将其应用于施肥，植物吸收效率好，见效快，具有显著的发根、促苗、壮秆、抗逆、防裂、增产、优质等作用，且施用安全，可以广泛应用于绿色有机农业及设施农业。

将发明专利内容产品化，制成了2种微量元素水溶肥料（农肥2017准字6978号、农肥2017准字6921号）（Zn+B≥100g/kg）。

（三）发明了一种"便携式精准追肥装置"，实现烤烟追肥定肥到株

目前肥料施用只定量到田，未定量到株，导致烤烟长势不均匀，烟叶素质差异大，在密集烘烤中较难做到"同房同质"，影响烘烤效益；其次，山地烟区水资源缺乏，旱地肥料难溶解吸收，导致烤烟吸收养分困难，影响烤烟生长；再次，烤烟施肥只施在土壤表面，过后即使培土，肥料也未到达准确位置，易流失和挥发损失，导致肥料利用率低并污染生态环境。为了解决山区旱地烤烟施肥劳动强度大、肥料利用率低与施肥不均匀的问题，实现水资源缺乏的山区旱地定位精准施肥，研发了便携式精准追肥装置（ZL201410316413.0）。

技术发明要点：计算每株农作物所需的追肥量，按照该作物根系分布规律调节好追肥器，将肥料装入背带式容器后，在每株作物旁边土壤的准确位置按下手柄，固态肥料即到达一定深度土壤的指定位置，达到均匀精准施肥定位到株（图5-4）。

主要优点：①能提高肥料利用率，减少肥料残留土壤对环境的污染；②成本低廉，携带操作方便轻简；③能节约施肥工时，也能节省肥料；④能均匀精准定位施肥到株，

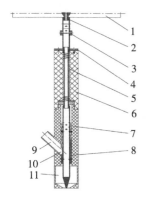

图 5-4　便携式精准追肥装置及施用方法

提高烟叶质量和工业可用性，提高烤烟种植经济效益及社会效益。

（四）构建了水肥精量施用器精准施肥技术+中微肥平衡施肥技术的烤烟中微肥平衡精准施用模式

将发明专利——"便携式精准追肥装置"产品化，研制成水肥精量施用器，在不同生态区域的定位试验。依据试验结果，提出了水肥精量施用器精准施肥技术+中微肥平衡施肥技术的烤烟中微肥平衡精准施用模式。水肥精量施用器能准确施用每株农作物所需的肥量与浓度，对烤烟生长发育具有较好的促进作用，烟叶单产及中上等烟比例均有所提高。该技术可以减少底肥的施用。因而在烤烟生产过程中，可根据植烟地块的土壤特性和养分特点，适当的增施中微肥，一方面可促进土壤养分协调，更易于优质烟叶的形成；另一方面中微肥分阶段性的施用，可减少雨水的淋溶作用造成的养分流失，也易于烟株对养分的均衡吸收。

四、构建了酸化土壤施肥模式

（一）明确了硼肥对酸化土壤烤烟产质量的影响

选择酸化土壤（pH 值小于 5.0），设 5 个不同处理：①对照，未施硼砂；②施钙镁磷肥 1.5kg/hm²；③T1，施硼砂 3.0kg/hm²；④T2，施硼砂 4.5kg/hm²；⑤T3，亩施硼砂 6.0kg/hm²，采用不同生态区域多点试验研究了硼肥对土壤和烤烟的影响。结果表明，酸化土壤施硼肥能调节土壤酸碱度，降低烟叶病虫害发生率，提高上等烟比例、产量和产值（表 5-2），提高了烤烟上部叶开片度与可用性，提高烟叶糖含量和钾含量。以打顶期间施用硼砂 4.5~6.0kg/hm² 效果更好。

表 5-2　不同处理经济性状表

处理	产量（kg/hm²）	产值（元/hm²）	均价（元/kg）
CK	1 777.50b	45 432.90ab	25.56
T1	1 759.50b	44 694.15b	25.62

（续表）

处理	产量（kg/hm²）	产值（元/hm²）	均价（元/kg）
T2	1 741.50b	43 818.60b	25.38
T3	1 819.50a	45 742.20ab	25.14
T4	1 810.50a	46 022.85a	25.42

（二）揭示了施用石灰对酸化土壤烤烟产质量的效应

选择能代表主要土壤类型的非病区酸化（pH 值<5）地块（古丈断龙镇报吾列村袁洪亮户），试验设 5 个处理：对照（CK），未施石灰；T1 处理，施石灰 375kg/hm²；T2 处理，施石灰 750kg/hm²；T3 处理，施石灰 1 125kg/hm²；T4 处理，施石灰 1 500kg/hm²。研究了不同石灰用量对酸化土壤性质与烤烟品质的影响。结果表明，酸化土壤施石灰能调节土壤酸碱度，改善烟叶农艺性状，提高上等烟比例、产量和产值（表 5-3），提高了烤烟开片度，烟叶单叶重适宜、厚薄适中，烟叶化学成分协调。以施用石灰 1 500kg/hm²效果更好。

表 5-3 烤后烟叶等级结构

处理	均价（元/kg）	上等烟比例（%）	中等烟比例（%）	下等烟比例（%）
CK	20.06 aA	35.82 aA	59.72 aA	4.46 cB
T1	19.77 aA	31.20 bA	62.13 aA	6.67 aA
T2	20.05 abA	33.19 abA	61.93 aA	4.88 bcB
T3	19.28 aA	32.30 abA	61.84 aA	5.87 abAB
T4	19.22aA	32.38 abA	61.11 aA	6.51 abAB

（三）制定了湘西生态区域 pH 值调控施肥对策和酸化土壤施肥模式

针对湘西山地植烟土壤酸化及肥力退化趋势、根茎病害重等特点，查阅历年资料、结合实地调查并采用系列多点大田试验及取样化验，研究揭示了植烟土壤 pH 值的分布状态，阐明了 pH 值对植烟土壤物理性状、化学性状和烤烟生长发育及产质量的影响规律，提出了"有机肥+石灰+大中微肥+烟区生产监控信息平台"的酸化土壤施肥模式及烤烟生产持续发展战略和长效机制。

五、构建了"宽窄行高低垄+双条双层施肥"的烤烟基肥施用和起垄模式

（一）研发了一种适合山地的"双条双层施肥法"烤烟基肥精准施肥方法

针对传统施肥位置在主根附近不易吸收、施用层次单一、不适合根系生长等影响烤烟生长问题，以及传统施肥肥料流失较多，污染环境，研发了"双条双层施肥法"的精

准基肥施肥方法。多点田间验证试验采用随机区组设计，试验设 6 个处理：①常规生产；②双条双层宽带施基肥+常规施肥量；③双条双层点施基肥+常规施肥量；④双条双层宽带施基肥+98%常规基肥施肥量，追肥同常规施肥；⑤双条双层点施基肥+98%常规基肥施肥量，追肥同常规施肥；⑥双条双层点施基肥+95%常规基肥施磷肥量。结果表明：①双条双层施肥法在减施肥 2%~5%情况下现蕾期提前 2d，综合农艺性状仍好于对照，能提高烟叶的产量、产值与均价。②双条双层施肥法能显著提高烟叶产值，提高烤烟的上等烟比例与上中等烟比例，增幅分别为 34.81%、15.20%。③明确了"双条双层施肥法"在节约肥料的同时能提高烟叶产量质量。

（二）构建了"宽窄行高低垄+双条双层施肥"的烤烟基肥施用和起垄模式

采用定位田间试验，研究了常规生产施基肥、宽窄行高低垄施基肥、双条宽带施基肥、双条宽带施基肥+95%常规施肥量、窄行高低垄施基肥+95%常规施肥量等 5 种施基肥法对烤烟生长和产质量的影响。结果表明：①双条施肥与高低垄宽窄行处理现蕾期、中心花开放期、脚叶成熟期、顶叶成熟期较迟，大田生育期时间较长，在不减施肥的情况下，均能提高烤烟叶绿素含量。②宽窄行高低垄起垄+常规施肥量处理旺长期成熟期综合农艺性状较好，对气候斑的发生有一定的抑制作用，外观质量较好，能提高烟叶的产量与产值，其中，产量与对照达显著水平。③宽窄行高低垄+双条双层施肥栽培方法是较好的栽培方法，可在湘西示范推广。

（三）制定了"双条双层施肥法"（"202"施肥方法）技术规范

该规范的主要内容见表 5-4。其他配套农艺措施按照当地技术规范实行。

表 5-4　双条双层施肥法技术参数

一级指标	二级指标	要求或参数
双条肥料距离设计	稻田	40cm
	稻田	30cm
每条肥料宽带设计	稻田	15cm
	旱土	10cm
双层肥料深度差设计	稻田	5cm
	旱土	3cm
起垄位置设计	位置选择	双条肥料中间
	垄面宽选择	60cm

六、研制了山地烤烟均匀定位深施追肥装置及其施肥方法

（一）发明了一种"移动式灌溉深施肥装置"，实现烤烟施肥水肥一体化

烟草肥料干施或用瓢勺浇施易烧苗和出现施肥不均匀，肥料表施方式易流失和挥

发，肥料也未到达准确位置烟株较难吸收。为提供一种简单、便捷的方法来变量精准定量打孔施水肥，实现定株定量且深入植物根部施肥、提高肥料利用率，减少生产成本，提高烟叶品质，研发了移动式灌溉深施肥装置（ZL 201410316412.6）。

技术发明要点：计算每株农作物所需的肥量、浓度与深度后，将肥料溶解于水，将配好的一定浓度的肥料液装入肥料容器，调节好定时控制器的控制调节开关，启动电源开关；定时控制器根据控制调节开关控制电磁阀打开时间达到控制每次肥料的流量，实现水肥的变量精准定量施用。在每株作物最大叶垂直下方土壤的准确位置打孔后按下施肥开关，定量的肥料液即到达农作物的指定深度，达到水肥一体化、移动式、深施肥的效果（图5-5）。

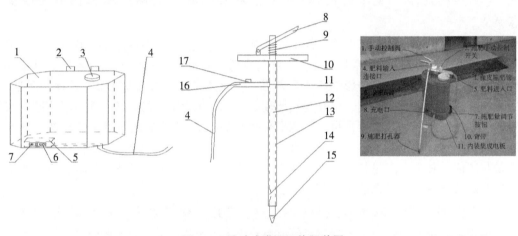

图5-5 移动式灌溉深施肥装置

1. 施肥容器；2. 背带；3. 肥料输送管；4. 手柄；5. 顶杆；6. 限深盘；7. 连杆；8. 弹簧；9. 套筒；10. 上控料仓；11. 进料管；12. 进料口；13. 下控料仓；14. 出料口；15. 出料仓；16. 打孔器；17. 出料仓门

主要优点：①水肥一体化、肥料深施于根部、精准定量定位，可减少肥料流失和挥发，更有利于根系吸收，提高肥料利用率，减少肥料残留，既高效又绿色。②结构简单合理，结构紧凑，加工制造容易，成本低廉，操作方便，性能可靠，适用于工业化生产，轻简实用易推广。③能节约施肥工时，能提高农作物的产量与质量，可广泛用于农业、林业等施肥领域。

（二）烤烟均匀定位施肥技术研究

采用随机区组设计，试验设4个处理：A为常规施肥方法；B为定量定位（深度7cm，宽度在最大叶的正下方）施肥，不减少施肥量，只是采用施肥器将肥料均匀定位施在烟株附近；C为定量定位（深度12cm，宽度在最大叶的正下方）施肥，不减少施肥量，只是采用施肥器将肥料均匀定位施在烟株附近；D为定量定位（深度7cm，宽度在最大叶的正下方）施肥，采用施肥器将肥料均匀定位施在烟株附近并减少施肥量10%。研究了均匀定位施肥技术，主要结论如下：定量定位（深度7cm，宽度在最大叶的正下方）施肥，不减少施肥量，只是采用施肥器将肥料均匀定位施在烟株附近处理旺长期成熟期综合农艺性状较好，能提高烟叶的产量、产值与均价，能提高烤烟的上中等烟比例，能一定程度提高烟叶的外观质量。

（三）研制了山地烤烟均匀定位深施追肥装置及其施肥方法

采用移动式灌溉深施肥装置，采用不同生态区域的多点试验，研究了移动式灌溉深施肥装置+定位深施+液体追肥的湘西山地烤烟均匀定位深施追肥方法。该技术可提高烟叶的物理特性，适量减少氮肥的用量，防止上部烟叶烟碱含量较高。移动式灌溉深施肥装置能变量精准定量打孔水施肥料，通过定量打孔定位（深度7~10cm，在最大叶的正下方）施肥，旺长期、成熟期综合农艺性状较好，能提高烟叶的产量、产值与均价，能提高烤烟的上中等烟比例，能一定程度提高烟叶的外观质量。

七、构建了低磷植烟土壤高磷基肥施用配套技术体系

（一）明确了高磷基肥施用量对烤烟产质量的影响

磷素营养与土壤水分之间有着十分密切的关系，土壤水分影响磷素在土壤中的运移和植物的吸收、利用和分配；石灰性土壤固磷强。针对湘西山地烤烟旱地较多、植烟土壤中部分缺磷且石灰土比例较高等问题，采用单因素随机区组设计，不同生态区域的多点试验，研究了磷肥精准施用法对湘西山地烤烟产质量的影响。试验设7个处理：CK，常规施肥（基肥—高磷基肥900kg/hm²、发酵饼肥225kg/hm²和专用追肥112.5kg/hm²，提苗肥75kgkg/hm²，追肥—专用追肥112.5kg/hm²，硫酸钾300kg/hm²）；T1（基肥—高磷基肥825kg/hm²、发酵饼肥225kg/hm²和专用追肥112.5kg/hm²，磷铵提苗肥37.5kg/hm²与常规提苗肥75kg/hm²，追肥—专用追肥112.5kg/hm²，硫酸钾300kg/hm²，基肥条施，减少1.95kg/hm²施氮量）；T2（基肥—高磷基肥750kg/hm²、发酵饼肥225kg/hm²和专用追肥112.5kg/hm²，磷铵提苗肥与常规提苗肥各75kg/hm²，追肥—专用追肥112.5kg/hm²，硫酸钾300kg/hm²，基肥点施，提苗肥分别在移栽时75kg/hm²与移栽后7~10d各75kg施用，减少5.25kg/hm²施氮量）；T3（基肥—高磷基肥675kg/hm²、发酵饼肥225kg/hm²和专用追肥112.5kg/hm²，磷铵提苗肥112.5kg/hm²与常规提苗肥75kg/hm²，追肥—专用追肥112.5kg/hm²，硫酸钾300kg/hm²，提苗肥分别在移栽时与移栽后7~10d施用50%，基肥点施，减少5.7kg/hm²施氮量）；T4（基肥—高磷基肥600kg/hm²、发酵饼肥225kg/hm²和专用追肥112.5kg/hm²，磷铵提苗肥150kg/hm²与常规提苗肥75kg/hm²，追肥—专用追肥112.5kg/hm²，硫酸钾300kg/hm²，提苗肥分别在移栽时与移栽后7~10d施用50%，基肥点施，减少7.5kg/hm²施氮量）。T5（基肥—高磷基肥585kg/hm²、发酵饼肥225kg/hm²，磷铵提苗肥150kg/hm²与常规提苗肥75kg/hm²，追肥—专用追肥225kg/hm²，硫酸钾300kg/hm²，提苗肥分别在移栽时与移栽后7~10d施用50%，基肥点施，减少6.3kg/hm²施氮量）；T6（基肥—高磷基肥570kg/hm²、发酵饼肥225kg/hm²，磷铵提苗肥150kg/hm²与常规提苗肥75kg/hm²，追肥—专用追肥225kg/hm²，硫酸钾300kg/hm²，提苗肥分别在移栽时与移栽后7~10d以50%施用，基肥点施，减少6.15kg/hm²施氮量）。主要研究结论：①各磷肥施用方法在减少施氮0.1.95~7.50kg/hm²情况下，对烤烟的主要生育期基本上无影响；②增加提苗肥的用量与施用次数处理且减少施氮量5.25~7.50kg/hm²情况下综合农艺性状较

好，能促进烤烟前 225kg/hm² 和专用追肥 112.5kg/hm²，磷铵提苗肥 37.5kg/hm² 与常规提苗肥 75kg/hm²，追肥—专用追肥 112.5kg/hm²，硫酸钾 300kg/hm²，基肥条施，减少 1.95kg/hm² 施氮量。"是一种好施肥方法，不仅节约 1.95kg/hm² 施氮量，且产值、上等烟比例与上中等烟比例高于对照，烟叶外观质量好。③"基肥—高磷基肥 600kg/hm²、发酵饼肥 225kg/hm² 和专用追肥 112.5kg/hm²，磷铵提苗肥 150kg/hm² 与常规提苗肥 75kg/hm²，追肥—专用追肥 112.5kg/hm²，硫酸钾 300kg/hm²，提苗肥分别在移栽时与移栽后 7~10d 以 50% 施用，基肥点施，减少 7.5kg/hm² 施氮量。"是一种"高效、提质、降本"的高效施肥方法，不仅节约 7.50kg/hm² 施氮量，且产量产值接近对照，上等烟比例与上中等烟比例高于对照。

（二）明确磷肥用量及其氮磷钾比例对磷肥利用效率及烟叶产质量的影响

采用双因素裂区试验设计，试验设磷肥施用量和氮磷钾肥比例双因素。磷肥施用量为主处理 A，设 4 个水平，A1、A2、A3、A4 分别为纯磷 0kg/hm²、105kg/hm²、135kg/hm²、165kg/hm²。氮磷钾肥比例为副处理 B，设 3 个水平，B1、B2、B3 分别是 1:0.9:2.2、1:1.2:2.6、1:1.5:3，共 12 个处理，研究了磷肥用量及其氮磷钾比例对磷肥利用效率及烟叶产质量的影响。主要结论：①磷肥合理配方对烤烟的主要生育期基本上无影响，能促进烤烟的前中后期生长；②磷肥用量显著影响烤烟产量；③氮磷钾比例对烤烟产量没有影响；④调整磷肥用量或氮磷钾比例对烤烟产值没有影响；⑤"施纯磷 135kg/hm²，氮磷钾比例 1:1.5:3"处理磷肥平均贡献率最高达 91.33%，烟叶产质量最佳，是一种高效、降本的施肥配方方法。

（三）明确不同追肥方法对高磷基肥利用率及烤烟产质量的影响

采用单因素随机区组设计，试验设 7 个处理：CK，常规生产（基肥—高磷基肥 900kg/hm²、发酵饼肥 225kg/hm² 和专用追肥 112.5kg/hm²，提苗肥 75kg/hm²，追肥—专用追肥 112.5kg/hm²，硫酸钾 300kg/hm²）；T1：基肥—高磷基肥 825kg/hm²、发酵饼肥 225kg/hm²，提苗肥 75kg/hm²，追肥—专用追肥 225kg/hm²，硫酸钾 300kg/hm²，减少 6.0kg/hm² 施氮量；T2：基肥—高磷基肥 825kg/hm²、发酵饼肥 150kg/hm²，提苗肥 75kg/hm²，追肥—专用追肥 225kg/hm²，硫酸钾 300kg/hm²，减少 10.5kg/hm² 施氮量；T3：基肥—高磷基肥 825kg/hm²、发酵饼肥 75kg/hm²，提苗肥 75kg/hm²，追肥—专用追肥 225kg/hm²，硫酸钾 300kg/hm²，减少 15kg 施氮量；T4：基肥—高磷基肥 750kg/hm²、发酵饼肥 75kg/hm²，提苗肥 75kg/hm²，追肥—专用追肥 225kg/hm²，硫酸钾 300kg/hm²，减少 21kg/hm² 施氮量；T5：基肥—高磷基肥 600kg/hm²、发酵饼肥 75kg/hm²，提苗肥 105kg/hm²，追肥—专用追肥 225kg/hm²，硫酸钾 300kg/hm²，提苗肥分别在移栽时 45kg/hm² 与移栽后 10d 施用 60kg/hm²，减少 27kg/hm² 施氮量；T6：基肥—高磷基肥 525kg/hm²、发酵饼肥 75kg/hm²，提苗肥 105kg/hm²，追肥—专用追肥 225kg/hm²，硫酸钾 300kg/hm²，提苗肥分别在移栽时 45kg/hm² 与移栽后 10d 施用 60kg/hm²，减少 33kg/hm² 施氮量。探索了不同施肥方法对烤烟产质量的影响，主要研究结论：①各追肥方法在减少施氮量 6.0~33kg/hm² 情况下对烤烟的主要生育期基本上无影响，但能促进烤烟的生长；产量仍然高于对照，氮肥基追比例 6∶4 的处理烤后烟叶产值最高，随着氮肥基追比例的减少，C3F 等级烟叶的烟碱含量具有上升趋势；采取 50% 氮肥基肥+50% 氮肥 1 次追肥的施肥方式，烤后烟叶的钾含量相对较低。② "减施 75kg/hm² 高磷基肥，烟草专用追肥全部作追肥"是一种好施肥方法，不仅节约 6.0kg/hm² 施氮量，且产量与产值高于对照，烟叶外观质量好。③ "减施 300kg/hm² 高磷基肥和 150kg/hm² 发酵饼肥，增加提苗肥 30kg/hm² 并分两次施用，烟草专用追肥全部作追肥"是一种"高效、提质、降本"的高效施肥方法，不仅节约 27.0kg/hm² 施氮量（纯氮），且产量高于对照，产值接近对照，烟叶外观质量好。

（四）构建了低磷植烟土壤施用高磷基肥及其配套施肥技术体系，制定了高磷基肥施用技术规范

针对低磷植烟土壤特点，采用系列多点大田试验，研究了"高磷基肥施用技术+双条双层施肥方法+磷肥施用法"为核心的高磷基肥施肥模式，该技术可高磷基肥的利用率，减少氮肥的用量，解决部分植烟土壤磷素不足问题。通过新型肥料高磷基肥引进应用、磷肥和基肥施用方法的筛选，形成一定生态区域的高磷基肥施肥模式。该技术能提高烟叶的上等烟比例、产值与均价，能提高烟叶的糖含量与磷钾含量，减施 2%~5% 的肥料。

八、研制了烟草专用复混肥及有机肥

（一）肥料产品研制

依据湘西山地烤烟需肥特点和烟区生态条件，研制了烟草专用复混肥 [湘农肥（2016）准字 2210 号、湘农肥（2016）准字 2212 号]，以及有机肥 [湘农肥（2016）准字 1991 号、湘农肥（2009）准字 0603 号]，在湘西烟区大面积推广。

肥料产品 1：湘农肥（2016）准字 2210 号，有效成分为 $N+P_2O_5+K_2O \geqslant 20.0\%$（10-4-6）、有机质 $\geqslant 20\%$ Ⅰ型，形态颗粒。

肥料产品 2：湘农肥（2016）准字 2212 号，有效成分为 $N+P_2O_5+K_2O \geqslant 35.0\%$（15-7-13）、有机质 $\geqslant 15\%$ Ⅱ型，形态颗粒。

肥料产品 3：湘农肥（2009）准字 0603 号，有效成分为 $N+P_2O_5+K_2O \geqslant 5.0\%$、有机质 $\geqslant 45\%$，颗粒或粉末。

肥料产品 4：2016）准字 1991 号，有效成分为 $N+P_2O_5+K_2O \geqslant 10.0\%$、有机质 $\geqslant 45\%$，颗粒或粉末。

（二）明确了烟草专用复混肥对烤烟产质量的影响

烟草专用追肥是根据烟区土壤的养分供应特点和烟草的营养需肥规律，制定出的烟草专用 NPK 复合肥料肥。为了进一步验证其在烟草上的应用效果，2014 年在湘西州进行试验。采用大区对比试验，3 个处理。①常规施肥（对照）。②施烟草专用追肥（湘西配方）代替常规专用追肥（等量）；其他同常规施肥。③施烟草专用追肥（湘西配方）+生物菌肥代替常规专用追肥（等量）；其他同常规施肥。主要结果如下：施用烟草专用复混肥料，烤烟现蕾期、中心花开放期与脚叶成熟期提前，但大田生育期与对照一致；前期长势优于对照；烟草专用追肥能提高烟叶的均价与烟叶的外观质量；烟草专用追肥与菌肥均能提高烤烟的上等烟比例。

九、研发了一种"药肥施用装置",实现烤烟施肥数字化控制

(一)发明了一种"药肥施用装置",实现烤烟施肥数字化控制

目前烟草生产中的许多农事操作基本靠手工完成。在移栽和施肥上,没有定根肥水、溶液肥料施用器械,采取的是用水壶或水瓢浇施定根肥水或溶液肥料;在施用抑芽剂方面,也没有专用的抑芽剂施用器械,大部分是使用自制的塑料瓶进行淋施,仅是在施用农药上使用了不能数字显示且不能定量的喷雾器。为了烟叶生产减工降本,提升烟叶精益生产和标准化生产水平,实现药肥施用的多功能化与智能化,研发了适合山地烤烟,具有计算机编程、芯片写入、液压隔膜水泵等智能施肥技术特点的药肥施用装置(ZL 201410805274.8)。

技术发明要点:通过智能化精确控制药肥施放,通过人机交互系统进行精确的参数设计和数字(用量、雾化强弱与浓度等)、功能选择(施肥或打药等),通过单片机控制系统对隔膜泵、电源电压、电机转速、工作时长、施药压力进行参数设置或监测,实现智能化的施药控制(表5-5)。

表5-5 药肥施用装置主要技术参数

项目内容	技术指标	项目内容	技术指标
可选功能数量	3种	操作流程	全自动
铅酸蓄电池	12V,12Ah	执行机构	智能芯片
药肥料残渣控制	0.5%	人机交互	触摸屏
施肥精度	0.02mL	功能	施肥、打药、抑芽混匀一体化
气压	0.2~0.40MPa	尺寸	530mm×378mm×180mm
工作能力(打药抑芽)	<16L		

主要优点:①能够集施用定根肥水、肥料溶液、农药、抑芽剂于一体,携带方便,操作使用简便。②采用数字化技术控制,能够做到肥料、农药和抑芽剂施用精确,实现精准化作业。③减少肥料残留,降低污染。④效益高和成本低,每台生产成本仅为350元左右,比现有单一功能的不能定量且不能数控的喷雾器(250元)增加100元左右;能够减轻施肥、用药手工操作劳动强度,提高工作效率,降低物资、劳力成本,经济社会效益显著。

(二)明确了几种施肥方法的集成效应和节肥效应

为明确湘西烟区高效施肥技术,研究了磷肥精准施肥法、双条双层施肥法、精准追肥法、钾肥分施技术等基肥、追肥施用法的集成应用效果,采用4因素3水平正交回归L9(3⁴)最优化设计,不同生态区域的多点田间试验,开展了湘西山地烤烟的几种施肥方法的集成应用效应和节肥效应。结果表明:①在减施基肥追肥情况下只要配方合

理，对烤烟的主要生育期基本上无影响，能促进烤烟前期的生长，能促进烤烟的生长，对根茎病害的发生基本上无影响；②产量主要是双条双层施肥法影响、双条双层施肥与钾肥分施技术的互作、磷肥施用法与双条双层施肥的互作；磷钾肥施用量间接影响烤烟产量，③产值主要是追肥方法、磷肥施用法与双条双层施肥的互作和双条双层施肥法与钾肥施用法的互作影响；磷钾肥施用量及双条双层施肥法间接影响烤烟产值。④上等烟比例主要是精准追肥法与磷肥施用法的影响，精准追肥法不能减少肥料，否则影响上等烟比例；上中等烟比例主要是钾肥分施技术及其与磷肥施用法的互作的影响，主要是减少钾肥影响烤烟的上中等烟比例；减少基追肥用量且合理配方时烟叶的外观质量好。⑤"磷肥精准施肥法减基肥 $42kg/hm^2$ 与追肥 $45kg/hm^2$ + 双条双层施肥法减基肥 $89.6kg/hm^2$ 与追肥 $90kg/hm^2$ + 精准追肥法 + 钾肥分施技术"是最优产值方案，可节约 $261kg/hm^2$ 肥料。"磷肥精准施肥法减基肥 $42kg/hm^2$ 与追肥 $45kg$ + 双条双层施肥法减基肥 $84kg/hm^2$ 与追肥 $90kg/hm^2$ + 精准追肥法 + 钾肥分施技术减基肥 $42kg/hm^2$ 与追肥 $45kg/hm^2$"是一种"高效、提质、降本"的高效施肥方法，不仅节约 $371.2kg/hm^2$ 肥料，且产量接近对照，产值、均价与上中等烟比例高于对照，烟叶外观质量好。

（三）制定了《湘西烟区测土配方施肥技术规程》

以测土配方施肥研究为基础，将测土配方施肥定义、测土配方施肥步骤、土壤样品采集与制备、样品测试分析、基础数据的建立与存档、肥料配方设计、施肥建议卡与技术指导、配方肥料合理施用等技术系统集成，制定《湘西烟区测土配方施肥技术规程》，并形成企业标准。

（四）制定了《湘西烤烟生产高效施肥技术规程》

通过系列施肥方法试验研究和吸取以往研究成果，制定了双条双层施肥法施肥技术规范、测土配方施肥技术规范、多功能数控肥药施用器（BC-1 型）使用标准、高磷基肥施用技术规范，并形成企业标准《湘西烤烟生产高效施肥技术规程》。

（五）构建了山地烤烟绿色高效轻简施肥技术模式

采用研发的系列施肥器及多点大田试验，研究提出了"pH 值调控技术 + 大中微肥施用技术 + 双条双层施肥方法 + 系列施肥器"为核心的湘西山地烤烟绿色高效轻简施肥技术模式。该技术可提高肥料的利用率，减少氮肥的用量，减少病虫害的发生率。系列施肥器包括移动式灌溉深施肥装置、便携式精准追肥装置、水肥精量施用器与药肥施用装置，采用数字化智能控制技术，能够做到肥料、农药和抑芽剂施用精确，实现精准化作业；效益高成本低；双条肥料间距离 $30\sim40cm$，肥料宽带宽 $10\sim15cm$，双层深度为 $3\sim5cm$，即把双条肥料带其中的一条加深 $3\sim5cm$，且与未加深肥料带交错排列，此双条双层法可以提高烤烟的肥料利用率与产量与质量。结果表明，绿色高效轻简施肥技术能提高烟叶的上等烟比例、产值与均价，减施 $5\%\sim10\%$ 的肥料。

十、构建了山地特色烤烟高效施肥的技术保障体系

（一）明确了山地烤烟高效施肥实施过程中存在的问题

主要存在以下问题：①烟区连年种烟，轮作周期短，周期内作物种类单一，土壤酸

化日益凸显，肥料利用率低；②忽视有机肥施用，致使土壤结构破坏，土壤肥力下降；③施肥比例失调，化肥投入效益明显下降；④缺乏深耕冬耕，耕作层变浅，保水保肥性逐年下降；⑤旱地多为干施肥料，方法不规范，残留多，土壤环境污染加剧；⑥缺乏测土配方施肥；未能因缺补缺。⑦配套基础设施不完善，抗拒自然灾害的能力差，经济平衡施肥难到位；⑧施肥机械及综合利用技术模式缺乏，严重限制了水肥一体化在现代农业生产上的应用；⑨生态区域施肥技术不全面，较粗放。

（二）明确了山地特色烤烟高效施肥的关键技术

山地特色烤烟高效施肥的关键技术：①建立酸化土壤改良制度，实施 pH 值调控；②推广中微肥平衡精准施肥技术，提高烤烟外观与内在质量；③推广烤烟均匀定位深施肥技术，推进精益化烤烟生产；④增施生物有机肥，调节土壤碳氮比与烤烟内在质量；⑤提倡烤烟当季或前作施用有机肥，实行养分统筹；⑥研发推广系列施肥器，提高肥料养分利用率，实现轻简作业降本；⑦研发推广双条双层施肥法，提高肥料养分利用率，实现经济平衡施肥。⑧改进肥料配方，研发推广高磷基肥。⑨以控氮稳磷增钾补中微肥为主，结合不同生态区域的施肥模式为辅。

（三）提出了山地特色烤烟高效施肥模式

在不同生态区域，因地制宜主要选择山地特色烤烟高效施肥模式进行推广：①"有机肥+石灰+大中微肥+烟区生产监控信息平台"的酸化土壤施肥模式；②"高磷基肥施用技术+双条双层施肥方法+磷肥施用法"为核心的低磷植烟土壤高磷基肥施肥模式；③"宽窄行高低垄+双条双层施肥"的烤烟基肥施用和起垄模式；④水肥精量施用器精准施肥技术+中微肥平衡施肥技术的烤烟中微肥平衡精准施用模式；⑤以推广施肥器等农机具为主的水肥一体化、均匀定位深施技术模式；⑥"pH 值调控技术+大中微肥施用技术+双条双层施肥方法+系列施肥器"为核心的绿色高效轻简施肥技术模式。

（四）提出了山地特色烤烟高效施肥的技术保障体系

系统集成了"高磷基肥+大中微肥+生物有机肥+石灰+双条双层施肥+系列施肥器+pH 值调控+烟区生产监控信息平台+烟叶生产移动管理平台"为核心的山地特色烤烟高效施肥技术保障体系。对山地特色烤烟高效施肥持续发展战略及其长效机制有重要意义。

第四节 示范应用

采用边试验研究、边示范，边推广的方法。在湘西州凤凰县千工坪和花垣县道二镇核心试验区开展相关技术研究，形成研究成果；以项目研究成果为主，引进已有成熟技术为辅，优化集成山地特色烤烟高效施肥关键核心技术，在湘西州的 7 个主产烟县建立技术集成示范区；依据集成示范区的示范效果，将成果辐射至周边烟区。通过示范区建设和辐射带动作用，提高湘西烟区肥料利用率与施肥准确率，促进了湘西烟叶精益化生产和烟区可持续发展。

项目实施提高了肥料利用率与施肥准确率，促进了烤烟精益化生产，提高了烟叶质量，节约了生产成本，增加了烟农收入。以千工坪示范区"pH值调控技术+大中微肥施用技术+双条双层施肥方法+系列施肥器"高效节肥施肥模式为例：示范4年来，减少氮肥用量15~30kg/hm^2，可减少化肥用量的15%~25%，可节约化肥成本900元/hm^2；节约工时24个/hm^2，烟叶均价可提高11%左右，可提高烟叶产值7 050元/hm^2，除去成本，提高烟农收入5 250元/hm^{2}以上。

项目技术成熟，整体达到了国内先进水平，部分达到国内领先水平。项目成果于2014年开始在湘西烟区推广应用，从2014—2018年累计推广70.48万亩。从2014—2018年，实现新增产值2.56亿元，新增政府烟叶税0.77亿元，企业新增利润0.56亿元。

高效施肥技术的应用，提高了肥料利用率与施肥准确率，促进了烟叶精益化生产，提高了烟叶质量和产值，为山地特色优质烟叶持续发展提供了坚实的科技支撑。成果的应用推动了高磷基肥、便携施肥机械等在湘西烟区的大面积应用，有利于其他粮食作物、经济作物的高值化栽培，促进社会和谐发展。高效节肥施肥模式、酸化土壤施肥模式等可节约化肥成本600元/hm^2，提高烟叶产值4 500~5 250元/hm^2，增加烟农收入，为烟区脱贫致富提供了保障。轻简追肥模式、以推广施肥器等农机具为主的水肥一体化施肥技术模式等可节约人工成本225元/hm^2，提高烟叶产值1 500~2 250元/hm^2，降低烟农劳动强度，促进了现代烟草农业发展。成果本身对环境没有污染，能减少化肥氮施用225~450kg/hm^2，提高肥料利用率5%~10%，防止大量剩余化肥污染环境，有效保护了生态环境，具有显著的生态效益。

附录1 研究进行过程中发表的论文

[1] 邓小华，周米良，田茂成，田峰，吴志科，黎娟，王心中．湘西州植烟气候与国内外主要烟区比较及相似性分析 [J]．中国烟草学报，2012，18 (3)：28-33.

[2] 邓小华，杨丽丽，陆中山，周米良，田峰，田茂成，向德明．湘西烟叶质量风格特色感官评价 [J]．中国烟草学报，2013，19 (5)：22-27.

[3] 张明发，田峰，李孝刚，田茂成，李明德，彭曙光，巢进，蔡云帆，吴海勇，李双，张黎明，朱三荣，吕启松．基于烤烟生产的湘西植烟土壤质量综合评价 [J]．中国烟草学报，2017，23 (3)：87-98.

[4] 邓小华，覃勇，陆中山，程昌合，周米良，江智敏，田峰，田茂成．湘西烟叶的香型香韵及其区域分布特征 [J]．烟草科技，2014，47 (7)：79-84.

[5] 张黎明，张明发，田峰，巢进，陈前锋，邓小华．湘西州烤烟烟碱含量的区域特征及其与烟叶评吸质量的关系 [J]．烟草科技，2014，47 (12)：57-62.

[6] 邓小华，杨丽丽，周米良，田茂成，田峰，冯晓华，吴秋明．湘西喀斯特区植烟土壤速效钾含量分布及影响因素 [J]．山地学报，2013，31 (5)：519-526.

[7] 刘逊，邓小华，周米良，田茂成，田峰，冯晓华，吴秋明．湘西烟区植烟土壤氯含量及其影响因素分析 [J]．水土保持学报，2012，26 (6)：224-228.

[8] 刘逊，邓小华，周米良，黎娟，田茂成，田峰，冯晓华，吴秋明．湘西植烟土壤有机质含量分布及其影响因素 [J]．核农学报，2012，26 (7)：1037-1042.

[9] 黎娟，邓小华，刘涛，杨丽丽，陆中山，周米良，田茂成，向德明．湘西烟叶烟气特征感官评价 [J]．核农学报，2013，27 (9)：1354-1359.

[10] 田茂成，邓小华，陆中山，田峰，陈治锋，张明发，张黎明．基于灰色效果测度和主成分分析的湘西州烟叶物理特性综合评价 [J]．核农学报，2017，31 (1)：187-193.．

[11] 黎娟，邓小华，王建波，覃勇，刘卉，田峰，张黎明．喀斯特地区植烟土壤有效硼含量分布及其影响因素——以湘西州烟区为例 [J]．土壤，2013，45 (6)：1055-1061.

[12] 张明发，田峰，王兴祥，巢进，蔡云帆，张黎明，朱三荣，吕启松．翻压不同绿肥品种对植烟土壤肥力及酶活性的影响 [J]．土壤，2017，49 (5)：903－908.

[13] 张明发，田峰，邓小华，巢进，蔡云帆，张黎明，朱三荣，吕启松．精准施肥对土壤性状和烟叶质量的影响 [J]．华北农学报，2018，33 (S)：186-190.

[14] 肖瑾，邓小华，田峰，张黎明，彭莹，覃勇，邓井青．湘西自治州烤烟化学成分可用性评价 [J]．云南农业大学学报，2014，29 (5)：706-710.

[15] 黎娟, 刘逊, 邓小华, 周米良, 田茂成, 田峰, 吴秋明. 湘西植烟土壤有效锌含量及其变化规律研究 [J]. 云南农业大学学报, 2012, 27 (2)：210-214, 240.

[16] 黎娟, 邓小华, 周米良, 刘逊, 田茂成, 田峰, 冯晓华, 吴秋明. 湘西植烟土壤交换性镁含量及空间分布研究 [J]. 江西农业大学学报, 2012, 34 (2)：232-236.

[17] 邓小华, 覃勇, 周米良, 田峰, 田茂成, 张黎明, 杨丽丽. 湘西烟叶香气特性及其区域分布特征 [J]. 北京农学院学报, 2013, 28 (4)：16-21.

[18] 黎娟, 周清明, 邓小华, 周米良, 刘逊, 田茂成, 田峰, 吴秋明. 湘西植烟土壤有效铜含量及分布规律研究 [J]. 北京农学院学报, 2013, 28 (1)：4-7.

[19] 张黎明, 邓小华, 田峰, 肖瑾, 覃勇, 邓井青. 湘西烟叶还原糖含量及区域分布特征 [J]. 作物杂志, 2013 (5) 120-123.

[20] 向德明, 张明发, 彭曙光, 田峰, 罗建新, 陈武, 蔡云帆, 田明慧, 吕启松. 连年施用新型肥料对土壤真菌群落及烤烟产质量的影响 [J]. 作物杂志, 2019 (2)：156-163.

[21] 周米良, 邓小华, 黎娟, 刘逊, 田茂成, 田峰, 吴秋明. 湘西植烟土壤 pH 状况及空间分布研究 [J]. 中国农学通报, 2012, 28 (9)：80-85.

[22] 周米良, 邓小华, 陆中山, 黎娟, 田峰, 田茂成, 向德明, 杨丽丽. 湘西烟叶口感特性感官评价 [J]. 中国农学通报, 2013, 29 (36)：404-408.

[23] 宋宏志, 邓小华, 周米良, 田峰, 戴文进, 杨丽丽. 凤凰县与国内外主要烟区的烤烟化学成分比较 [J]. 中国农学通报, 2013, 29 (22)：208-211.

[24] 宋宏志, 邓小华, 周米良, 田峰, 戴文进, 杨丽丽. 凤凰县山地烟叶化学成分年度变化 [J]. 中国农学通报, 2013, 29 (19)：198-202.

[25] 陈前锋, 邓小华, 田峰, 张黎明, 张明发, 覃勇, 邓井青. 湘西州烤烟总糖含量区域特征研究 [J]. 中国农学通报, 2014, 30 (16)：256-260.

[26] 彭莹, 邓小华, 田峰, 肖瑾, 张黎明, 覃勇, 邓井青. 湘西州植烟土壤全钾含量分布特征 [J]. 中国农学通报, 2014, 30 (9)：165-169.

[27] 张明发, 田峰, 巢进, 张黎明, 陈前锋, 邓小华. 湘西植烟土壤 pH 特征与土壤有效养分的相关性研究 [J]. 中国农学通报, 2014, 30 (25)：267-272.

[28] 张明发, 田峰, 邓小华, 田茂成, 谢斐, 巢进, 蔡云帆, 张黎明, 朱三荣, 吕启松. 不同磷肥对土壤化学性状及烤烟生长的影响 [J]. 中国农学通报, 2015, 31 (27)：216-223.

[29] 杨舟非, 张明发, 田峰, 巢进, 张黎明, 陈前锋, 邓小华. 湘西州植烟土壤有机质特征及与土壤养分的相关性研究 [J]. 中国农学通报, 2015, 31 (1)：69-75.

[30] 张明发, 田峰, 邓小华, 巢进, 蔡云帆, 张黎明, 朱三荣, 吕启松. 山区旱地高低垄宽窄行栽培对土壤化学性状及烟叶产质量影响 [J]. 中国农学通报, 2015 (36)：119-124.

[31] 张明发, 田峰, 邓小华, 巢进, 蔡云帆, 张黎明, 朱三荣, 吕启松. 不同新型肥料对土壤肥力及烤烟生长的影响 [J]. 中国农学通报, 2017, 33 (29)：85-89.

[32] 陈前锋, 邓小华, 田峰, 张黎明, 张明发, 覃勇, 邓井青. 湘西州烤烟总糖含量区域特征研究 [J]. 中国农学通报, 2014, 30 (16): 256-260.

[33] 张明发, 田峰, 巢进, 蔡云帆, 张黎明, 陈前锋, 邓小华, 朱三荣. 种药肥施用装置的研究及其在烤烟生产上的应用 [J]. 湖南农业科学, 2019, (1): 62-67.

[34] 向德明, 张明发, 彭曙光, 黄远斌, 田峰, 罗建新, 刘国顺, 蔡云帆, 田明慧, 张黎明, 吕启松. 不同氨基酸有机肥对烤烟生长发育及产质量的影响 [J]. 农学学报, 2018, 8 (12): 40-46.

[35] 张明发, 田峰, 邓小华, 巢进, 蔡云帆, 张黎明, 朱三荣, 吕启松. 均匀定位施肥对烟田供肥特性及云烟 87 烟叶质量的影响 [J]. 浙江农业科学, 2019, 60 (3): 408-410.

[36] 田茂成, 黎娟, 田峰, 刘逊, 邓小华, 周米良, 吴秋明. 湘西植烟土壤有效锰含量及变化规律研究 [J]. 湖北农业科学, 2013, 52 (17): 4103-4106.

[37] 周米良, 邓小华, 刘逊, 冯晓华, 田茂成, 黎娟, 吴秋明. 湘西植烟土壤交换性钙含量及空间分布研究 [J]. 安徽农业科学, 2012, 40 (18): 9697-9699, 9846.

[38] 王心中, 吴志科, 朱国光, 吕昆坤, 黄茜. 湘西州烟草种植气候适宜性分析 [J]. 安徽农业科学. 2014. 42 (24): 8286-8288.

[39] 宋宏志, 邓小华, 周米良, 田峰, 戴文进, 杨丽丽. 湖南省凤凰县山地烤烟化学成分特征分析 [J]. 天津农业科学, 2013, 19 (3): 68-72.

[40] 刘逊, 黎娟, 周米良, 张黎明, 田峰. 湘西植烟土壤有效铁含量及变化规律研究 [J]. 作物研究, 2013, 27 (4): 325-328.

[41] 田明慧, 田峰, 邓小华, 张黎明, 张发明, 覃勇, 石楠. 湘西烟叶总氮含量的区域特征及空间分布 [J]. 作物研究, 2014, 28 (4): 371-374.

[42] 肖瑾, 张明发. 湘西州植烟土壤芽孢细菌区域分布特征及与土壤 pH 的的相关性 [J]. 作物研究, 2015, 29 (6): 635-638.

[43] 张明发, 田峰, 邓小华, 江智敏, 巢进, 蔡云帆, 菅攀锋, 张黎明, 朱三荣, 吕启松. 不同绿肥品种翻压对烤烟产质量及土壤性状的影响 [J]. 作物研究, 2017, 31 (1): 66-70.

[44] 田晓春, 邓小华, 田茂成, 田明慧, 张黎明, 覃勇, 石楠. 湘西州植烟土壤有效磷含量区域分布特征 [J]. 作物研究, 2014, 28 (6): 630-633.

[45] 田茂成, 陆中山, 邓井青, 邓小华, 陈治锋, 张黎明. 湘西州烟叶物理特性分析 [J]. 作物研究, 2015, 29 (3): 263-266.

[46] 蔡云帆, 邓小华, 田峰, 田明慧, 张黎明, 覃勇, 石楠. 湘西上部烟叶化学成分特征及聚类分析 [J]. 作物研究, 2014, 28 (6): 622-625.

[47] 向继红, 邓小华, 田峰, 张黎明, 陈前锋, 田明慧. 湘西州烤烟钾含量分布及其影响因素 [J]. 作物研究, 2014, 28 (6): 634-637.

[48] 赵炯平, 郑宏斌, 菅攀峰, 张涛, 田峰, 向青松, 邓小华. 凤凰县烟叶感官品质区域特征分析 [J]. 作物研究, 2017, 31 (5): 518-522.

［49］张仲文，江智敏，赵炯平，田峰，向青松，张瑶，邓小华．凤凰县植烟土壤pH 分布和变化特征［J］．作物研究，2017，31（5）：510-513.

［50］张明发，田峰，田茂成，黎娟，李明德，巢进，蔡云帆，吴海勇，张黎明，朱三荣，吕启松．湘西植烟土壤肥力因子分析及聚类评价［J］．云南烟草科学，2017（4）：16-27.

附录 2　研究过程中制定的技术标准

1. 多功能数控肥药施用器（BC-1 型）使用标准
2. "双条双层"施肥法施肥技术规范
3. 测土配方施肥技术规范
4. 高磷基肥施用技术规范
5. 湘西自治州烤烟生产高效施肥技术规程
6. 湘西自治州植烟土壤保育技术规程

ICS

Q/WAAA

湖南省烟草公司湘西自治州
公司企业标准

Q/WAAA 077—2019

多功能数控肥药施用器（BC-1型）使用标准

2019-02-25 发布   2019-03-01 实施

湖南省烟草公司湘西自治州公司　发布

前　言

本标准按照 GB/T 1.1—2009 给出的规则起草。

本标准由湘西自治州烟草专卖局提出并归口。

本标准起草单位：湖南省烟草公司湘西自治州公司。

本标准主要起草人：张明发、田峰、向德明、巢进、张黎明、田明慧、段晓峰、黄远斌

本标准为首次发布。

多功能数控肥药施用器（BC-1型）使用标准

1　产品简介

BC 系列多功能数控肥药施用器是公司为实现农业现代化，减轻劳动强度，联合湘西自治州烟草公司、共同研发、设计、生产的电动数控肥药施用器系列之一。此产品在原有喷雾器基础上，结合国内外先进技术，采用了电脑芯片控制器。它既节能又高效，使用非常方便。适合于各种农作物、花卉、园林、水稻等病虫害的防治，公共场所的环境清洁及家畜禽舍的卫生防疫，尤其适用于烟草种植的全过程施肥、抑芽和农药喷洒，是传统喷雾器理想的升级换代产品。

2　结构特点

结构：整机由液箱、底座、蓄电池、微型泵、数显控制器、充电器、喷射部件（胶管、开关、喷杆及喷头）、背带等部件组成。

2.1　外形模仿人体背部曲线设计，背负舒适。

2.2　采用微型隔膜泵，压力高、使用寿命长。

2.3　多重过滤网保护，避免杂质、颗粒阻塞喷头。滤网拆装方便，易清洗。

2.4　配有专用充电器。充电器指示灯显示：红色——充电；绿色——充满/待机。

2.5　不同功能通过显示面板和按键来切换，可以单独设置微型泵的转速和定量的多少，并自动保存最后一次的使用设置，下次使用不需要重复设置。定量精准，操作简便。

3　使用方法

使用前应给电池充足电，将已配好的药液通过滤网缓缓地加入药箱内，旋紧药箱盖；然后打开电源开关，控制器上的三位数码管直接显示电池的当前电压。三个红色的指示灯分别显示抑芽、施肥、喷雾三种工作模式。轻轻按下模式按键，选择所需的功能模式。数码管显示每次喷洒药液的总量或喷雾速度。容量的单位是毫升，抑芽模式按下"+"或"−"按钮，可以在 20mL、25mL、30mL、35mL、40mL 之间调节。施肥模式下，按下"+"或"−"按钮，可以在 100mL、150mL、200mL、250mL、300mL 之间调节。喷洒时，可以调整速度 F01-F99，数量越大，雾化效果越好。该机具配单、双、四孔可调喷头。可根据不同使用对象，正确选用各种喷头，然后按下手柄点动开关方可进行作业。

4　注意事项

4.1　不要无水空转以免损坏膜片。也不要将肥药施用器倒置。

4.2　充电：每次使用一段时间后出现雾化效果不佳时，表示电池电量不足，均应及时充电。充电时，只需将充电器插头插入"充电"插孔内即可。蓄电池充电一般应充 8~10h。充电器应放置于干燥、通风、安全的地方，不能让儿童玩耍。

4.3 试喷：初次喷药前应先装少量清水试喷，观察各连接处、药箱底有无泄露，雾化是否良好，一切正常后方可调配药液。水质应干净、无杂质。

4.4 关闭电源：不用时应及时关闭电源开关。存放干燥的地方。

4.5 严禁使用强酸、强碱、易烯等特殊工作液；更不要使用浓度较大黏稠的药水。

4.6 防水：严禁将肥药施用器浸泡在水中，清洗时防止水进入插座、开关和数显控制器中。切勿用药箱直接在水池中取水。

5 维护保养

5.1 清洗：每次使用完毕后，应对机具药流经过的表面进行清洗。外表用布擦，内部注入少量清水摇晃，然后打开电源开关经喷头喷出。应经常检查清洗各处滤网和喷片喷孔，防止堵塞。喷片喷孔磨损后应及时更换。使用粉剂容易堵塞泵阀，使用中应经常用清水过洗一遍，将泵内残留的粉剂冲洗干净。

5.2 荷电存放：存放期间，应每隔 1~2 个月对蓄电池充一次电。要保持电池使用寿命，首先不能过度使用即过度放电，其次应荷电存放。

5.3 机具使用环境：-5~40℃

6 产品结构图解-整机结构

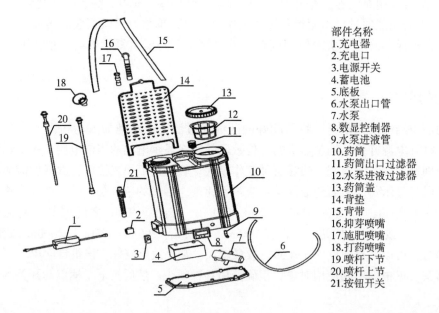

部件名称
1.充电器
2.充电口
3.电源开关
4.蓄电池
5.底板
6.水泵出口管
7.水泵
8.数显控制器
9.水泵进液管
10.药筒
11.药筒出口过滤器
12.水泵进液过滤器
13.药筒盖
14.背垫
15.背带
16.抑芽喷嘴
17.施肥喷嘴
18.打药喷嘴
19.喷杆下节
20.喷杆上节
21.按钮开关

7　故障检修

故障现象	原因分析	处理方法
打开电源总开关和手柄开关电机不转动	1. 电池电量不足或损坏 2. 电源线连接松脱 3. 总开关断路 4. 手柄接近开关损坏 5. 水泵电机不转 6. 控制器无显示	1. 电池充电或更换电池 2. 检查电线，确保连接牢固 3. 检查总开关是否正常 4. 更换接近开关 5. 更换水泵电机 6. 更换控制器
电机运转正常水泵无水喷出	1. 进水或出水管道有堵塞 2. 泵内有杂物堵塞	1. 排出堵塞物 2. 拆开泵头清除杂物
电机进气孔漏水	隔膜片破裂	更换隔膜片
流量和扬程不足	1. 泵内或管道内有杂物 2. 进水管有空气 3. 隔膜片破裂 4. 桶内小滤网堵塞 5. 胶圈损坏 6. 磨损太多	1. 清除杂物 2. 收紧进水管螺母，确保密封完好 3. 更换隔膜片 4. 清洗小滤网 5. 更换损坏的胶圈 6. 更换磨损的阀座

8　技术参数

8.1　形式：背负式

8.2　外形尺寸：378mm×180mm×530mm，16 型

8.3　重量：5.0kg

8.4　药箱容量：16L

8.5　工作压力：0.2~0.40MPa

8.6　蓄电池：12V，12Ah（全密闭，免维护）

9　装箱单

序号	名　称	单位	数量	备注
1	肥药施用器主机	台	1	
2	充电器	只	1	
3	说明书	份	1	
4	抑芽、施肥喷头	个	1	
5	密封垫圈	套	1	
6	四孔喷头	个	1	
7	双喷头	个	1	备件包
8	五眼单喷头	个	1	
9	大小转换接头	个	1	

10 三包说明

10.1 本产品依照国家相关规定实行"三包"。

10.2 三包凭证是实施产品三包的重要依据之一，用户应妥善保管；购机时，销售单位填写相关内容。

10.3 三包期限：整机一年，主要部件电机泵、充电器、数显控制器为3个月。

10.4 下列条件，不在三包服务范围内，不负责保修：

10.4.1 无三包凭证或购机凭证。

10.4.2 使用不当或人为破坏造成故障，如蓄电池充电不当，过充，短路烧坏，停用而不关闭电源开关使电池过度放电，或没充电而长期存放导致不能再充电，充电器使用不当，电机泵、数显控制器浸水，不使用过滤网导致杂物（如沙子、线头、塑料、玻璃渣）进入泵使泵无法工作等。

10.4.3 超过三包期限（以购机日期为准）。

10.4.4 易损件损坏。

10.4.5 因不可抗拒力造成的损坏；使用不当，或人为损坏，超过三包期等情况，维修时则应支付成本费。

ICS

Q/WAAA

湖南省烟草公司湘西自治州公司企业标准

Q/WAAA 075—2019

"双条双层"施肥法施肥技术规范

2019-02-25 发布 　　　　　　　　　　　　　2019-03-01 实施

湖南省烟草公司湘西自治州公司　发布

前　言

本标准按照 GB/T 1.1—2009 给出的规则起草。

本标准由湘西自治州烟草专卖局提出并归口。

本标准起草单位：湖南省烟草公司湘西自治州公司。

本标准主要起草人：张明发、田峰、向德明、田明慧、巢进、张黎明、黄远斌、李玉辉、李海林

本标准为首次发布。

"双条双层"施肥法施肥技术规范

1 范围

本规程规定了"双条双层"施肥法的施肥方式、操作要求。

本规程适用于湘西烤烟生产施肥技术。

2 规范性引用文件

下列文件对于本文件的应用是必不可少的。凡是注日期的引用文件，仅所注日期的版本适用于本文件。凡是不注日期的引用文件，其最新版本（包括所有的修改单）适用于本文件。

Q/WAAA 043—2016

Q/WAAA 045—2016

Q/WAAA 047—2016

YQ 50—2014

YC/T 523—2015

术语和定义

下列术语和定义适用于本文件。

2.1 "202"施肥法

针对现有技术的不足，提供一种烤烟施肥方法。实行这种方法可以提高烤烟的肥料利用率与产质量，并为实现机械化采收烤烟创造条件，其关键技术为双条双层宽带施肥技术，简称"202"施肥方法。

2.2 "2+2"施肥法

针对现有技术的不足，提供一种烤烟施肥方法。实行这种方法可以提高烤烟的肥料利用率与产质量，并为实现机械化采收烤烟创造条件，其关键技术为双条双层点施施肥技术，简称"2+2"施肥方法。

2.3 精准施肥

指按照烤烟生产标准化生产技术方案，将肥料定量定点施入植烟土壤中。

3 确定肥料条施距离

双条肥料间距离30~40cm，稻田40cm，旱土30cm；

4 确定每条肥料宽带宽度

肥料宽带宽10~15cm，稻田15cm左右，旱土10cm左右；

5 确定双层深度

双层深度为3~5cm，稻田5cm，旱土3cm；即把双条肥料带其中的一条加深3~

5cm，且与未加深肥料带交错排列。

6 确定起垄位置

在两条肥料带的中间起垄，肥料带在垄的两边。

7 施肥方式

包括"202"施肥与"2+2"施肥两种施肥法。具体见表1。

表1 双条双层施肥法技术参数

一级指标	二级指标	要求或参数
双条肥料距离设计	稻田	40cm
	稻田	30cm
每条肥料宽带设计	稻田	15cm
	旱土	10cm
双层肥料深度差设计	稻田	5cm
	旱土	3cm
起垄位置设计	位置选择	双条肥料中间
	垄面宽选择	60cm

8 操作要求与目的

8.1 通过正确的施肥位置提高了肥料利用率，节约了肥料，实现了烟叶生产减工降本的目的。

8.2 通过正确的施肥层次解决了不断生长的根系对肥料的需求与吸收难题，提高了根系肥料吸收效率，进而提高烤烟的产质量。

8.3 减少了肥料流失及对水土资源的污染。对水土资源的维护与改良有重要意义。

8.4 肥料宽带撒施增加了肥料与根系的吸收面积。

8.5 此方法解决了肥料施用位置在主根附近而利用率低与施用的层次较单一而不符合根系生长需要的问题。

ICS

Q/WAAA
湖南省烟草公司湘西自治州
公司企业标准

Q/WAAA 076—2019

测土配方施肥技术规范

2019-02-25 发布

2019-03-01 实施

湖南省烟草公司湘西自治州公司　发布

前　言

本标准按照 GB/T 1.1—2009 给出的规则起草。

本标准由湘西自治州烟草专卖局提出并归口。

本标准起草单位：湖南省烟草公司湘西自治州公司。

本标准主要起草人：张明发、田峰、向德明、巢进、张黎明、邓小华、陈金、尹光庭

本标准为首次发布。

测土配方施肥技术规范

1　范围

DB4331/T 4 的本部分规定了烤烟土壤样品采集、分析，数据库的建立，肥料配方设计和施肥建议技术与指导等要求。

本部分适用于湘西自治州烤烟生产测土配方施肥。

2　规范性引用文件

下列文件对于本文件的应用是必不可少的。凡是注日期的引用文件，仅所注日期的版本适用于本文件。凡是不注日期的引用文件，其最新版本（包括所有的修改单）适用于本文件。

NY/T 1377 土壤 pH 值的测定

NY/T 1121.6 土壤检测 第 6 部分：土壤有机质的测定

FHZDZTR0051 土壤 水解性氮的测定——碱解扩散法

NY/T 1121.7 土壤检测 第 7 部分：酸性土壤有效磷的测定

NY/T 1121.8 土壤检测 第 8 部分：土壤有效硼的测定

NY/T 1121.13 土壤检测 第 13 部分：土壤交换性钙和镁的测定

NY/T 149 土壤有效硼测定方法

NY/T 889 土壤速效钾和缓效钾含量的测定

NY/T 1378 土壤氯离子含量的测定

NY/T 890 土壤有效态锌、锰、铁、铜含量的测定 二乙三胺五乙酸（DTPA）浸提法

农业部关于印发《测土配方施肥技术规范（试行）修订稿》的通知，农发〔2006〕5号，土氯化钾浸提-靛酚蓝比色法、硝态氮按照氯化钾-紫外分光光度计法

3　术语和定义

下列术语和定义适用于本文件

测土配方施肥

以土壤测试和肥料田间试验为基础，根据烤烟需肥规律、土壤供肥性能和肥料效应，在合理施用有机肥料的基础上，提出氮、磷、钾及中、微量元素等肥料的施用品种、数量、施肥时期和施用方法。

4　测土配方施肥的步骤

主要包括：土壤取样、测试分析、田间试验、配方设计、配方校验、配方供应、施肥指导等步骤。

5 土壤样品采集与制备

5.1 土壤样品采集

5.1.1 采样单元确定

根据各县烤烟种植规划面积、土壤类型、耕作制度、产量水平等将采样区域划分为若干个采样单元，每个单元的土壤性状尽可能均匀一致，平均每个单元面积 $3.33 \sim 6.67 \mathrm{hm}^2$。

5.1.2 采样周期和时间

5.1.2.1 采样对象为次年规划种烟的田（地）块，采集土壤样品及测试数据为下一年度烤烟施肥服务，在秋季作物收获后或烟地翻耕前的 11 月至翌年 1 月进行。

5.1.2.2 同一取样片区，测试水（碱）解氮、有效磷、速效钾、有机质、pH 值的土壤样品 3 年采集一次，测试中、微量元素的样品 6 年采集 1 次。重金属样品按质量安全要求采集。

5.1.3 采样前准备

采样前根据历年样品检测分析数据制订采样工作计划与工作方案或进行采样前工作人员培训，准备 GPS、不锈钢取土器、采样袋（布袋或塑料袋）、采样标签、取样调查表等。

5.1.4 采样方法

5.1.4.1 采取耕作层土样，采样集中在位于每个单元相对中心位置的典型地块，采样地块面积 $0.06 \sim 0.67 \mathrm{hm}^2$，用 GPS 定位。

5.1.4.2 按照随机、等量和多点混合原则，每个样品取 15~20 个点，实行多点样品混合。

5.1.4.3 一般采用"S"布点采样，地形变化小、地力较均匀的也可采用"梅花"形，要避开路边、田埂、沟边和肥堆等特殊部位。

5.1.4.4 每个点采样的取土深度与烤烟主根的距离和采样量应均匀一致，取样器应垂直于地面入土，采样深度 0~20cm，土样应剔去细根系与肥料颗粒。肥料试验可采取 PV 管微试验取土样。

5.1.4.5 混合土样一般取土 1kg 左右为宜，采用"四分法"将多余的土壤弃去。方法是将采集的土样放在塑料布上，弄碎混匀，铺成正方形，划对角线将土样分成四份，把对角线的两份分别合并成一份，保留一份，弃去一份，直到取到所需数量为止。测微生物的土样应及时处理或冰柜保鲜。

5.1.5 样品标记

采集好的样品装入统一的样品袋内，用铅笔写好标签，内外各一张。

5.1.6 取样基本情况调查

在土壤取样的同时，调查取样地点的基本情况，填写测土配方施肥采样地块情况表。

5.2 土壤样品制备

采回的土样及时放在样品盘上，摊成薄薄一层，置于干净整洁的室内通风处，自然风干，严禁暴晒，并防止酸、碱等气体及灰尘的污染。

6　样品测试分析

6.1　送样测试时间

在 2 月底以前将土壤样品送至指定的单位进行分析测试。

6.2　测试分析指标

应测指标项目：pH 值、有机质、水（碱）解氮、有效磷、速效钾、水溶性氯离子、有效硼、有效锌等。

6.3　测试分析方法

土壤 pH 值按 NY/T 1377 测定；土壤有机质按 NY/T 1121.6 测定；土壤水（碱）解氮按 FHZDZTR0051 碱解扩散法测定；土壤铵态氮按氯化钾浸提—靛酚蓝比色法测定；土壤硝态氮按氯化钾—紫外分光光度计法或酚二磺酸比色法测定；酸性土壤有效磷按 NY/T 1121.7 测定；石灰性土壤有效磷按 NY/T 149 测定；土壤速效钾按 NY/T 889 测定；土壤氯离子按 NY/T 1378 测定；土壤有效硼按照 NY/T 1121.8 测定；土壤有效锌、锰、铁、铜按 NY/T 890 测定；土壤交换性钙、镁按 NY/T 1121.13 测定。

7　基础数据的建立与存档

7.1　数据建立

土壤样品分析测试结束后，以县局（分公司）为单位建立各县土壤样品数据库，内容包括：土壤样品养分数据、田间基本情况和农户调查数据、田间试验数据等。

7.2　数据分析与存档

利用统计学知识与专业知识对数据进行分析，分析历年数据变化及趋势，并对各生态条件的数据进行分析，提出生产建议并存档。

8　肥料配方设计

8.1　配方设计方法

采用基于田块的肥料配方设计，先确定氮、磷、钾等大、中、微元素养分的用量，后确定相应的肥料组合，通过提供配方肥料或发放配肥通知单，指导烟农施肥。具体可采用养分丰缺指标法和养分平衡法设计。

8.2　土壤养分丰缺指标法

通过土壤养分测试结果和田间肥效试验结果，建立土壤养分丰缺和施肥量检索表，根据土壤测定值，就可对照检索表确定施肥量。主要用于指导磷、钾和中、微元素肥料的施用。

8.3　养分平衡法

根据烤烟目标产量需肥量与土壤供肥量之差，计算施肥量。计算公式为：

$$施肥量 = \frac{目标标产量所需养分总 - 土壤供肥量}{肥料中养分含量} \times 肥料当季利用率（\%）$$

9 测土配方施肥建议卡与技术指导

将各单元土壤的测土施肥配方通过建议卡发放给技术员和烟农，并进行技术指导，让其按照要求进行施肥。

10 配方肥料合理施用

10.1 配方施肥原则

10.1.1 坚持有机肥料与无机肥料相结合；

10.1.2 坚持大量元素与中、微量元素相结合；

10.1.3 坚持基肥与追肥相结合；

10.1.4 坚持施肥与其他措施相结合。

10.2 肥料配方种类

主要有烟草专用基肥、烟草专用高磷基肥、专用追肥、有机活性肥、生物发酵饼肥、提苗肥、硫酸钾、硝酸钾、过磷酸钙等。

10.3 施肥方法与时期

10.3.1 条施基肥

按行距拉线，开一条深 5~10cm、宽 20cm 的施肥沟，将全部专用基肥、有机活性肥、过磷酸钙，均匀撒施于施肥沟内及其两侧，然后覆土起垄。

10.3.2 浇施提苗肥

在移栽后 5~7d，每 0.067hm² 用提苗肥 5kg，对清洁水 400~500kg 进行浇施。建议施肥器施用。

10.3.3 穴施追肥

移栽后 20~30d 内，在两株烟株之间开 15~20cm 深的穴，将专用追肥和硫酸钾混匀，对 400~500kg 水进行穴施，施后覆土。有条件的地区建议水施。

10.4 喷施叶面施肥或微量元素

根据需要，在团棵期、旺长期和打顶期适施叶面肥或微量元素。

ICS

Q/WAAA

湖南省烟草公司湘西自治州
公司企业标准

Q/WAAA 078—2019

高磷基肥施用技术规范

2019-02-25 发布   2019-03-01 实施

湖南省烟草公司湘西自治州公司　发布

前　言

本标准按照 GB/T 1.1—2009 给出的规则起草。

本标准由湘西自治州烟草专卖局提出并归口。

本标准起草单位：湖南省烟草公司湘西自治州公司。

本标准主要起草人：张明发、田峰、向德明、巢进、张黎明、李玉辉、陈金、尹光庭

本标准为首次发布。

高磷基肥施用技术规范

1 术语和定义

下列术语和定义适用于本文件。

1.1 高磷基肥

针对磷素养分在土壤中易固定，烟株吸收较难，结合土壤普查数据与报告，特配方设计的一种高磷养分基肥。

1.2 厩肥

牲畜粪尿与各种垫圈物料混合堆沤后的肥料总称。

2 养分含量及要求

高磷基肥应符合表 1 要求，同时应符合表明值。

表 1 高磷基肥要求

肥料品种	总养分	养分配比	硝态氮/总氮	有机质含量	氧化镁含量	纯氯含量	亩用量	备注
高磷基肥	≥31%	7.5-18.5-6.3	≥15%	≥15%	≥0.93%	≥4.8 %	60kg	中氯，含镁

3 包装标识

包装容器标识应执行 GB 18382。

4 包装、运输及储存

4.1 产品用复合袋（塑料编制布/牛皮纸三合一袋或塑料编制布/牛皮纸二合一袋）或编织袋内衬聚乙烯薄膜或内涂膜聚乙烯编织袋包装，应按 GB 8569 规定进行，每袋净含量（30±0.5）kg。

4.2 产品应储存于阴凉干燥处，包装件堆置高度应不大于 7m，在运输过程中应防雨、防潮、防晒、防破裂。

5 施肥原则

5.1 测土配方与经验施肥相结合。

5.2 控制氮肥、增施磷钾肥、补充微肥。

5.3 有机肥与无机肥配合施用。

5.4 根据品种、土壤、气候条件施肥。

6 施肥要求

6.1 土壤深耕

6.1.1 冬翻冻堡

对规划种烟施高磷基肥的土壤，在秋冬季节进行深耕，晒堡冻坯，耕层深度应达到20cm以上。

6.1.2 春季深耕

在3月下旬至4月初或烤烟移栽前25~30d，对规划施高磷基肥的土壤进行第二次翻耕，深度达到20cm以上，然后再整地、起垄。

6.2 施肥时期

施肥时期为移栽前20天，春耕后5~7d。

6.3 施肥深度

施肥深度为15~20cm，作基肥。

6.4 施肥量与施肥比例

6.4.1 旱土和肥力较低的稻田

每666.7m^{2}施用高磷Ⅱ型专用基肥（7.5-18.5-6）60kg、专用追肥（N-P$_2$O$_5$-K$_2$O：10-5-29）15kg、发酵型生物有机肥（N-P$_2$O$_5$-K$_2$O：6-1-1）15kg、提苗肥(N-P$_2$O$_5$：0-9）5kg、硫酸钾（K$_2$O：50%）20kg，总施氮量7.9kg，氮磷钾比例为1：1.58：2.29

6.4.2 肥力较高的稻田

每666.7m^{2}施用生物发酵专用基肥（N-P$_2$O$_5$-K$_2$O：8-10-11）50kg、专用追肥（N-P$_2$O$_5$-K$_2$O：10-5-29）15kg、发酵型生物有机肥（N-P$_2$O$_5$-K$_2$O：6-1-1）15kg、提苗肥（N-P$_2$O$_5$：20-9）5kg、硫酸钾（K$_2$O：50%）20~25kg，总施氮量7.4kg，氮磷钾比例为1：1.20：（2.43~2.77）。

7 施肥方法

7.1 条施基肥

7.1.1 旱土和肥力较低稻田

按1.2m或者1.1mm的行距拉线，开一条深5~10cm、宽20cm的施肥沟，将全部专用基肥、生物有机肥、40%~50%的专用追肥，均匀撒施于施肥沟内及其两侧，然后覆土起垄。

7.1.2 肥力较高稻田

按1.2m或者1.1m的行距拉线，将全部专用基肥、生物有机肥和40%~50%的专用追肥混匀，沿拉线撒施成宽20~30cm的肥料带，然后覆土起垄。

7.2 配施有机肥

7.2.1 施用饼肥

针对有机质含量和肥力不同的土壤，每666.7m^{2}施用经过30~50d发酵后充分腐熟的饼肥（菜籽饼）10~40kg 与高磷基肥混合拌匀作基肥施用。

7.2.2　施用腐熟厩肥

将牲畜垫圈物料与高磷基肥拌和，一层一层堆积，密封 60d 以上，达到充分腐熟后作基肥施用。一般山旱田每 666.7m² 施用 200~500kg，旱土每亩施用 400~750kg。

7.2.3　秸秆还田

利用玉米、红薯、水稻等作物秸秆，将其切断或打碎，配合 30% 左右的熟腐人畜粪尿及适量石灰，调节好水分，堆沤 30~60d，待秸秆腐熟后作基肥施用；或冬耕时在垄沟掩埋，旱土掩埋时可配合施用腐解剂；每 666.7m² 用量 400~500kg。

7.3　基肥与追肥比例

花垣县高磷基肥与发酵型生物有机肥全部作基肥，烟草专用追肥与硫酸钾全部作追肥，提苗肥栽后 5~10d 施用。

其他县：氮肥 60%~70% 作基肥，30%~40% 作追肥；高磷基肥全部作基肥；钾肥 35%~40% 作基肥，60%~65% 作追肥。

7.4　测土配方施肥

按照 DB4331/T 4.19 执行。

ICS

Q/WAAA

湖南省烟草公司湘西自治州公司企业标准

Q/WAAA 080—2019

湘西自治州烤烟生产高效施肥技术规程

2019-02-25 发布   2019-03-01 实施

湖南省烟草公司湘西自治州公司   发布

前　言

本标准按照 GB/T 1.1—2009 给出的规则起草。

本标准由湘西自治州烟草专卖局提出并归口。

本标准起草单位：湖南省烟草公司湘西自治州公司。

本标准主要起草人：张明发、田峰、向德明、巢进、田明慧、滕凯、邓小华、陈金、尹光庭

本标准为首次发布。

湘西自治州烤烟生产高效施肥技术规程

1 范围

DB4331/T 4 的本部分规定了烤烟施肥的原则、肥料种类、施肥量以及施肥方法。本部分适用于湘西自治州烤烟生产施肥。

2 规范性引用文件

下列文件对于本文件的应用是必不可少的。凡是注日期的引用文件，仅所注日期的版本适用于本文件。凡是不注日期的引用文件，其最新版本（包括所有的修改单）适用于本文件。

DB4331/T4.19 湘西自治州烤烟生产技术规程 第 19 部分：测土配方施肥技术规范
Q/WAAA021 烤烟生产物资质量要求

3 主要施肥技术

3.1 测土配方与经验施肥相结合。
3.2 控制氮、磷肥、增施钾肥、补充中微肥及优质有机肥。
3.3 优质有机肥与无机肥配合施用。
3.4 根据品种、土壤、气候条件施肥。
3.5 改良酸化土壤，提高肥料利用率。
3.6 系列施肥器灌溉施肥，提高肥料利用率。
3.7 种植绿肥，提高土壤物理化学性状的质量。
3.8 中微肥平衡施肥。
3.9 氮磷钾肥高效施肥。
3.10 氮磷钾肥高效施肥。
3.11 推广新型肥料生物有机肥萨派德，提高肥料利用率。
3.12 推广新型肥料烟草专用高磷基肥，提高缺磷地区土壤含磷量。

4 肥料种类

主要有烟草专用基肥、烟草专用高磷基肥、专用追肥、生物有机肥、提苗肥、萨派德增效肥、硫酸钾、硝酸钾、磷铵、过磷酸钙等，质量要求符合 Q/WAAA 021 的规定。

5 施肥量与施肥比例

5.1 永顺县、凤凰县

5.1.1 旱土和肥力较低的稻田

每 $666.7m^2$ 施用发酵型专用基肥（$N-P_2O_5-K_2O$：8-15-7）50kg，专用追肥（N-

P_2O_5-K_2O：10-5-29）20kg、发酵型生物有机肥（N-P_2O_5-K_2O：6-1-1）15kg、提苗肥（N-P_2O_5：20-9）5kg、硫酸钾（K_2O：50%）20kg，总施氮量 7.9kg，氮磷钾比例为 1：1.15：2.46。

5.1.2　肥力较高的稻田土

每 666.7m² 施用发酵型专用基肥（N-P_2O_5-K_2O：8-15-7）50kg、专用追肥（N-P_2O_5-K_2O：10-5-29）15kg、发酵型生物有机肥（N-P_2O_5-K_2O：6-1-1）15kg、提苗肥（N-P_2O_5：20-9）5kg、硫酸钾（K_2O：50%）25kg，总施氮量 7.4kg，氮磷钾比例为 1：1.20：2.81。

5.2　龙山县、花垣县

5.2.1　旱土和肥力较低的稻田

每 666.7m² 施用高磷 II 型基肥（N-P_2O_5-K_2O：7-18-6）50kg，专用追肥（N-P_2O_5-K_2O：10-0-32）15kg、发酵型生物有机肥（N-P_2O_5-K_2O：5.5-1-1.5）15kg、提苗肥（N-P_2O_5：20-9）5kg、硫酸钾（K_2O：50%）20kg，总施氮量 7.53kg，氮磷钾比例为 1：1.46：2.38。

5.2.2　旱土和肥力中等的稻田

每 666.7m² 施用发酵型专用基肥（N-P_2O_5-K_2O：8-15-7）50kg、专用追肥（N-P_2O_5-K_2O：10-5-29）15kg、发酵型生物有机肥（N-P_2O_5-K_2O：6-1-1）15kg、提苗肥（N-P_2O_5：20-9）5kg、硫酸钾（K_2O：50%）20kg，总施氮量 7.9kg，氮磷钾比例为 1：1.58：2.29。

5.2.3　肥力较高的稻田土

每 666.7m² 施用高磷 II 型专用基肥（7.5-18.5-6.3）60kg、专用追肥（N-P_2O_5-K_2O：10-5-29）10kg、发酵型生物有机肥（N-P_2O_5-K_2O：6-1-1）15kg、提苗肥（N-P_2O_5：20-9）5kg、硫酸钾（K_2O：50%）20~25kg，总施氮量 7.4kg，氮磷钾比例为 1：1.65：（2.25~2.59）。

5.3　保靖县

5.3.1　旱土和肥力较低的稻田

每 666.7m² 施用发酵型专用基肥（N-P_2O_5-K_2O：8-15-7）50kg、专用追肥（N-P_2O_5-K_2O：10-5-29）20kg、三合一型生物有机肥（N-P_2O_5-K_2O：6-1-1）15kg、提苗肥（N-P_2O_5：20-9）5kg、硫酸钾（K_2O：50%）20kg，总施氮量 7.9kg，氮磷钾比例 1：1.15：2.46。

5.3.2　肥力较高的稻田土

每 666.7m² 施用发酵型专用基肥（N-P_2O_5-K_2O：8-15-7）50kg、专用追肥（N-P_2O_5-K_2O：10-5-29）15kg、三合一型生物有机肥（N-P_2O_5-K_2O：6-1-1）15kg、提苗肥（N-P_2O_5：20-9）5kg、硫酸钾（K_2O：50%）20~25kg，总施氮量 7.4kg，氮磷钾比例为 1：1.20：（2.43~2.77）。

5.4　古丈县

5.4.1　旱土和肥力较低的稻田

每 666.7m² 施用生物发酵专用基肥（N-P_2O_5-K_2O：8-10-11）50kg、专用追肥

（$N-P_2O_5-K_2O$：10-5-29）20kg、发酵型生物有机肥（$N-P_2O_5-K_2O$：6-1-1）15kg、提苗肥（$N-P_2O_5$：20-9）5kg、硫酸钾（K_2O：50%）20kg，总施氮量7.9kg，氮磷钾比例为1：1.15：2.46。

5.4.2 肥力较高的稻田土

每666.7m^2施用生物发酵专用基肥（$N-P_2O_5-K_2O$：8-10-11）50kg、专用追肥（$N-P_2O_5-K_2O$：10-5-29）15kg、发酵型生物有机肥（$N-P_2O_5-K_2O$：6-1-1）15kg、提苗肥（$N-P_2O_5$：20-9）5kg、硫酸钾（K_2O：50%）20~25kg，总施氮量7.4kg，氮磷钾比例为1：1.20：（2.43~2.77）。

5.5 泸溪县

5.5.1 旱土和肥力较低的稻田

每666.7m^2施用发酵型专用基肥（$N-P_2O_5-K_2O$：7.5-14-8）50kg、专用追肥（$N-P_2O_5-K_2O$：10-5-29）20kg、发酵型生物有机肥（$N-P_2O_5-K_2O$：6-1-1）15kg、提苗肥（$N-P_2O_5$：20-9）5kg、硫酸钾（K_2O：50%）25kg，总施氮量7.9kg，氮磷钾比例为1：1.13：2.61。

5.5.2 肥力较高的稻田土

每666.7m^2施用发酵型专用基肥（$N-P_2O_5-K_2O$：7.5-14-8）50kg、专用追肥（$N-P_2O_5-K_2O$：10-5-29）15kg、发酵生物有机肥（$N-P_2O_5-K_2O$：6-1-1）15kg、提苗肥（$N-P_2O_5$：20-9）5kg、硫酸钾（K_2O：50%）20~25kg，总施氮量7.4kg，氮磷钾比例为1：1.20：2.50~2.84。

5.6 基肥与追肥比例

氮肥30%~40%作基肥，60%~70%作追肥；磷肥全部作基肥；烟草专用追肥、钾肥全部作追肥。

5.7 测土配方施肥

按照 DB4331/T 4.19 执行。

6 施肥方法

6.1 "202" 条施基肥

6.1.1 旱土和肥力较低稻田

按1.2m或者1.1mm的行距拉两条线，双条双层宽带施肥，双条距离40cm，宽带宽15cm，双层深度差5cm，在中心位置开一条深5~10cm、宽20cm的施肥沟，将全部专用基肥、生物有机肥、40%~50%的专用追肥，均匀撒施于施肥沟内及其两侧，然后在双条中间起垄，操作时用两套拉线索。

6.1.2 肥力较高稻田

按1.2m或者1.1mm的行距拉两条线，双条双层宽带施肥，双条距离40cm，宽带宽15cm，双层深度差5cm，在中心位置开一条深5~10cm、宽20~30cm的施肥沟，将全部专用基肥、生物有机肥、40%~50%的专用追肥，均匀撒施于施肥沟内及其两侧，然后在双条中间起垄，操作时用两套拉线索。

6.2　浇施提苗肥在移栽后 5~7d，每 666.7m^{2}用 5kg 提苗肥，对清洁水 400~500kg 进行浇施。

6.3　穴施追肥

旱地和肥力较低的稻田土、沙性土壤，于移栽后 25~30 天内，在两株烟正中间挖 15~20cm 深的穴，将剩余的专用追肥和硫酸钾混匀，对 400~500kg 水进行穴施，施后覆土；肥力较高的稻田土，于移栽后 20~25d 施完，方法与旱地相同。

6.4　喷施叶面施中微肥

根据烟株长势长相，宜适当喷施叶面肥。

6.5　用多功能数控肥药施用器施提苗肥、叶面肥、打农药或抑芽。

ICS

Q/WAAA

湖南省烟草公司湘西自治州
公司企业标准

Q/WAAA 079—2019

湘西自治州植烟土壤保育技术规程

2019-02-25 发布　　　　　　　　　　　　　　　　　2019-03-01 实施

湖南省烟草公司湘西自治州公司　发布

前　言

本标准按照 GB/T 1.1—2009 给出的规则起草。

本标准由湘西自治州烟草专卖局提出并归口。

本标准起草单位：湖南省烟草公司湘西自治州公司。

本标准主要起草人：张明发、田峰、向德明、巢进、张黎明、邓小华、杨丽丽、黄杰、陈金

本标准为首次发布。

湘西自治州植烟土壤保育技术规程

1 范围

DB4331/T 4 的本部分规定了植烟土壤保育的方法与技术要求。

本部分适用于湘西自治州植烟土壤的保育。

2 规范性引用文件

下列文件对于本文件的应用是必不可少的。凡是注日期的引用文件，仅所注日期的版本适用于本文件。凡是不注日期的引用文件，其最新版本（包括所有的修改单）适用于本文件。

DB4331/T 4.24 湘西自治州烤烟生产技术规程 第24部分：绿肥种植与还田压青

3 术语和定义

下列术语和定义适用于本文件。

3.1 土壤保育

针对土壤的不良性状和障碍因素，采取相应的物理或化学措施，改善土壤性状，提高土壤肥力，增加作物产量，以及改善人类生存土壤环境的过程。

3.2 厩肥

牲畜粪尿与各种垫圈物料混合堆沤后的肥料总称。

3.3 秸秆还田

利用玉米、红油菜、水稻等作物秸秆，将其切断或打碎，配合 30% 左右的熟腐人畜粪尿及适量石灰或腐蚀剂，调节好水分，堆沤 30~60 天，待秸秆腐熟后作基肥施用，每 666.7m² 用量 400~500kg。

3.4 生物炭

生物炭是生物有机材料（生物质）在缺氧或无氧环境中经热裂解后产生的固体产物，含碳 60% 以上，一般显碱性，具有发达的孔隙、芳香烃和单质碳或具有类石墨结构，具有极强吸附和抗氧化能力，具有减缓土壤酸化、减少土壤中无机态氮的淋溶以及为土壤微生物提供营养元素和栖居场所的潜能，增加土壤的微生物数量和生物量，改善土壤生物活性。

4 目标要求

通过深耕、种植绿肥压青，增施生物有机肥及减少酸性肥料的施用等措施，改善土壤结构、增强土壤通透性，有利于土壤微生物的活动，达到用地与养地相结合的目的。

5　土壤保育方法与要求

5.1　保土措施

进行烟田基本建设，有条件的宜采用机械措施降低植烟地坡度或"坡改梯"，保持水土。

5.2　改土措施

5.2.1　土壤深耕

5.2.1.1　冬翻冻垡

对规划种烟的土壤，在秋冬季节进行深耕，晒垡冻坯，耕层深度应达到20cm以上。

5.2.1.2　春季深耕

在3月下旬至4月初或烤烟移栽前20~30d，对种植绿肥和板结的土壤进行第二次翻耕，深度达到20cm以上，然后再整地、起垄。

5.2.2　施用生物黑炭

5.2.2.1　施用方法

3月上旬，将烟草秸秆生物黑炭用粉碎机粉碎，过1mm土筛，在整地前按照生物炭施用量250kg/667m²，将过筛后的生物炭均匀撒施在地表，并旋耕深翻20cm，使生物炭与耕层土壤充分混合。

5.2.2.2　施用量

施用肥料的种类参照NY/T 496—2002的规定。

施氮量7.5kg N/667m²；物炭施用量250kg/667m²。

5.2.3　秸秆还田

5.2.3.1　还田方法

用秸秆粉碎机将秸秆就地粉碎，均匀地抛撒在地表，随即翻耕入土，使之腐烂分解，达到大面积培肥地力的目的。

5.2.3.2　秸秆还田种类

包括玉米秸秆粉碎翻压还田、玉米秸秆堆沤还田、玉米秸秆就地微生物促腐还田、油菜秸秆覆盖还田、稻草秸秆还田等方式。见《湘西烟地秸秆还田技术规程》。

5.2.4　种植绿肥

按照DB4331/T 4.24的规定执行。

5.2.5　增施有机肥

5.2.5.1　施用饼肥

对有机质含量和肥力较低的土壤，每666.7m²施用经过30~50d发酵后充分腐熟的饼肥（菜籽饼）25~40kg作基肥。

5.2.5.2　施用腐熟厩肥

将牲畜垫圈物料与适量磷肥拌和，一层一层堆积，密封60d以上，达到充分腐熟后作基肥施用。一般山旱田每666.7m²施用250~500kg，旱土每亩施用500~750kg。

5.2.6 施用火土灰

在秋天或冬天，利用高温干燥天气，将枯枝杂草与土壤混合烧制成火土灰，在移栽时撒施于定植穴内或烟苗附近，每亩施用 1 000~1 500kg。

5.2.7 调节土壤 pH 值

对土壤 pH 值在 5.5 以下的田块，在减少酸性肥料使用的同时，每年每 666.7m² 撒施 100~200kg 生石灰，调节 pH 值，至达到 5.5~7.5 适宜范围。

5.2.8 科学施肥

控制氮肥，增施磷、钾肥，补充微量元素，因缺补缺。

5.3 合理轮作

5.3.1 轮作时间

种植烤烟 1 年以上的烟地应进行轮作，旱土轮作周期为 3~4 年，稻田轮作周期为 1~2 年。

5.3.2 轮作茬口

主要有玉米、甘薯、油菜、小麦、绿肥等，不得与马铃薯及其他茄科作物轮作。

5.3.3 轮作方式

5.3.3.1 旱土宜采用以下轮作制

——第一年：烤烟—绿肥（小麦）→第二年：玉米（红薯）—绿肥（小麦）→第三年：玉米（红薯）—绿肥（小麦）→第四年：玉米（红薯）—绿肥（小麦）→第五年：烤烟—绿肥（小麦）；

——第一年：烤烟—绿肥（冬季休闲）→第二年：玉米（红薯）—绿肥（冬季休闲）→第三年：玉米（红薯）—绿肥（冬季休闲）→第四年：玉米（红薯）—绿肥（冬季休闲）→第五年：烤烟—绿肥；

——第一年：烤烟—绿肥（小麦）→第二年：玉米（红薯）—绿肥（油菜）→第三年：玉米（红薯）—绿肥（小麦）→第四年：烤烟—绿肥（小麦）。

5.3.3.2 稻田宜采用以下轮作制

——第一年：烤烟—绿肥（油菜）→第二年：水稻—绿肥（油菜）→第三年：水稻—绿肥→第四年：烤烟—绿肥（油菜）；

——第一年：烤烟—绿肥（油菜）→第二年：水稻—绿肥→第三年：烤烟—绿肥（油菜）。

参考文献

蔡寒玉，廖文程，李兰周，等. 2016. 云南丽江植烟土壤养分状况综合评价 [J]. 云南农业大学学报（自然科学），31（2）：341-347.

蔡联合，韦建玉，白森，等. 2012. 农家肥不同施用方式对烟草生长及烤烟品质的影响 [J]. 南方农业学报，43（3）：336-340.

曹鹏云，鲁世军，张务水. 2004. 植烟土壤有机质含量与有机肥施用概况 [J]. 中国烟草学报，10（6）：40-42.

曹小闯，吴良欢，马庆旭，等. 2015. 高等植物对氨基酸态氮的吸收与利用研究进展 [J]. 应用生态学报，26（3）：919-929.

曹志洪，李仲林，周秀如，等. 1990. 氯的生理功能及烤烟生产中的氯肥问题 [J]. 贵州烟草（3）：1-10.

陈朝阳，陈志厚，吴平，等. 2012. 南平烟区植烟土壤氯的烤烟适宜指标研究 [J]. 中国农学通报，28（04）：89-97.

陈朝阳. 2011. 南平市植烟土壤 pH 状况及其与土壤有效养分的关系 [J]. 中国农学通报，27（5）：149-153.

陈江华，李志宏，刘建利，等. 2004. 全国主要烟区土壤养分丰缺状况评价 [J]. 中国烟草学报，11（3）：14-18.

陈乾锦，林书震，李红丽，等. 2019. 邵武烟田土壤微生物群落结构变化与烟草青枯病发生关系初报 [J]. 中国烟草学报，网络首发.

陈晓红，杨永恒，杨金彪，等. 2018. 立体式施肥方法对烤烟生长发育及产质的影响 [J]. 农业开发与装备（9）：138，140.

陈一凡，杨超才，朱列书，等. 2019. 不同磷源及其施用量对烟草湘烟 5 号生长发育及产量、质量的影响 [J]. 江苏农业科，47（8）：96-100.

褚旭，王珂清，魏建荣，等. 2019. 云南植烟土壤肥力状况的组合评价法研究 [J]. 中国烟草学报，25（2）：48-54.

邓瑞康，杨勇，吴彦文，等. 2015. 烤烟基肥不同施肥方式对烟株生长的影响 [J]. 安徽农业科学，43（1）：86-87.

邓小华，杨丽丽，周米良，等. 2013. 湘西喀斯特区植烟土壤速效钾含量分布及影响因素. 山地学报，31（5）：519-526.

邓小华，张瑶，田峰，等. 2017. 湘西州植烟土壤 pH 值和中微量元素分布及其相关关系 [J]. 烟草科技，50（5）：24-30.

邓小华，周冀衡，陈冬林，等. 2008. 湖南烤烟氯含量状况及其对评吸质量的影响

[J]. 烟草科技（2）：8-12，16.

丁善容. 1997. 铜在烟草生产中的应用 [J]. 云南农业大学学报，12（3）：219-221.

杜舰，张锐，张慧，等. 2009. 辽宁植烟土壤 pH 值状况及其与烟叶主要品质指标的相关分析 [J]. 沈阳农业大学学报，40（6）：663-666.

杜卫民，潘兴兵，陈寿明，等. 2016. 新型含硼复合肥对烤烟产质量的影响 [J]. 中国农学通报，32（30）：87-90.

段淑辉，刘天波，李建勇，等. 2017. 湖南浏阳植烟土壤肥力评价及土壤养分变化 [J]. 中国烟草科学，38（2）：33-38.

符云鹏，刘国顺，汪耀富，等. 1998. 雨养烟区烤烟干物质积累及养分吸收分配规律的研究 [J]. 河南农业大学学报（9）：38-42.

高华军，林北森，韦忠，等. 2016. 不同镁肥用量对高钙区烤烟产量、镁含量及香气质量的影响 [J]. 山西农业科学，44（10）：1503-1507.

高瑞，邵艳玲，乔红波，等. 2011. 灰色聚类法在植烟土壤适宜性评价中的应用 [J]. 烟草科技（7）：76-79.

高文军，吴国海，李月红，等. 2018. 不同类型钾肥对烤烟生长发育及烟叶钾含量的影响 [J]. 安徽农业科学，46（14）：147-149.

龚智亮，唐莉娜. 2009. 福建南平植烟土壤主要养分特征及生产对策 [J]. 中国农学通报，25（16）：153-155.

郭燕，毕庆文，许自成，等. 2009. 恩施烟区土壤有效锌与烤烟锌含量的关系 [J]. 中国土壤与肥料（3）：57-61.

郭战玲，寇长林，杨占平，等. 2015. 潮土区小麦高产与环境友好的磷肥施用量研究 [J]. 河南农业科学，44（2）：52-55.

韩冰，郑克宽. 1999. 镁锌硼锰元素对烤烟产量及质量影响的研究 [J]. 内蒙古农牧学院学报，20（1）：72-77.

韩富根，孙德梅，刘国顺，等. 2003. 肥料种类对烟田土壤水分状况和烟叶产质量的影响 [J]. 烟草科技，195（10）：35-38.

韩锦峰，郭月清，刘国顺，等. 1985. 微量元素提高烟草品质和防止烟草花叶病的而研究与应用 [J]. 中国烟草（2）：6-9，42.

韩锦峰，杨素勤，吕巧灵，等. 1998. 饼肥种类及其与化肥配比对烤烟生长发育及产质的影响 II. 对烤烟产质的影响 [J]. 河南农业科学（3）：11-14.

韩锦峰. 2003. 烟草栽培生理 [M]. 北京：中国农业出版社，121-122.

胡瑞文，黎娟，向德明，等. 2018. 湘西州花垣烟区植烟土壤肥力适宜性评价及影响因素 [J]. 云南农业大学学报（自然科学），33（3）：520-528.

化党领，魏修彬，郑文冉，等. 2011. 坡耕地植烟土壤养分资源特征及适宜性综合评价 [J]. 水土保持学报，25（6）：81-86.

黄鞯，查宏波，钱文有，等. 2010. 昭通植烟土壤养分丰缺状况及施肥对策 [J]. 中国农学通报，26（7）：128-136.

黄浩. 2014. 湖南宁乡植烟土壤与烟叶质量的综合评价研究 [D]. 湖南农业大学.

黄鹤，朱列书. 2013. 烟草磷素营养及提高磷素利用率研究进展［J］. 湖南农业科学（11）：54-57.

贾志红，易建华，李挥文，等. 2006. 不同深度施用基肥和追肥对烤烟根系生长的影响［J］. 湖南农业科学（2）：45-47.

蒋柏藩. 1981. 磷肥在土壤中的形态转化及其有效性［J］. 土壤学进展，9（2）：1-11.

蒋上志，苏伟，郭凝，等. 2014. 洞庭湖区不同肥力土壤磷肥不同用量对苎麻生长及产量的影响［J］. 安徽农业科学，42（28）：9743-9744，9748.

焦敬华，刘春奎，许自成，等. 2007. 湖北宣恩不同海拔植烟土壤养分含量状况分析与综合评价［J］. 安徽农业科学，35（28）：8936-8937，8949.

金轲，汪德水，蔡典雄，等. 1999. 旱地农田肥水耦合效应及其模式研究［J］. 中国农业科学，32（5）：104-106.

金立新，唐金荣，刘爱华，等. 2005. 成都地区土壤硼元素含量及其养分管理建议［J］. 第四纪研究，25（3）：363-266.

匡希茜，何永宏，符容蓉，等. 2018. 烟田土壤带菌量与烟草青枯病发生的相关分析［J］. 烟草科技，51（9）20-26

赖荣洪，黄锡春，许威，等. 2018. 施用镁硼钼肥对山地紫色土烤烟产质量的影响［J］. 江西农业学报，30（4）：75-78.

黎成厚，刘元生，何腾兵，等. 1999. 土壤pH值与烤烟钾素营养关系的研究［J］. 土壤学报，36（2）：276-281.

黎娟，邓小华，王建波，等. 2013. 喀斯特地区植烟土壤有效硼含量分布及其影响因素——以湘西州烟区为例. 土壤，45（6）：1055-1061.

黎娟，邓小华，周米良，等. 2012. 湘西植烟土壤交换性镁含量及空间分布研究［J］. 江西农业大学学报，34（2）：232-236.

黎娟，刘逊，邓小华，等. 2012. 湘西植烟土壤有效锌含量及其变化规律研究［J］. 云南农业大学学报，27（2）：210-214，240.

黎娟，周清明，邓小华，等. 2013. 湘西植烟土壤有效铜含量及分布规律研究［J］. 北京农学院学报，28（1）：4-7.

李贺，张楠楠，马琨. 2018. 宁夏荒漠草原区土地利用方式对AM真菌多样性的影响［J］. 西北农业学报，27（9）：1-8.

李佳文，王斌. 2014. 追肥次数对秋发地烤烟农艺性状及理化性质的影响［J］. 湖南农业科学（20）：28-30，36.

李建平. 2010. 条施+穴施方法有利于提高烟叶产量和质量［J］. 农家顾问（12）：27.

李群岭，黄聪光，齐永杰，等. 2019. 基追肥比例与追肥次数对烟田土壤养分含量的影响［J］. 粮食科技与经济，44（1）：93-94，124.

李莎. 2008. 氮磷钾配比对烤烟生长发育及产质量的影响［D］. 重庆：西南大学.

李绍志. 1986. 烤烟喷施硫酸铜试验［J］. 河南农业科学（8）：10-11.

李淑玲，谭铭喜，陈俊标，等. 2007. 不同类型土壤种植烤烟的氮磷钾适宜用量试

验初报 [J]. 广东农业科学 (12)：50-52.

李田, 李德成, 曹璇, 等. 2011. 安徽省池州市植烟土壤的重金属污染程度及污染风险评价 [J]. 土壤, 43 (4)：674-676.

李絮花, 杨守祥. 2002. 玉米苗期肥水耦合效应研究 [J]. 山东农业大学学报：自然科学版, 33 (3)：273-280.

李志鹏, 刘浩, 周涵君, 等. 2017. 基肥与追肥比例对烤烟生长发育和品质的影响 [J]. 江苏农业科学, 45 (24)：59-63.

刘大义, 高琼玲. 1984. 烤烟干物质积累和氮、磷、钾养分吸收分配规律的研究 [J]. 贵州农业科学 (3)：39-46, 30.

刘国顺, 陈义强, 王芳, 等. 2008. 氮磷钾肥及水分因子对烤烟叶片叶黄素的综合影响 [J]. 作物学报, 34 (4)：690-699.

刘国顺, 腊贵晓, 李祖良, 等. 2012. 毕业地区植烟土壤有效态微量元素含量评价 [J]. 中国烟草科学, 33 (3)：23-27.

刘国顺, 朱凯, 武雪萍, 等. 2004. 施用有机酸和氨基酸对烤烟生长和氮素吸收的影响 [J]. 华北农学报, 19 (4)：51-54.

刘国顺. 2003. 烟草栽培 [M]. 北京：中国农业出版社, 142-145.

刘卫群, 李天福, 郭红祥, 等. 2003. 配施芝麻饼肥对烟株氮素吸收及其在烟碱、蛋白质和醚提取物中分配的影响 [J]. 中国烟草学报 (9)：30-34.

刘逊, 邓小华, 周米良, 等. 2012. 湘西植烟土壤有机质含量分布及其影响因素 [J]. 核农学报, 26 (7)：1037-1042.

刘逊, 邓小华, 周米良, 等. 2012. 湘西烟区植烟土壤氯含量及其影响因素分析. 水土保持学报, 26 (6)：224-228.

刘逊, 黎娟, 周米良, 等. 2013. 湘西植烟土壤有效铁含量及变化规律研究. 作物杂志, 27 (4)：325-328.

刘云, 曹莉, 秦舒浩. 2018. 缓释尿素对土壤微生物群落、酶活性及辣椒产量的影响. 甘肃农业大学学报, 53 (4)：41-48.

刘云, 王程栋, 程朝晖, 等. 2018. 不同磷背景土壤磷素用量对烤烟农艺性状及生物量的影响 [J]. 现代农业科技 (19)：1-3, 6.

刘震, 秦舒浩, 王蒂, 等. 2010. 陇中半干旱区集雨限灌对马铃薯干物质积累和产量的影响 [J]. 干旱地区农业研究, 28 (4)：46-49.

娄伟平, 吴旭江. 2005. 地膜覆盖栽培对小京生花生土壤温湿度的调控及其生物学效应 [J]. 中国农业气象, 26 (1)：58-60.

罗建新, 石丽红, 龙世平. 2005. 湖南主产烟区土壤养分状况与评价 [J]. 湖南农业大学学报：自然科学版, 31 (4)：376-380.

罗建新, 萧汉乾, 周万春, 等. 2002. 烟草活性有机无机专用肥的施用效果 [J]. 湖南农业大学学报：自然科学版, 28 (6)：483-486.

马二登, 薛如君, 胡志明, 等. 2018. 基肥施用方式对烤烟化学成分与感官质量的影响 [J]. 云南农业大学学报 (自然科学), 33 (4)：757-762.

毛凯伦，郑璞帆，李司童，等. 2017. 不同配比蚯蚓粪与酒糟对烤烟生长和品质的影响 [J]. 华北农学报，32（1）：215-219.

聂江文，王幼娟，吴邦魁，等. 2018. 施氮对冬种紫云英不还田条件下稻田土壤微生物数量与结构的影响 [J]. 生态学杂志，27（4）：1-8.

裴洲洋，沈晗，陈油鸿，等. 2018. 宣城地区云烟97烤烟磷肥施用量研究 [J]. 安徽农学通报，24（23）：78-80.

彭丽丽，王文学，冀浩，等. 2018. 临沧市双江县植烟土壤养分特征及生态位适宜度评价 [J]. 西南农业学报，31（03）：544-549.

秦建成. 2009. 重庆市植烟区土壤硼素含量特征研究 [J]. 安徽农业科学，37（28）：13 747-13 749.

邱玲，熊杰，冉帮定，等. 1999. 不同施肥量对云南烤烟红花大金元香气成分的影响 [J]. 云南大学学报：自然科学版（S1）：71-73.

邵波，吴洪林，袁园，等. 2016. 不同施肥量对烟叶经济性状的影响研究 [J]. 南方农业，10（24）：34，36.

沈善敏. 1985. 论我国磷肥生产与应用对策 [J]. 土壤通报，16（3）：97-103.

师超，丁敬芝，上官力，等. 2018. 施肥量对烤烟产量和上部烟叶质量的影响 [J]. 湖北农业科学，57（4）：90-92，95.

石贤吉，代超，闫寒，等. 2017. 饼肥与化肥不同配比对烤烟产量及质量的影响 [J]. 延边大学农学学报，39（3）：39-43，49.

孙建，刘苗，李立军，等. 2010. 不同施肥处理对土壤理化性质的影响 [J]. 华北农学报，25（4）：221-225.

孙康，李应斗，汪林，等. 2018. 文山植烟土壤主要养分丰缺评价及施肥建议 [J]. 安徽农业科学，46（35）：127-130.

谭智勇，周冀衡，王超，等. 2013. 云南保山市植烟土壤养分含量及肥力适应性评价 [J]. 湖南农业大学学报（自然科学版），39（4）：429-444.

汤宏，李向阳，曾掌权，等. 2018. 不同施磷量对烟草生长及产量的影响 [J]. 华北农学报，33（S1）：201-207.

唐春闺，李帆，向世鹏，等. 2016. 浏阳植烟区土壤主要养分的空间分布及管理分区 [J]. 贵州农业科学，44（10）：58-61.

唐力为，吕婉茹，杨军伟，等. 2018. 不同施肥组合方式对攀枝花烤烟经济效益的影响 [J]. 西昌学院学报（自然科学版），32（04）：1-5.

田茂成，黎娟，田峰，等. 2013. 湘西植烟土壤有效锰含量及变化规律研究. 湖北农业科学，52（17）：4 103-4 106.

田媛，李凤民，刘效兰. 2007. 半干旱区不同垄沟集雨种植马铃薯模式对土壤蒸发的影响 [J]. 应用生态学报，18（4）：795-800.

汪邓民，周骥衡，朱显军，等. 1999. 磷钙锌对烟草生长及抗逆性影响的研究 [J]. 中国烟草学报，5（3）：23-27.

汪健，王松峰，毕庆文，等. 2009. 氮磷钟用量对烤烟红花大金元产质量的影响

[J]. 中国烟草科学, 30 (5): 19-23.

王彩绒, 田霄鸿, 李生秀. 2004. 沟垄覆膜集雨栽培对冬小麦水分利用效率及产量的影响 [J]. 中国农业科学, 37 (2): 208-214.

王得强, 程亮, 许自成, 等. 2008. 湖北十堰烟区不同土壤类型的肥力状况分析 [J]. 安徽农业科学, 36 (17): 7 322-7 325.

王红丽, 张绪成, 宋尚有, 等. 2013. 西北黄土高原旱地全膜双垄沟播种植对玉米季节性耗水和产量的调节机制 [J]. 中国农业科学, 46 (5): 917-926.

王宏伟, 张留臣, 普云飞, 等. 2012. 云南省峨山县植烟土壤肥力的综合评价及变异分析 [J]. 湖南农业大学学报 (自然科学版), 38 (5): 530-534.

王晖, 丁伟, 许自成, 等. 2006. 贵州烟区紫色土与其他土壤类型养分特点的差异 [J]. 贵州农业科学, 34 (3): 22-25.

王军. 2016. 广东南雄烟区植烟土壤肥力特征及综合评价 [A]. 中国烟草学会 2016 年度优秀论文汇编——烟草农业主题 [C]. 中国烟草学会, 12.

王利超, 王涵, 朴世领, 等. 2012. 铵硝氮配比对烤烟生长生理及产量和品质的影响 [J]. 西北农林科技大学学报 (自然科学版), 40 (12): 136-144.

王林, 卢秀萍, 肖汉乾, 等. 2006. 浏阳植烟土壤肥力状况的综合评价 [J]. 河南农业大学学报, 40 (6), 597-601.

王树会, 邵岩, 李天福, 等. 2006. 云南植烟土壤有机质与氮含量的研究 [J]. 中国土壤与肥料 (5): 18-20.

王树会, 邵岩, 李天福, 等. 2006. 云南烟区土壤钾素含量与分布 [J]. 云南农业大学学报, 21 (6): 834-837.

王婉秋, 王昌全, 李斌, 等. 2014. 会理县烟区土壤肥力状况综合评价 [J]. 土壤通报, 45 (2): 398-401.

王筱滢, 刘青丽, 李志宏, 等. 2019. 不同施肥位点对烤烟钾积累及土壤有效钾含量的影响 [J]. 中国土壤与肥料 (1): 49-54.

王育军, 鲁鑫浪, 陈丽鹃, 等. 2014. 云南宜良烟区土壤肥力适宜性评价 [J]. 湖南农业大学学报 (自然科学版), 40 (3): 246-252.

王镇, 荆永锋, 白刚, 等. 2011. 巴东烟区不同海拔和类型土壤养分差异分析 [J]. 中国农学通报, 27 (29): 251-256

韦忠, 高华军, 王五权, 等. 2016. 等镁条件下施用钾、钙对土壤养分和烤烟产量及养分吸收的影响 [J]. 陕西农业科学, 62 (12): 27-32.

邬兴斌. 2015. 叶面喷施钾肥次数及喷施时期对上部烟叶品质的影响 [J]. 安徽农业科学, 43 (5): 97-98, 214.

吴昌华. 2013. 广西乐业县烤烟合理种植密度及施肥量的研究 [J]. 吉林农业 (1): 55, 54.

武雪萍, 刘国顺, 朱凯, 等. 2003. 施用有机酸对烟叶物理性质和化学成分的影响 [J]. 中国烟草学报, 9 (2): 23-27.

夏昊, 刘青丽, 张云贵, 等. 2018. 水溶肥替代常规追肥对黔西南烤烟产量和质量

的影响 [J]. 中国土壤与肥料, 10 (1): 64-69.

邢云霞, 田春丽, 化党领, 等. 2014. 氮钾肥施用方法对烤烟生长和土壤无机氮含量的影响 [J]. 河南农业科学, 43 (8): 30-44.

熊维亮, 杨鹏, 杨军伟, 等. 2018. 腐植酸有机肥在烤烟生产上的应用效果 [J]. 安徽农业科学, 46 (8): 133-136, 139.

徐永刚, 宇万太, 周桦, 等. 2011. 氮肥对杉木幼树各部分养分浓度与贮量的影响 [J]. 中南林业科技大学学报, 31 (8): 28-34.

许自成, 王林, 肖汉乾. 2008. 湖南烟区土壤 pH 值分布特点及其与土壤养分的关系 [J]. 中国生态农业学报, 16 (4): 830-834.

颜成生, 向鹏华, 罗见新. 2012. 衡南植烟土壤主要养分状况及分析 [J]. 作物研究, 26 (3): 252-254, 259.

叶佳伟, 李志明, 林克惠. 2004. 不同钾肥用量对烤烟农业现状的影响 [J]. 贵州农业科学, 32 (2): 22-24.

尤开勋, 秦拥政, 赵一博, 等. 2011. 宜昌市植烟土壤酸化特点与成因分析 [J]. 安徽农业科学, 39 (5): 2 737-2 739.

于俊红, 彭智平, 黄继川, 等. 2014. 三种氨基酸对菜心产量和品质的影响 [J]. 植物营养与肥料学报, 20 (4): 1 044-1 050.

于钦民, 徐福利, 王渭玲. 2014. 氮、磷肥对杉木幼苗生物量及养分分配的影响 [J]. 植物营养与肥料学报, 20 (1): 118-128.

余琼, 司贤宗, 张翔, 等. 2019. 不同钾源对土壤微生物和烤烟产质量的影响 [J]. 天津农业科学 (4): 33-37.

岳寿松, 于振文. 1994. 磷对冬小麦后期生长及产量的影响 [J]. 山东农业科学 (1): 13-15.

岳耀稳. 2017. 不同氮磷钾肥配比对皖南地区云烟 97 烤烟产量与质量的影响 [J]. 现代农业科技 (15): 29-30.

曾庆宾, 袁家富, 彭成林, 等. 2012. 攀枝花市植烟土壤养分状况评价 [J]. 湖北农业科学, 51 (2): 243-246.

张春, 周冀衡, 杨荣生, 等. 2010. 云南曲靖不同海拔烟区土壤和烟叶硼含量的分布状况及相关性 [J]. 中国烟草学报, 16 (6): 48-56.

张吉立. 2012. 旅游景观园林早熟禾合理施肥试验研究 [J]. 中国土壤与肥料 (4): 65-69.

张珺穜, 曹卫东, 徐昌旭, 等. 2012. 种植利用紫云英对稻田土壤微生物及酶活性的影响 [J]. 中国土壤与肥料 (1): 19-24.

张明发, 田峰, 李孝刚, 等. 2017. 基于烤烟生产的湘西植烟土壤质量综合评价 [J]. 中国烟草学报, 23 (3): 87-97.

张鹏, 易晓鑫, 李桂霞, 等. 2013. 会理南阁乡植烟土壤中铅、镉、铬、砷含量测定及污染评价 [J]. 西昌学院学报. 自然科学版, 27 (1): 21-28.

张启莉, 顾会战, 喻晓, 等. 2016. 广元市植烟土壤的养分含量及综合评价 [J].

贵州农业科学, 44 (5): 72-76.

张慎, 刘建丰, 于庆涛. 2014. 邵阳主产烟区植烟土壤特征及安全性评价 [J]. 作物研究, 28 (7): 817-820.

张伟, 陈洪松. 2007. 种植方式和裸岩率对喀斯特洼地土壤养分空间分异特征的影响 [J]. 应用生态学报, 18 (7): 1459-1463.

张喜峰, 郑敏, 王静, 等. 2017. 陇县植烟土壤养分状况分析及综合评价 [J]. 农学学报, 7 (11): 14-18.

张翔, 毛家伟, 翟文汇, 等. 2014. 不同钾肥种类及追施深度对烤烟经济性状和养分吸收的影响 [J]. 中国烟草科学, 35 (2): 69-73.

张艳玲, 尹启生, 李进平, 等. 2010. 环神农架地区植烟土壤养分分析与丰缺状况评价 [J]. 烟草科技 (1): 60-64.

张颖. 2011. 福建植烟土壤硼素营养的吸附、淋失规律及丰缺指标的初探 [D]. 福建农林大学.

张于光, 宿秀江, 丛静, 等. 2014. 神农架土壤微生物群落的海拔梯度变化. 林业科学, 50 (9): 161-166.

赵晶, 冯文强, 秦鱼生, 等. 2010. 不同氮磷钾肥对土壤 pH 值和镉有效性的影响 [J]. 土壤学报, 47 (5): 953-961.

赵路玥, 段建军, 黄莺, 等. 2012. 黔东烤烟示范区植烟土壤养分综合评价 [J]. 贵州科学, 30 (1): 37-41.

赵文平. 2008. 烟草种植常用施肥方式初探 [J]. 甘肃农业 (12): 88-89.

周方舟, 向铁军, 陈裕新, 等. 2018. 氮肥形态配比对烤烟生长和品质的影响 [J]. 湖南农业科学 (1): 37-39, 44.

周米良, 邓小华, 刘逊, 等. 2012. 湘西植烟土壤交换性钙含量及空间分布研究 [J]. 安徽农业科学, 40 (18): 9 697-9 699, 9 846.

周璇, 宋凤斌. 2012. 不同种植方式下玉米叶片叶绿素和可溶性蛋白含量变化 [J]. 土壤与作物, 3 (1): 41-48.

周毓华. 2000. 微肥施用对烟叶产质量的影响研究 [J]. 中国烟草科学, 21 (4): 29-31.

朱凯. 2004. 施用有机酸对烤烟氮代谢和烟叶质量的影响 [D]. 长沙: 湖南农业大学, 23.

朱利翔. 2016. "含氨基酸水溶肥料" 在小麦上的肥效试验报告 [J]. 河南农业 (28): 21.

邹文桐, 陈盛, 滕家财. 2016. 氮肥和钙肥用量对旺长期烤烟叶片抗氧化酶系统及活性氧的影响 [J]. 西北农林科技大学学报 (自然科学版), 44 (8): 97-103, 110.

Kleinman P J A, Sharpley A N, Wolf A M, et al. 2002. Measuring waterextractable phosphorus in manure as an indicator of phosphorus in run off [J]. Soil Science Soiety of America Journal, 66: 2009-2015.

Larson W E, Pierce F J. 1991. Conservation and enhancement of soil quality. In Proc. Of the Int. Workshop on evaluation for sustainable land management in the developing world. International Board for Soil Resource and Management (IBSRAM). Proceeding no. 123 vol. 2, Bangkok, Thailand.

Sims J T, Ewards A C, Schoumans O F, et al. 2000. Integrating soil phosphorus testing into environmentally based agricultural management practices [J]. Journal of Environmental Quality, 29: 60-71.

Tong Chengli, Xiao Heai, Tang Guoyong, et al. 2009. Long-term fertilizer effects on organic carbon and total nitrogen and coupling relationships of C and N in paddy soils in subtropical China [J]. Soil & Tillage Research, 106: 8-14.

Zhang Y G, Cong J, Lu H, et al. 2015. Soil bacterial diversity patterns and drivers along an elevational gradient on Shennongjia Mountain, China. Microbial Biotechnology, 8 (4): 739-746.